Kubernetes パターン
第 2 版

クラウドネイティブアプリケーションのための 再利用可能パターン

Bilgin Ibryam、Roland Huß　著

松浦 隼人　訳

本書で使用するシステム名、製品名は、いずれも各社の商標、または登録商標です。
なお、本文中では、™、®、©マークは省略している場合もあります。

SECOND EDITION

Kubernetes Patterns
Reusable Elements for Designing Cloud Native Applications

Bilgin Ibryam and Roland Huß

Beijing · Boston · Farnham · Sebastopol · Tokyo

©2024 O'Reilly Japan, Inc. Authorized Japanese translation of the English edition of "Kubernetes Patterns, Second Edition".
©2023 Bilgin Ibryam and Roland Huß. All rights reserved. This translation is published and sold by permission of O'Reilly Media, Inc., the owner of all rights to publish and sell the same.

本書は、株式会社オライリー・ジャパンがO'Reilly Media, Inc. の許諾に基づき翻訳したものです。日本語版についての権利は、株式会社オライリー・ジャパンが保有します。

日本語版の内容について、株式会社オライリー・ジャパンは最大限の努力をもって正確を期していますが、本書の内容に基づく運用結果について責任を負いかねますので、ご了承ください。

まえがき

　CraigとJoeと私が8年近く前にKubernetesを始めた時、私たちは皆、Kubernetesには、ソフトウェアを開発してリリースする方法を全く変えてしまう力があることを理解していると思っていました。しかし、その変革がいかに早く起きるものなのか、私たちは分かっていなかったどころか信じてもいなかったことが判明しました。Kubernetesは今や、主要なパブリッククラウド、プライベートクラウド、ベアメタル環境にまたがるポータブルで信頼性の高いシステムの開発の基盤になっています。しかし、クラウド上にクラスタを5分以内に立ち上げるのにKubernetesがいつでも使われるようになったとは言え、そのクラスタを作った後にどうするべきか明確であるとはまだ言えません。Kubernetes自体の運用性が大きな進歩を遂げたのは素晴らしいことですが、それは改善の一部に過ぎません。Kubernetesは、アプリケーションを作る基盤であり、そういったアプリケーションを作るためのAPIとツールの巨大なライブラリを提供してはくれますが、アプリケーションアーキテクトや開発者に、これらの仕組みをどのように組み合わせてビジネスニーズとゴールを満たす完全で信頼性の高いシステムを作るのかに関しては、ほとんどヒントやガイドを与えてくれません。

　過去の似たようなシステムでの経験やトライアンドエラーを通じて、Kubernetesクラスタをどうしたらいいのか必要な観点や理解を得ることはできますが、時間もかかり、ユーザに対して届けられるシステムの品質という点も高くつきます。Kubernetesのようなシステム上でミッションクリティカルなサービスを動かし始めるなら、トライアンドエラーから学ぼうとするのは時間がかかり過ぎ、ダウンタイムや混乱といった現実の問題に直面することになります。

　そしてこれこそがBilginとRorandの書いたこの本が大きな価値を持つ理由です。『Kubernetesパターン』は、Kubernetesを形作るAPIやツールにコードとして埋め込んできたこれまでの経験から皆さんが学びを得られるようにします。Kubernetesは、さまざまな異なる環境で動く、多数の信頼性の高い分散システムを構築し動かすコミュニティの経験の副産物です。Kubernetesに追加された各オブジェクトや機能は、ソフトウェアの設計者の特定の要求を解決するために設計され、そのために作られた基本的ツールから構成されています。この本では、Kubernetesのコンセプトがどのように実世界の問題を解決するのか、そしてあなたが今取り組んでいるシステムを作るのにこのコンセプトをどのように取り入れて使っていくべきかを説明します。

Kubernetesを開発する中で、私たちのゴールは、分散システムの開発をCS 101[†1]の課題の1つにすることだと私たちは常々言ってきました。このゴールを達成することができたなら、この本のような本がそのクラスの教科書になるでしょう。BilginとRolandはKubernetes開発者の基本的なツールを抽出し、それらを取り組みやすく使いやすいかたまりにまとめました。この本を読み終えれば、Kubernetesにおいて使用できるコンポーネントが分かるだけでなく、それらのコンポーネントを「なぜ」使うのか、「どのように」使ってシステムを作るのかが分かるようになるはずです。

Brendan Burns
Kubernetes プロジェクト共同創設者

[†1] 訳注：CS101とは、米国の大学でコンピュータ科学を学ぶ際に最初に受講する入門講座のこと。つまりここでは、Kubernetesの改善を通じて、入門コースの課題の1つであるかのように分散システムの開発を簡単にすることが目標だと言っています。

はじめに

近年、マイクロサービスとコンテナの採用が主流になり、ソフトウェアを設計し、開発し、動かす方法は劇的に変わってきました。今日のアプリケーションは可用性、スケーラビリティ、市場投入までのスピードに最適化されています。これらの新しい要求事項によって、今日のモダンなアプリケーションには、これまでとは違ったパターンと運用方法が求められています。この本、『Kubernetes パターン』は、Kubernetes を使ってクラウドネイティブなアプリケーションを作るための最も広く使われるパターンを開発者が知り、学ぶことを助ける目的で書かれました。この本の重要なトピックである、Kubernetes とデザインパターンの 2 つを、まず簡単に見ていきましょう。

Kubernetes

Kubernetes は、コンテナオーケストレーションプラットフォームです。Kubernetes の起源は、Google の社内向けコンテナオーケストレーションプラットフォームである Borg (https://oreil.ly/x12HH) が生まれた場所である、Google のデータセンターの中のどこかにあります。Google は、アプリケーションを動かすのに Borg を長らく使っていました。2014 年、Google は Borg での経験を Kubernetes（ギリシャ語で操舵手やパイロットの意味）と呼ばれる新しいオープンソースプロジェクトに移行することを決めました。2015 年には、新しく創設された Cloud Native Computing Foundation（CNCF）に寄贈された最初のプロジェクトになりました。

Kubernetes はその始まりの時からユーザのコミュニティを獲得し、コントリビュータの数は信じられないほどの速さで増加しました。今日では、Kubernetes は GitHub における最も人気のあるプロジェクトの 1 つです。Kubernetes は最も広く使用され、最も機能の多いコンテナオーケストレーションプラットフォームであると言ってもよいでしょう。Kubernetes は、Kubernetes 上に作られた他のプラットフォームの基礎もなしています。これら Platform-as-a-Service（PaaS）システムの中でも有名なものの 1 つは、Kubernetes にさまざまな追加機能を提供している Red Hat OpenShift です。こういったことは、この本でクラウドネイティブパターンの参考プラットフォームとして Kubernetes を選んだ理由の一部でしかありません。

この本では、読者に Kubernetes の基礎的な知識があることを前提としています。1 章では、Kubernetes の核となる概念を説明し、各パターンの基礎を学びます。

デザインパターン

デザインパターンの起源は、1970 年代にまで遡り、建築の分野から来たものです。建築家でありシステム論者でもあった Christopher Alexander と彼のチームは、街、建物、その他の建築プロジェクトを行うための建築パターンを説明した『A Pattern Language』（Oxford University Press、https://oreil.ly/TKzwz）[†1]という本を 1977 年に出版しました。その後、この考え方は新しく形成されつつあったソフトウェア産業にも採用されました。この分野における最も有名な本は、Erich Gamma、Richard Helm、Ralph Johnson、John Vlissides、通称 Gang of Four と呼ばれる 4 人によって書かれた『Design Patterns—Elements of Reusable Object-Oriented Software』（Addison-Wesley、https://oreil.ly/k5toF）[†2]です。有名な Singleton、Factories、Delegation などのパターンについて話ができるのは、このような定義付けの作業のおかげです。これ以降、さまざま分野で異なる粒度のパターンについての本が多く書かれました。その中には、Gregor Hohpe と Bobby Woolf による『Enterprise Integration Patterns』（Addison-Wesley、https://oreil.ly/5aRjR）[†3]や、Martin Fowler による『Patterns of Enterprise Application Architecture』（Addison-Wesley、https://oreil.ly/yOdWA）[†4]などがあります。

手短に言えば**パターン**とは、**ある問題に対する再現可能な解決策**のことです[†5]。この定義はこの本で取り上げるパターンにも適用されますが、解決策についてはおそらくあまり多くの方法は提示できないでしょう。問題を解決するのにステップバイステップの手順を提供するのではなく、同種の問題全体を解決するための設計図を提供すると言う点で、パターンはレシピとは違います。例えば、Alexander の書いた**ビアホール**（Beer Hall）パターンは、大衆酒場は「孤独な人のよりどころ」ではなく「他人や友人たちが飲み仲間になる場所」として建てられるべきであるとしています。このパターン以後に建てられた酒場はどれも違っていますが、4 人から 8 人のグループにちょうどいい開放的なアルコーブがあったり、100 人単位の人々が飲み物や音楽などの活動のために出会えたりする場所であるという共通の特徴を持っています。

ただし、パターンは解決策を提供するだけではありません。パターンは言語をも定義します。この本で取り上げるパターンはどれも、各パターンが一意な**名前**を持った、高密度な名詞中心の言語を構成しています。この言語が作られると、パターンについて人々が話す時、これらの名前は人々

[†1] 訳注：邦訳は『パタン・ランゲージ ―環境設計の手引』（鹿島出版会）。概要については日本語 Wikipedia ページ（https://ja.wikipedia.org/wiki/パタン・ランゲージ）も参照。

[†2] 訳注：邦訳は『オブジェクト指向における再利用のためのデザインパターン』（ソフトバンククリエイティブ）。概要については日本語 Wikipedia ページ（https://ja.wikipedia.org/wiki/デザインパターン_(ソフトウェア)）も参照。

[†3] 訳注：未邦訳。

[†4] 訳注：邦訳は『エンタープライズアプリケーションアーキテクチャパターン』（翔泳社）

[†5] Alexander と彼のチームは、建築のコンテキストにおけるパターンとは「私たちの環境に繰り返し発生する問題を提起し、その問題にたいして、二度と同じ結果が生まれないよう、解答の要点だけを明示」するものであると定義しています（かぎ括弧内は『パタン・ランゲージ ―環境設計の手引』からの抜粋）。

に自動的に同じことを頭の中に思い起こさせます。例えば、私たちがテーブルと言った時には、英語を話す人なら誰でも、4本の足がついてその上に何かがおける天板がついた木製のものを想像します。ソフトウェアエンジニアリングにおいて「ファクトリ」と言った時にもこれと同じことが起きます。オブジェクト指向プログラミング言語のコンテキストにおいては、私たちは「ファクトリ」を他のオブジェクトを生成するオブジェクトのことだとすぐに関連付けます。パターンの先にある解決策がすぐに分かるので、私たちはまだ解決されていない問題に取り組めるのです。

　パターン言語には他の特徴もあります。例えば、パターンは相互接続され、重複しているので、問題領域のほとんどをカバーできます。また、元になった『A Pattern Language』で定義されているように、各パターンには違った粒度とスコープがあります。より一般的なパターンは広い問題領域をカバーし、問題を解決する方法に対する大雑把なガイドを提供します。粒度の細かいパターンは非常に具体的な解決策を提示しますが、適用範囲はそれほど広くありません。この本には多くの種類のパターンが書かれていますが、その多くは他のパターンを参照したり、解決策の一部として他のパターンを含んでいることもあります。

　パターンの別の特徴として、固定されたフォーマットに従っていることも挙げられます。ただし、それぞれの著者は違った方法で定義を行うので、パターンがどのように定義されるべきかという共通の標準規則は残念ながらありません。Martin Fowler は『Writing Software Patterns』(https://oreil.ly/6IA6k) というブログ記事の中で、パターン言語に使われるフォーマットについて素晴らしい概説を書いています。

この本の構成

　私たちはこの本においてはシンプルなパターンを選択しました。ここでは特定のパターン記述言語は採用していません。各パターンは次の構造になっています。

名前
　　各パターンには名前があり、それは章のタイトルにもなっています。名前はパターン言語の中心をなすものです。

問題
　　このセクションは大まかなコンテキストを提供し、パターンの領域を詳細に説明します。

議論
　　このセクションでは、与えられたコンテキストに対する解決策の長所と短所を議論します。

追加情報
　　この最後のセクションには、パターンに関する追加情報源が含まれます。

この本におけるパターンは次のように整理されています。

- 「第 I 部　基本パターン」は、Kubernetes のコアとなるコンセプトを説明します。これらは、コンテナベースのクラウドネイティブなアプリケーションを作るための基本原理とプラクティスです。
- 「第 II 部　振る舞いパターン」では、基本パターンの上に構築され、さまざまな種類のコンテナを管理する場合の実行時の観点を提供するパターンについて説明します。
- 「第 III 部　構造化パターン」には、Kubernetes プラットフォームの原子である **Pod** 内のコンテナをまとめることに関するパターンが含まれます。
- 「第 IV 部　設定パターン」では、Kubernetes においてアプリケーション設定がどのように扱われるか、さまざまな方法に対する考え方を見ていきます。これらは粒度の細かいパターンであり、設定に対してアプリケーションを繋げる具体的なレシピが含まれます。
- 「第 V 部　セキュリティパターン」では、アプリケーションがコンテナ化され、Kubernetes にデプロイされる時に持ち上がるさまざまなセキュリティ上の懸念を取り上げます。
- 「第 VI 部　高度なパターン」には、プラットフォーム自体の拡張方法やクラスタ内で直接コンテナイメージを作る方法といった高度な考え方を集めています。

コンテキストに応じて、同じパターンが複数のカテゴリに分類される場合もあります。各パターンの章は自己完結型なので、他の章と独立して読めるようになっています。

この本を読むべき人

　この本は、クラウドネイティブなアプリケーションを設計開発し、そのプラットフォームとして Kubernetes を使う**開発者**に向けたものです。コンテナと Kubernetes について基本的ことを知っており、さらに次のレベルに行きたい読者に最も向いています。しかし、この本のユースケースやパターンを理解するのに Kubernetes のローレベルな詳細を知っている必要はありません。また、この本で説明されている繰り返し可能なパターンは、アーキテクトやコンサルタント、あるいはそれ以外の技術的な仕事をしている人にも役立つはずです。

　この本は実世界のプロジェクトから得られたユースケースや教訓を元にしています。つまり、この分野における何年にもわたる作業の結果としてのベストプラクティスやパターンの積み重ねです。私たちは皆さんが、Kubernetes ファーストなマインドセットを理解し、車輪の再発明をせずによりよいクラウドネイティブなアプリケーションを作るお手伝いをしたいと思っています。この本は、リラックスしたスタイルで書かれており、それぞれ独立して読めるエッセイのシリーズのようなものになっています。

　ここで、この本が何で**ないか**を簡潔に見てみましょう。

- この本は Kubernetes の入門書やリファレンスマニュアルではありません。多くの Kubernetes の機能に言及し、ある程度詳しく説明しますが、この本で焦点を当てるのはそれら機能の背景にある考え方です。「1 章　序論」では、Kubernetes の基礎について

短くおさらいします。Kubernetes についてのより総合的な本を探しているなら、Marko Lukša の『Kubernetes in Action』[6]（Manning Publications）を強くお勧めします。

- この本は Kubernetes クラスタ自体のセットアップ方法のステップバイステップガイドではありません。それぞれの例では、すでに Kubernetes が動作していることを前提としています。例を試してみるにはいくつかの方法があります。Kubernetes クラスタのセットアップ方法に興味があるなら、Brendan Burns、Joe Beda、Kelsey Hightower、Lachlan Evenson の『Kubernetes: Up and Running』[7]（O'Reilly）をお勧めします。

- この本は Kubernetes クラスタを他のチームのために運用したり管理したりすることに関する本ではありません。Kubernetes の管理面や運用面に関しては意図的に書いておらず、Kubernetes に対する開発者目線で書いています。この本は開発者がどのように Kubernetes を使うのかを運用チームが理解する手助けにはなりますが、Kubernetes クラスタを管理し自動化するのには十分ではありません。Kubernetes クラスタの運用方法に興味があるなら、Brendan Burns、Eddie Villalba、Dave Strebel、Lachlan Evanson の『Kubernetes Best Practices』[8]（O'Reilly）をお勧めします。

この本から学べること

この本からはたくさんのことが発見できます。いくつかのパターンは一見して Kubernetes のマニュアルからの抜粋のように見えるかもしれませんが、詳しく見れば、他の本では見られないような概念的な面から書かれていることが分かるはずです。また他のパターンは、「第 IV 部　設定パターン」のように決まった問題を解決する詳細なステップを併せて説明しています。いくつかの章では、パターンの定義にぴったり当てはまらない Kubernetes の機能についても説明しています。パターンであるか機能であるかにはこだわりすぎないで下さい。すべての章において第一原理から来る力について検討し、ユースケース、学んだ教訓、ベストプラクティスに焦点を当てます。それが価値ある部分です。

パターンの粒度に関係なく、それぞれのパターンに対して Kubernetes が提供するあらゆることを、コンセプトを解説するための多くの例と共に学んでいきます。すべての例はテストされており、完全なソースコードの入手方法はサンプルコードの使用で説明します。

第 2 版での改善点

4 年前に初版が出版されて以来、Kubernetes のエコシステムは成長し続けてきました。その結果、多くの Kubernetes リリースがあり、Kubernetes を使うための多くのツールやパターンがデ

---

[6] 訳注：未邦訳。内容やカバー範囲が近い日本語の類書には『Kubernetes 完全ガイド』（インプレス）などがあります。
[7] 訳注：邦訳は『入門 Kubernetes』（オライリー・ジャパン）。ただし、原著は第 3 版、邦訳は第 1 版なので邦訳は情報がやや古くなっています。日本語書籍としては、Kubernetes 自体や Pod などのリソースの仕組みや概念を知るには『入門 Kubernetes』を、実際のクラスタ構築以降のトピックは『Kubernetes 完全ガイド』などの本をお勧めします。
[8] 訳注：未邦訳。

ファクトスタンダードになりました。

　幸いなことに、この本に書かれたほとんどのパターンはテストに耐え、今も有用であり続けています。これに合わせ、これらのパターンを更新し、Kubernetes 1.26 までの新しい機能を追加し、使われなくなったりサポートされなくなった部分を削除しました。「29 章　Elastic Scale（エラスティックスケール）」と「30 章　Image Builder（イメージビルダ）」は該当する分野における開発が進んだため大きな変更を加えましたが、これらを除くほとんどの部分は変更は限定的なものでした。

　さらに、新しく 5 つのパターンを追加し、初版からの隙間を埋めて開発者向けの重要なセキュリティ関連パターンを提供するべく、新しいカテゴリである「第 V 部　セキュリティパターン」を追加しました。

　GitHub リポジトリ（https://oreil.ly/kXGjC）は更新され、拡張されました。また、読者が楽しめるようコンテンツを 50% 追加しました。

日本語版における注意点

　できるだけ原文に忠実でありつつも読みやすい日本語に訳すことを心がけました。用語の訳については、原則的に Kubernetes の日本語版公式サイト（https://kubernetes.io/ja/）の訳に合わせていますが、文脈によって変えている場合もあります。その際はできるだけ訳注などでなぜそうしたかの説明を入れています。

　各章の追加情報や本文中にあるリンク先は、日本語訳があるものは日本語訳へのリンクに差し替えてあります。ただし、Kubernetes の公式サイトへのリンクは、日本語版が必ずしも存在するとは限らないことと、日本語版が最新でないケースもある[†9]ことから、英語版へのリンクのままにしています。日本語訳を読みたい場合は、ページ右上の言語選択メニューから日本語を選ぶか、機械翻訳等を使って下さい。未翻訳のページがあったらご自分で翻訳し、Kubernetes へのコントリビュートの第 1 歩を踏み出す（https://bit.ly/4cfkNIK）のもよいでしょう。

この本の表記

　この本では、次のフォントを使用します。

太字
　　新しい用語や強調する単語を表します。

`constant width`（**等幅**）
　　プログラムの内容、または本文中でプログラムの要素、例えば変数名や関数名、データベー

[†9] 訳注：日本語版の内容が古い場合は、ページのタイトル上に「このページに記載されている情報は古い可能性があります」という注意が表示されます。

ス、データ型、環境変数、宣言、キーワードなどを参照する際に使用します。

　前述のように、パターンはシンプルで相互接続された言語を定義します。パターンのこのメッシュを強調するため、各パターン名を英語で表記する場合は1文字目を大文字にします（例えばSidecar）。パターン名がKubernetesのコアコンセプトでもある（Init ContainerやControllerなど）なら、パターン自体を直接参照するときだけこの書式に従います。可能ならわかりやすいようパターンの章へリンクします[†10]。

　また、次の表記にも従います。

- シェルやエディタに入力するものは、`constant width font`（等幅フォント）で表記します。
- Kubernetesリソース名を英語で表記する場合は常に1文字目を大文字にします（例えばPod）。
- Kubernetesのリソース名がサービスやノードといった一般的なコンセプトと全く同じ場合があります。このような場合はリソース自体を参照するときにだけリソース名のフォーマットを使います。

これはヒントまたは提案を表します。

これは一般的なメモを表します。

これは警告または注意を表します。

サンプルコードの使用

　各パターンには実行可能なサンプルコードがあり、書籍のWebページ（https://k8spatterns.com/）から入手できます。各パターンのサンプルコードへのリンクは、各章の「追加情報」のセクションにあります。

　「追加情報」のセクションには、パターンに関連する追加情報へのリンクもあります。サンプルコードリポジトリにあるリストは最新状態に保つようにしています。

[†10] 訳注：日本語版において、パターン名は原則英語表記のままにし、日本語表記を添える形にしました。索引などで他のパターンを参照する際は、「Controllerパターン」のようにパターンを後に付けるようにしています。

この本のすべてのサンプルコードは GitHub（https://oreil.ly/bmj-Y）にあります。リポジトリと Web サイトはサンプルコードを試してみるための Kubernetes クラスタの入手方法へのポインタであり、その方法にもなっています。サンプルコードを実行する時には、提供されているリソースファイルの中身も見てみて下さい。サンプルコードをさらに理解するための価値あるコメントがたくさん含まれています。

多くのサンプルコードでは、呼び出されると乱数を返す **random-generator** と呼ばれる REST サービスを使用しています。これは、この本のサンプルをうまく試してみるために独自に作られたものです。random-generator のソースは同じく GitHub（https://oreil.ly/WuYSu）で入手でき、コンテナイメージである k8spatterns/random-generator は Docker Hub（https://oreil.ly/N36MB）でホストされています。

リソースのフィールドを記述するのに、JSON パス記法を使用しています（例えば、`.spec.replicas` はリソースの spec セクションの replicas フィールドを指す、など）。

サンプルコードやドキュメントの問題を発見したり、質問がある場合は、遠慮せずに GitHub イシュートラッカー（https://oreil.ly/hCnmn）にチケットを開いて下さい。私たちは GitHub イシューを確認しており、どんな質問にも喜んで回答します。

すべてのサンプルコードはクリエイティブ・コモンズ表示 4.0（CC BY 4.0）ライセンス（https://oreil.ly/QuiQc）の元に配布されています。このコードは自由に使用でき、商用あるいは非商用のプロジェクト向けに共有あるいは使用できます。しかし、サンプルコードをコピーしたり再配布する場合にはこの本への帰属表示を行う必要があります。

帰属表示は通常、本のタイトル、著者、出版社、ISBN コードから構成されるこの本への参照になります。例えば「Bilgin Ibryam、Roland Huß 著『Kubernetes パターン 第 2 版』（オライリー・ジャパン）978-4-8144-0088-1」といった形です。あるいは、著作権表示とライセンスへのリンクを添えてこの書籍の Web サイト（https://www.oreilly.co.jp/books/9784814400881）へのリンクを追加して下さい。

コードへの貢献もお待ちしています。コードサンプルを改善できそうだと考えているなら、ぜひその意見を聞かせて下さい。GitHub イシューを開くかプルリクエストを作って下さい。そこから会話を始めましょう。

オライリー学習プラットフォーム

オライリーはフォーチュン 100 のうち 60 社以上から信頼されています。オライリー学習プラットフォームには、6 万冊以上の書籍と 3 万時間以上の動画が用意されています。さらに、業界エキスパートによるライブイベント、インタラクティブなシナリオとサンドボックスを使った実践的な学習、公式認定試験対策資料など、多様なコンテンツを提供しています。

https://www.oreilly.co.jp/online-learning/

はじめに | xv

　また以下のページでは、オライリー学習プラットフォームに関するよくある質問とその回答を紹介しています。

　　https://www.oreilly.co.jp/online-learning/learning-platform-faq.html

お問い合わせ

本書に関する意見、質問等は、オライリー・ジャパンまでお寄せください。

　　株式会社オライリー・ジャパン
　　電子メール japan@oreilly.co.jp

本書の Web ページには、正誤表やコード例などの追加情報が掲載されています。

　　https://oreil.ly/kubernetes_patterns-2e（原書）
　　https://www.oreilly.co.jp/books/9784814400881（和書）

この本に関する技術的な質問や意見は、次の宛先に電子メール（英文）を送ってください。

　　bookquestions@oreilly.com

オライリーに関するその他の情報については、次のオライリーの Web サイトを参照してください。

　　https://www.oreilly.co.jp
　　https://www.oreilly.com（英語）

謝辞

　Bilgin は、彼が新たな本に取り組んでいる間に絶え間ないサポートと忍耐を示してくれた彼の妻 Ayshe に永遠に感謝します。彼は同じく、彼に笑顔をもたらす方法をいつも知っている可愛い娘の Selin と Esin にも感謝しています。彼女たちは彼のかけがえのない存在です。最後に Bilgin は、このプロジェクトを現実にしてくれた、素晴らしい共同執筆者である Roland に感謝します。
　Roland は、彼の妻である Tanja からの、執筆の間の揺るぎないサポートと辛抱に深い感謝の念を抱いています。また、彼を勇気づけてくれた息子 Jakob にも感謝しています。さらに、それなしにはこの本は実を結ばなかったであろう Bilgin の非常に優れた洞察力と文章力に、特別の感謝を表したいと思っています。
　この本の 2 つの版を作るのは複数年に渡る長い旅であり、この本を正しい方向に導いてくれたレビュアーの皆さんにも感謝したいと思います。

初版においては、この旅の間私たちを助けてくれた Paolo Antinori と Andrea Tarocchi に特別の賞賛の言葉を送ります。専門知識とアドバイスで私たちをサポートしてくれた Marko Lukša、Brandon Philips、Michael Hüttermann、Brian Gracely、Andrew Block、Jiri Kremser、Tobias Schneck、Rick Wagner に大きな感謝を捧げます。最後に、この本をゴールラインまで推し進める手助けをしてくれた編集者の Virginia Wilson、John Devins、Katherine Tozer、Christina Edwards、さらにオライリーの素晴らしい人たちすべてに大きな感謝を捧げます。

第 2 版を完成させるのは至難の業でした。その作業を終わらせるサポートをしてくれたすべての人に感謝します。特にテクニカルレビュアーの Ali Ok、Dávid Šimanský、Zbyněk Roubalík、Erkan Yanar、Christoph Stäbler、Andrew Block、Adam Kaplan に感謝すると共に、プロセス全体にわたって辛抱強く励ましてくれた編集者の Rita Fernando にも感謝します。オライリーのプロダクションチーム、特にこの本を仕上げるにあたって細部にわたって非常にていねいな仕事をしてくれた Beth Kelly、Kim Sandoval、Judith McConville に大きな賛辞を送ります。

「26 章 Access Control（アクセス制御）」に対する疲れを知らない努力を注いでくれた Abhishek Koserwal に対して大きな感謝を表します。彼の貢献は、私たちが最も必要としている時に行われ、大きな影響を残しました。

目次

まえがき v
はじめに vii

1章　序論 1
1.1　クラウドネイティブへの道 1
1.2　分散アプリケーションの基本的要素 3
1.2.1　コンテナ 5
1.2.2　Pod 5
1.2.3　Service 7
1.2.4　Label 8
1.2.5　Namespace 10
1.3　議論 11
1.4　追加情報 12

第Ⅰ部　基本パターン　　　　　　　　　　　　　　　　　　13

2章　Predictable Demand（予想可能な需要） 15
2.1　問題 15
2.2　解決策 15
2.2.1　実行時の依存関係 16
2.2.2　リソースプロファイル 18
2.2.3　Podの優先度 21
2.2.4　プロジェクトごとのリソース 23
2.2.5　キャパシティプランニング 25
2.3　議論 25
2.4　追加情報 26

3章　Declarative Deployment（宣言的デプロイ） 27
　3.1　問題 27
　3.2　解決策 27
　　　3.2.1　ローリングデプロイ 29
　　　3.2.2　固定デプロイ 31
　　　3.2.3　ブルーグリーンリリース 32
　　　3.2.4　カナリアリリース 33
　3.3　議論 34
　3.4　追加情報 36

4章　Health Probe 39
　4.1　問題 39
　4.2　解決策 39
　　　4.2.1　プロセスヘルスチェック 40
　　　4.2.2　Liveness Probe 40
　　　4.2.3　Readiness Probe 42
　　　4.2.4　Startup Probe 44
　4.3　議論 45
　4.4　追加情報 47

5章　Managed Lifecycle（管理されたライフサイクル） 49
　5.1　問題 49
　5.2　解決策 49
　　　5.2.1　SIGTERM シグナル 50
　　　5.2.2　SIGKILL シグナル 50
　　　5.2.3　postStart フック 51
　　　5.2.4　preStop フック 52
　　　5.2.5　その他のライフサイクル制御方法 53
　5.3　議論 56
　5.4　追加情報 56

6章　Automated Placement（自動的な配置） 57
　6.1　問題 57
　6.2　解決策 57
　　　6.2.1　利用可能なノードリソース 58
　　　6.2.2　コンテナのリソース需要 59
　　　6.2.3　スケジューラ設定 59

		6.2.4	スケジューリングのプロセス	60
		6.2.5	ノードアフィニティ	62
		6.2.6	Pod アフィニティとアンチアフィニティ	62
		6.2.7	Topology Spread Constraint	64
		6.2.8	Taint と Toleration	65
	6.3	議論		68
	6.4	追加情報		71

第 II 部　振る舞いパターン　　73

7 章　Batch Job（バッチジョブ）　　75
7.1	問題	75
7.2	解決策	76
7.3	議論	81
7.4	追加情報	82

8 章　Periodic Job（定期ジョブ）　　83
8.1	問題	83
8.2	解決策	84
8.3	議論	85
8.4	追加情報	86

9 章　Daemon Service（デーモンサービス）　　87
9.1	問題	87
9.2	解決策	87
9.3	議論	91
9.4	追加情報	91

10 章　Singleton Service（シングルトンサービス）　　93
10.1	問題		93
10.2	解決策		94
		10.2.1 アプリケーション外のロック	94
		10.2.2 アプリケーション内のロック	96
		10.2.3 Pod Disruption Budget	98
10.3	議論		100
10.4	追加情報		100

11章 Stateless Service（ステートレスサービス） 103
- 11.1 問題 103
- 11.2 解決策 104
  - 11.2.1 インスタンス 104
  - 11.2.2 ネットワーク 105
  - 11.2.3 ストレージ 107
- 11.3 議論 109
- 11.4 追加情報 110

12章 Stateful Service（ステートフルサービス） 111
- 12.1 問題 111
  - 12.1.1 ストレージ 112
  - 12.1.2 ネットワーク 113
  - 12.1.3 アイデンティティ 113
  - 12.1.4 順序 113
  - 12.1.5 その他の必要事項 113
- 12.2 解決策 114
  - 12.2.1 ストレージ 115
  - 12.2.2 ネットワーク 116
  - 12.2.3 アイデンティティ 118
  - 12.2.4 順序 118
  - 12.2.5 その他の機能 119
- 12.3 議論 120
- 12.4 追加情報 121

13章 Service Discovery（サービスディスカバリ） 123
- 13.1 問題 123
- 13.2 解決策 124
  - 13.2.1 内部的なサービスディスカバリ 125
  - 13.2.2 手動によるサービスディスカバリ 129
  - 13.2.3 クラスタ外からのサービスディスカバリ 130
  - 13.2.4 アプリケーションレイヤでのサービスディスカバリ 134
- 13.3 議論 137
- 13.4 追加情報 138

14章 Self Awareness（セルフアウェアネス） 139
- 14.1 問題 139

14.2	解決策	139
14.3	議論	143
14.4	追加情報	143

第III部　構造化パターン　　　145

15章　Init Container（Init コンテナ） 147
15.1	問題	147
15.2	解決策	148
15.3	議論	152
15.4	追加情報	153

16章　Sidecar（サイドカー） 155
16.1	問題	155
16.2	解決策	155
16.3	議論	157
16.4	追加情報	158

17章　Adapter（アダプタ） 161
17.1	問題	161
17.2	解決策	161
17.3	議論	164
17.4	追加情報	164

18章　Ambassador（アンバサダ） 165
18.1	問題	165
18.2	解決策	165
18.3	議論	167
18.4	追加情報	167

第IV部　設定パターン　　　169

19章　EnvVar Configuration（環境変数による設定） 171
19.1	問題	171
19.2	解決策	171
19.3	議論	175
19.4	追加情報	176

20章　Configuration Resource（設定リソース） 177
- 20.1　問題 177
- 20.2　解決策 177
- 20.3　議論 183
- 20.4　追加情報 183

21章　Immutable Configuration（イミュータブル設定） 185
- 21.1　問題 185
- 21.2　解決策 185
  - 21.2.1　Docker ボリューム 186
  - 21.2.2　Kubernetes の Init コンテナ 187
  - 21.2.3　OpenShift Templates 190
- 21.3　議論 191
- 21.4　追加情報 192

22章　Configuration Template（設定テンプレート） 193
- 22.1　問題 193
- 22.2　解決策 193
- 22.3　議論 198
- 22.4　追加情報 198

第Ⅴ部　セキュリティパターン 199

23章　Process Containment（プロセス封じ込め） 201
- 23.1　問題 201
- 23.2　解決策 202
  - 23.2.1　ルート以外のユーザでコンテナを動かす 202
  - 23.2.2　コンテナのケーパビリティを制限する 203
  - 23.2.3　コンテナファイルシステムの変更を防止する 205
  - 23.2.4　セキュリティポリシーを強制する 206
- 23.3　議論 207
- 23.4　追加情報 209

24章　Network Segmentation（ネットワークセグメンテーション） 211
- 24.1　問題 211
- 24.2　解決策 212

		24.2.1 ネットワークポリシー	213
		24.2.2 認証ポリシー	221
	24.3	議論	224
	24.4	追加情報	225

25章　Secure Configuration（セキュア設定） 227

	25.1	問題	227
	25.2	解決策	228
		25.2.1 クラスタ外での暗号化	228
		25.2.2 集中型のシークレット管理	236
	25.3	議論	240
	25.4	追加情報	241

26章　Access Control（アクセス制御） 243

	26.1	問題	243
	26.2	解決策	244
		26.2.1 認証	245
		26.2.2 認可	246
		26.2.3 アドミッションコントローラ	246
		26.2.4 サブジェクト（誰）	247
		26.2.5 ロールベースアクセス制御（RBAC）	253
	26.3	議論	263
	26.4	追加情報	265

第VI部　高度なパターン　267

27章　Controller（コントローラ） 269

	27.1	問題	269
	27.2	解決策	270
	27.3	議論	280
	27.4	追加情報	280

28章　Operator（オペレータ） 283

	28.1	問題	283
	28.2	解決策	284
		28.2.1 Custom Resource Definition	284

- 28.2.2　コントローラとオペレータの分類 ……………………………… 286
- 28.2.3　オペレータの開発とデプロイ ……………………………………… 289
- 28.2.4　例 ………………………………………………………………………… 292
- 28.3　議論 ……………………………………………………………………………… 295
- 28.4　追加情報 ………………………………………………………………………… 296

29章　Elastic Scale（エラスティックスケール） 297

- 29.1　問題 ……………………………………………………………………………… 297
- 29.2　解決策 …………………………………………………………………………… 297
  - 29.2.1　手動での水平 Pod スケーリング ……………………………… 298
  - 29.2.2　水平 Pod オートスケーリング ………………………………… 299
  - 29.2.3　垂直 Pod オートスケーリング ………………………………… 313
  - 29.2.4　クラスタオートスケーリング …………………………………… 316
  - 29.2.5　スケーリングレベル ……………………………………………… 319
- 29.3　議論 ……………………………………………………………………………… 321
- 29.4　追加情報 ………………………………………………………………………… 322

30章　Image Builder（イメージビルダ） 325

- 30.1　問題 ……………………………………………………………………………… 325
- 30.2　解決策 …………………………………………………………………………… 326
  - 30.2.1　コンテナイメージビルダ ………………………………………… 327
  - 30.2.2　ビルドオーケストレータ ………………………………………… 331
  - 30.2.3　ビルド Pod ………………………………………………………… 332
  - 30.2.4　OpenShift Build …………………………………………………… 336
- 30.3　議論 ……………………………………………………………………………… 343
- 30.4　追加情報 ………………………………………………………………………… 344

あとがき ……………………………………………………………………………………… 345
訳者あとがき ………………………………………………………………………………… 349
索 引 …………………………………………………………………………………………… 351

コラム目次

Annotation	9
CPU とメモリリソースに対するおすすめ	20
kubectl rollout を使った Deployment の更新	28
デプロイの事前フックと事後フック	35
高度な Deployment	35
Pod のカスタム Readiness Gate	43
仕事を分割する	80
Static Pod	90
OpenShift Route	136
その他の初期化手法	151
デフォルト値	173
Secret はどのくらいセキュアなのか	182
Kubernetes でのマルチテナント	212
eBPF とは何か	220
サービスメッシュ	221
SMS と KMS	233
Kubernetes における JSON Web Tokens	249
権限昇格の防止	258
RBAC ルールのデバッグ	262
jq の技法	277
プッシュベースとプルベースの水平オートスケーラ	312
Cluster API	316
ルートレスビルド	327
Knative Build はどうなってしまったのか	332

1章
序論

　この序論の章では、クラウドネイティブアプリケーションを設計したり実装したりするのに使われる Kubernetes のコアコンセプトをいくつか説明することで、この本の他の部分への準備をします。これらの新しい抽象化概念と、この本での関連する原則とパターンを理解することは、Kubernetes で自動化できる分散アプリケーションを構築するための鍵になります。

　この章は、この後に説明するパターンを理解するための必要条件ではありません。Kubernetes のコンセプトをすでに知っている読者は、この章を読み飛ばし、興味のあるパターンのカテゴリに直行してしまっても構いません。

1.1　クラウドネイティブへの道

　マイクロサービスは、クラウドネイティブアプリケーションを作る上で最も人気のあるアーキテクチャスタイルです。マイクロサービスは、ビジネス能力のモジュール化と、運用の複雑さを上げる代わりに開発の複雑さを下げることで、ソフトウェアの複雑さを解決しようとします。そういった考え方があるので、マイクロサービスを使って成功するために最も大事な必要条件は、Kubernetes を使ってスケーラブルに運用できるアプリケーションを作ることなのです。

　マイクロサービスのムーブメントの中で、マイクロサービスをゼロから作る、あるいはモノリスをマイクロサービスに分割するための途方もない数の方法論、テクニック、補助的なツールが現れました。これらのプラクティスの多くは Eric Evans の『Domain-Driven Design』[†1]（Addison-Wesley、https://oreil.ly/UoON5）という書籍と、そこで取り上げられた**境界付けられたコンテキスト**（bounded contexts）と**集約**（aggregates）の考え方を元にしています。境界付けられたコンテキストは、異なるコンポーネントに分割することで大きなモデルを扱おうとし、集約は定義されたトランザクション境界を使い、境界付けられたコンテキストをさらにモジュールにグループ分けするのに役立ちます。しかし、ビジネスドメインに対するこれらの考慮に加えて、マイクロサービスを使うかどうかに関わらず、それぞれの分散システムには外部構造やランタイム結合の問題が存在します。コンテナや Kubernetes のようなコンテナオーケストレータは、分散ア

[†1]　訳注：邦訳『エリック・エヴァンスのドメイン駆動設計』翔泳社。

プリケーションにまつわる問題に取り組むための新しい基本的要素と抽象化を仕組みを提供してくれます。だからこそ、分散システムを Kubernetes に載せる時に考えうるさまざまな方法を議論できるのです。

　この本では、コンテナをブラックボックスとして扱った上で、コンテナとプラットフォームのやり取りを見ていきます。しかし、このセクションではコンテナに何が入るかの重要性を強調します。コンテナとクラウドネイティブプラットフォームは分散アプリケーションに対して巨大な利点を提供してくれますが、コンテナに入れるものがゴミならば、大規模にゴミを分散させてしまうだけです。**図1-1** は、クラウドネイティブアプリケーションを作るために必要なスキルと、そのどこに Kubernetes パターンが当てはまるかを 1 つの図にまとめたものです。

図1-1　クラウドネイティブへの道

　よいクラウドネイティブアプリケーションを作るには、複数の設計テクニックに精通している必要があります。

- **コードの最も低いレベル**では、定義するあらゆる変数、作成するあらゆるメソッド、インスタンス化するあらゆるクラスが、アプリケーションの長期的なメンテナンスに重要な役割を果たします。どんなコンテナ技術やオーケストレーションプラットフォームを使うとしても、開発チームおよびそのチームが作った成果物はその影響を受けます。クリーンなコードを書き、適切な数の自動テストを作り、コード品質を上げるために継続的にリファクタリングを行い、ソフトウェアクラフトマンシップの原則に心から導かれる開発者を育てるのが重要です。
- **ドメイン駆動設計**（DDD、Domain-Driven Design）は、アーキテクチャを現実世界にできるだけ近く保とうとしながら、ビジネスからソフトウェアの設計に歩み寄ろうとする方法です。このアプローチは、オブジェクト指向プログラミング言語と相性がよいですが、現実

世界の問題に対してソフトウェアをモデル化し設計するよい方法は他にもあります。ビジネスとトランザクションの正しい境界に対するモデル、使いやすいインタフェイス、リッチなAPIは、この後のコンテナ化と自動化を成功させる基礎になります。

- **ヘキサゴナルアーキテクチャ**（hexagonal architecture）と、オニオンアーキテクチャやクリーンアーキテクチャなどのその派生系は、アプリケーションコンポーネントを疎結合にし、それらとやり取りする標準化されたインタフェイスを提供することで、アプリケーションの柔軟性とメンテナンス性を高めます。ヘキサゴナルアーキテクチャは、システムのコアロジックをその周囲のインフラから分離することで、システムを別の環境やプラットフォームに移植するのを簡単にします。これらのアーキテクチャはドメイン駆動設計を補完し、明確な境界とインフラへの依存関係を外部化しながらアプリケーションコードを構成するのに役立ちます。

- **マイクロサービスアーキテクチャスタイル**と **Twelve-Factor App**（https://12factor.net/ja/）の方法論は、短時間のうちに分散アプリケーションの構築の標準になり、変化する分散アプリケーションを設計するための価値ある原則と実践方法を提供しています。これらの原則を適用することで、スケーラビリティ、回復力、変更の速さといった今日のモダンなソフトウェアに対する一般的な要求事項に最適化された実装ができます。

- **コンテナ**は、分散アプリケーションをパッケージ化し実行するための標準的方法として瞬く間に採用されました。またこれらはマイクロサービスにも関数（functions）にもなり得ます。よきクラウドネイティブな仕組みとしてモジュール化され、再利用可能なコンテナを作るのは、もう1つ別の基本的な必要条件です。**クラウドネイティブ**とは、スケールするコンテナ化されたアプリケーションを自動化する原則、パターン、ツールを指す用語です。ここでは、クラウドネイティブという言葉を、今日では最も人気のあるオープンソースクラウドネイティブプラットフォームである **Kubernetes** と、入れ替え可能な用語として使います。

この本では、クリーンコード、ドメイン駆動設計、ヘキサゴナルアーキテクチャ、マイクロサービスについては取り上げません。コンテナオーケストレーションにまつわる問題を解決するためのパターンと実践方法のみに焦点を当てます。しかしこれらのパターンを効果的にするため、あなたのアプリケーションはクリーンコード、ドメイン駆動設計、ヘキサゴナルアーキテクチャ的な外部依存からの分離、マイクロサービスの原則、その他の関係する設計テクニックを使って、内部もうまく設計されている必要があります。

1.2　分散アプリケーションの基本的要素

新しい抽象化概念と基本的要素とは何かを説明するために、よく知られたオブジェクト指向プログラミング（OOP、Object-oriented programming）、具体的にはJavaと比較してみましょう。OOPの世界には、クラス、オブジェクト、パッケージ、継承、カプセル化、多態性（ポリモーフィズム）といった考え方があります。また、Javaランタイムが機能を提供し、オブジェクトやアプ

リケーションのライフサイクルの管理方法を全体として保証するという仕組みです。

　Java 言語と Java 仮想マシン（Java Virtual Machine、JVM）は、アプリケーションを作るためのローカルでインプロセスな構成要素を提供します。この Java の提供するよく知られた考え方に対して Kubernetes は、複数のノードやプロセスにまたがった分散システムを作るための基本的要素やランタイムを提供することで、全く新しい考え方を導入します。Kubernetes を使うことで、アプリケーションの振る舞い全体を実装するのにローカルアプリケーションの基本的要素だけに依存しなくてよくなるのです。

　分散アプリケーションのコンポーネントを作るためには、ローカルアプリケーション向けであるオブジェクト指向の構成要素を引き続き使う必要はありますが、アプリケーションの振る舞いによっては Kubernetes の分散システムの基本的要素を使うこともできます。**表1-1** は、JVM と Kubernetes において、ローカルアプリケーションの基本的要素と分散アプリケーションの基本的要素がそれぞれどのように実現されているのかを示したものです。

表1-1　ローカルアプリケーションと分散アプリケーションの基本的要素

コンセプト	ローカルアプリケーションの基本的要素	分散アプリケーションの基本的要素
振る舞いのカプセル化手法	クラス	コンテナイメージ
振る舞いのインスタンス	オブジェクト	コンテナ
再利用の単位	jar	コンテナイメージ
コンポジション	クラス A はクラス B を含む	Sidecar パターン
継承	クラス A はクラス B を継承する	コンテナ A を FROM でコンテナ B が使う
デプロイの単位	jar/.war/.ear	Pod
ビルドやランタイムの分離方法	モジュール、パッケージ、クラス	Namespace、Pod、コンテナ
初期化時の事前条件	コンストラクタ	Init コンテナ
初期化後処理のトリガ	Init メソッド	postStart
削除前処理のトリガ	Destroy メソッド	preStop
後片付け手順	`finalize()`、シャットダウンフック	
非同期処理と並列処理	`ThreadPoolExecutor`、`ForkJoinPool`	Job
定期処理	`Timer`、`ScheduledExecutorService`	CronJob
バックグラウンド処理	デーモンスレッド	DaemonSet
設定管理	`System.getenv()`、`Properties`	ConfigMap、Secret

　インプロセスな基本的要素と分散システムの基本的要素には共通事項がありますが、それぞれは直接比較することも置き換えることもできません。それぞれは違った抽象レベルで動いており、違った前提条件があり、保証事項があります。いくつかの基本的事項は一緒に使われることを想定したものもあります。例えば、オブジェクトの作成にはクラスを使い、それらをコンテナイメージに入れる必要があるといった場合です。また、Kubernetes における CronJob のようないくつかの基本的要素は、Java における `ExecutorService` を完全に置き換えることもできます。

　次に、アプリケーション開発者にとって特に興味深い、Kubernetes におけるいくつかの分散システムの抽象化概念と基本的要素を見てみましょう。

1.2.1 コンテナ

コンテナは Kubernetes ベースのクラウドネイティブアプリケーションの構成要素です。OOP や Java と比較するなら、コンテナイメージはクラスのようなもので、コンテナはオブジェクトのようなものと言えます。再利用と振る舞いの変更のためにクラスを継承するのと同じように、再利用と振る舞いの変更のために他のコンテナイメージを継承したコンテナイメージを作成できます。コンテナを Pod に入れ、コンテナを協力させることで、コンテナの合成ができます。

さらに比較を進めるなら、Kubernetes は複数のホストに散らばった JVM のようなものであり、コンテナを動かして管理する責任を追っています。Init コンテナはオブジェクトのコンストラクタのようなものです。DaemonSet はバックグラウンド（Java のガベージコレクションなど）で動くデーモンスレッドに似ています。Pod は、複数のオブジェクトが 1 つのマネージドライフサイクルを共有し、それぞれが直接アクセスし合える（Spring Framework などに見られる）制御の反転（inversion of control、IoC）の考え方に似ています。

比較はここで終わりですが、コンテナが Kubernetes において根本的な役割を担っており、モジュール化されて再利用できる専用のコンテナイメージを作ることは、プロジェクトの長期的成功、あるいはコンテナのエコシステム全体にとって根本的であるというのがポイントです。パッケージ化や分離ができるというコンテナイメージの技術的特徴はともかくとして、コンテナは何を表していて、分散アプリケーションの文脈ではコンテナにどのような目的があるのでしょうか。コンテナについて次のような見方があります。

- コンテナイメージは単一の問題を解決するための機能の単位です。
- コンテナイメージは 1 つのチームに所有され、独自のリリースサイクルを持ちます。
- コンテナイメージは自己完結すると共に、独自のランタイム依存性を定義し保持します。
- コンテナイメージはイミュータブルであり、作られたらその後変更されることはないように設定されます。
- コンテナイメージはその機能を公開する明確に定義された API を持ちます。
- コンテナは通常 1 つの Unix プロセスとして動作します。
- コンテナは廃棄可能で、いつでも安全にスケールアップ・スケールダウンできます。

これらすべての特徴に加え、正しいコンテナイメージはモジュール化されています。パラメータ化され、実行する環境に合わせて再利用できるように作られます。小さく、モジュール化され、再利用可能なコンテナイメージを作ることは、プログラミング言語の世界における再利用可能なライブラリのように、専門化されて安定した長期的に使用できるコンテナイメージを作ることに繋がります。

1.2.2 Pod

コンテナの特徴を見ると、それらがマイクロサービスの原則の実装のために完璧な組み合わせであることに気づくでしょう。コンテナイメージは機能の単位であり、1 つのチームに所属し、独立

したリリースサイクルを持ち、デプロイとランタイムが分離されています。多くの場合、1 つのマイクロサービスは 1 つのコンテナイメージに紐づきます。

　しかし、ほとんどのクラウドネイティブプラットフォームでは、コンテナのグループのライフサイクルを管理するための別の基本的要素が提供されています。Kubernetes では、それは Pod と呼ばれています。**Pod** は、コンテナのグループに対するスケジュール[†2]、デプロイ、ランタイムの分離のアトミックな単位です。Pod 内のすべてのコンテナは常に同じホストにスケジュールされ、一緒にデプロイされ、一緒にスケールされると共に、同じファイルシステム、ネットワーク、プロセスの名前空間を共有できます。この連携したライフサイクルがあることで、Pod 内のコンテナは、必要があれば（例えばパフォーマンス上の理由があるなど）ファイルシステム、あるいはローカルホストやホスト同士のプロセス間通信などのネットワークを介してお互いにやり取りが可能になります。Pod はアプリケーションのセキュリティ境界を表すものでもあります。同じ Pod 内に違ったセキュリティパラメータを持つコンテナを入れることは可能ですが、通常はすべてのコンテナが同じアクセスレベル、ネットワーク分離、アクセス権を持ちます。

　図 1-2 にあるように、開発時やビルド時には、マイクロサービスは 1 つのチームが開発したりリリースするコンテナイメージに紐づきます。しかし実行時には、デプロイ、配置、スケーリングの単位である Pod として表されます。目的がスケールのためであるか他のコンテナ環境からの移行のためであるかに関わらず、コンテナを動かすには、Pod という抽象化概念を通じて行う必要があります。Pod には複数のコンテナが含まれることもあります。その例の 1 つとしては、「16 章 Sidecar（サイドカー）」で説明するようにコンテナ化されたマイクロサービスが実行時にヘルパコンテナを使う場合が挙げられます。

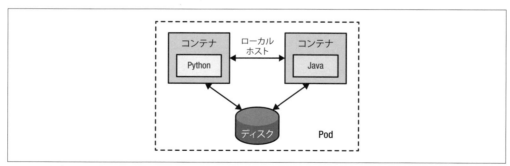

図 1-2　デプロイと管理の単位としての Pod

　コンテナ、Pod、それらのユニークな特徴によって、マイクロサービスベースのアプリケーションを設計するための新しいパターンや原則が使えるようになります。ここまで、正しく設計されたコンテナの特徴をいくつか見てきましたが、ここで Pod の特徴について改めて見てみましょう。

[†2] 訳注：Kubernetes あるいはコンテナオーケストレーションにおいてスケジュール（またはスケジューリング）とは、Pod やコンテナを適切なノードに割り当てることを言います。

- Podはスケジューリングのアトミックな単位です。これは、スケジューラはPodに所属するすべてのコンテナの要求事項を満たすホストを見つけようとする、ということです（Initコンテナの使用については「15章 Init Container（Initコンテナ）」で取り上げます）。たくさんのコンテナを持つPodを作ると、スケジューラはPod内の全コンテナの要求を合わせたものを満足できるリソースを持ったホストを見つける必要があります。このスケジューリングプロセスについては、「6章 Automated Placement（自動的な配置）」で説明します。

- Podはコンテナを同じホストに置くこと（コロケーション、colocation）を保証します。このコロケーションの仕組みのおかげで、同じPod内のコンテナはお互いにやり取りできる追加の手段を手に入れられます。よくある通信の方法として、データのやり取りに共有ローカルファイルシステムを使う、ローカルホストネットワークインタフェイスを使う、ハイパフォーマンスなやり取りにはホスト同士のプロセス間通信（IPC）の仕組みを使う、などがあります。

- Podには、所属するコンテナすべてが共有するIPアドレス、名前、ポート範囲があります。つまり、ホストのネットワークスペースを共有する場合、並列に動作するUnixプロセスが気にしなければならないのと同じように、Pod内のコンテナではポートが衝突しないよう注意深く設定する必要があります。

Podは、アプリケーションが動作するところであり、Kubernetesの原子とも言える仕組みです。しかし、あなたはPodに直接アクセスすることはありません。その時はServiceを使用します。

1.2.3 Service

Podとは一時的な存在です。さまざまな理由（スケールアップやスケールダウン、コンテナヘルスチェックの失敗、ノードのマイグレーションなど）で動き始め、止まります。PodのIPアドレスは、スケジュールされてどこかのノード上で起動した後になってからしか分かりません。Podは、動作しているノードが正常でなくなると、違うノードにスケジュールされることもあります。つまり、Podのネットワークアドレスはアプリケーションが稼働中に変わり得るということで、その変化に対するディスカバリとロードバランシングを行う別の基本的要素が必要になります。

それがKubernetesのServiceの出番です。Serviceは、Serviceの名前に対してIPアドレスとポート番号を永久的に紐づける、Kubernetesのシンプルだけれど強力な抽象化概念です。この性質からServiceは、アプリケーションにアクセスするための名前付きのエントリポイントになります。多くの場合、ServiceはPodの集合に対するエントリポイントの役割を担いますが、それだけに限りません。Serviceは汎用的な基本的要素であり、Kubernetesクラスタの外で提供される機能を指すこともできます。そのため、Serviceはサービスディスカバリやロードバランシングに使用され、Serviceの使用者に影響を与えずに実装を変更したりスケールしたりできるようになります。Serviceについては「13章 Service Discovery（サービスディスカバリ）」で詳しく説明します。

1.2.4　Label

　ビルド時にはコンテナイメージがマイクロサービスに対応する一方で、実行時にはPodがマイクロサービスに対応している、ということをすでに述べました。では、複数のマイクロサービスから構成されるアプリケーションの場合はどうでしょうか。Kubernetesは、アプリケーションのコンセプトを定義する手助けになる基本的要素を2つ提供しています。それが、LabelとNamespaceです。

　マイクロサービスの考え方が現れる以前は、アプリケーションとは、1つのバージョンスキームとリリースサイクルを持つ、1つのデプロイ単位に対応していました。アプリケーションに対し、.war、.ear、その他のパッケージフォーマットの1ファイルになっていました。しかしその後、アプリケーションは複数のマイクロサービスに分割され、独立して開発、リリース、実行、再起動、スケールされるものになりました。マイクロサービスによって、アプリケーションの概念は変化し、アプリケーションレベルで扱う必要のある生成物や作業はなくなりました。しかし、独立したサービスがあるアプリケーションに属していることを示す方法が必要な時には、**Label**が使用できます。ここで、顧客管理アプリケーションと問い合わせ管理アプリケーションというモノリシックなアプリケーションのうち、顧客管理アプリケーションをマイクロサービス3つに、問い合わせ管理アプリケーションをマイクロサービス2つに分割する場合を考えてみましょう。

　その場合、開発とランタイムの観点で独立した5つのPod（とおそらくそれ以上のPodインスタンス）の定義ができることになります。しかし、はじめの3つのPodは顧客管理アプリケーション用で、後の2つのPodは問い合わせ管理アプリケーション用であることは引き続き明示しておく必要があるでしょう。ビジネス価値を提供する上でPodはそれぞれ独立しているとは言え、それぞれは依存し合っています。例えば、あるPodにはフロントエンドを担当するコンテナがあり、残りの2つのPodはバックエンドを担当しているとしましょう。これらのPodのうちどれがダウンしても、アプリケーションはビジネス的には使い物にならなくなってしまいます。Labelセレクタを使用することで、Podの集合を問い合わせたり識別することができるようになり、1つの論理的単位として管理できるようになります。**図1-3**は、Labelを使って分散アプリケーションの一部をグループ化してサブシステムとしてみなす方法を示しています。

　Labelが役立ついくつかの例は次のとおりです。

- ReplicaSetは、特定のPodのインスタンスが動き続けるようにするためLabelを使用します。
- スケジューラもLabelを多用します。スケジューラはPodの要求を満たすノードにPodを一緒に配置したり分散したりするのにLabelを使用します。
- Labelは、Podの集合を論理的にグループ化し、Podが属するアプリケーションを識別できるようにします。
- 上記の一般的なユースケースに加え、メタデータを保存するのにLabelを使用することもできます。Labelが何に使われるのか予想するのは難しいかもしれませんが、Podに関する

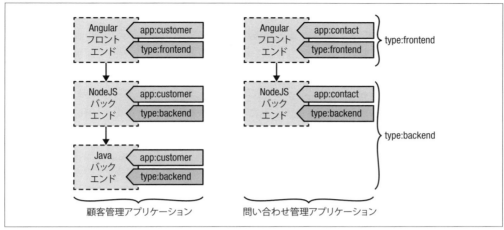

図1-3　Podに対するアプリケーションを識別するために使われるLabel

　重要な情報を記述できるだけのLabelを付けておくべきです。例えば、アプリケーションの論理的グループ、ビジネス上の特性や重要度、ハードウェアアーキテクチャなどの実行時のプラットフォーム依存関係、場所に関する優先事項などの情報をLabelとして持っておくのは、どれも役に立ちます。

　後ほど、より細かいスケジューリングを行うためにスケジューラがこれらのLabelを使ったり、規模が拡大した際には一致するPodを管理するためコマンドラインから同じLabelを使ったりすることになります。しかしやり過ぎは禁物で、事前にLabelを作り過ぎないようにするべきです。必要なら後からいつでも追加できます。Labelが何に使われているか、どんな想定外の影響があるかを知る簡単な方法はないので、Labelの削除の方がずっと高リスクです。

Annotation

　Labelに非常によく似た基本的要素に、**Annotation**があります。Labelと同じように、Annotationはマップのように使用されますが、検索できないメタデータを設定し、人間ではなく機械から使用されることを想定しています。

　Annotationに含まれる情報は、オブジェクトを問い合わせたり一致させたりするのに使われることは意図していません。代わりに、使用したいさまざまなツールやライブラリからオブジェクトに対して追加のメタデータを付与することが意図されています。Annotationの使用例には、ビルドID、リリースID、イメージの情報、タイムスタンプ、Gitのブランチ名、プルリクエスト番号、イメージハッシュ、レジストリアドレス、作者名、ツール情報などがあります。Labelはリソースに対して検索とアクションを行うために主に使用され、Annotationは機械によって使用されるメタデータを付与するために使われます。

1.2.5 Namespace

リソースのグループを管理するのに便利な基本的要素が、Kubernetes の **Namespace** です。Namespace は、ここまで説明してきた Label に似ているようにも見えるかもしれませんが、実際には違った特徴と目的を持つ、かなり異なる基本的要素です。

Kubernetes の Namespace を使うことで、Kubernetes クラスタ（通常は複数のホストにまたがっている）をリソースの論理的なプールに分けられるようになります。Namespace は、Kubernetes リソースに対するスコープと、クラスタの一部に対して認証やその他のポリシーを適用するメカニズムを提供します。Namespace の最も一般的なユースケースが、開発、テスト、統合テスト、本番といった異なるソフトウェア環境の表現です。また、マルチテナントを実現し、チームのワークスペース、プロジェクト、あるいはアプリケーションを分離します。とは言え、ある種の環境で強力な分離を行う場合、Namespace は十分ではなく、クラスタを分ける方が一般的です。複数の環境（開発、テスト、統合テスト）で使用される非本番環境用 Kubernetes クラスタが 1 つ、パフォーマンステストと本番環境用に使われる本番 Kubernetes クラスタが 1 つあるのが一般的です。

Namespace の特徴と、どのような場面で役立つのかを見てみましょう。

- Namespace は Kubernetes リソースとして管理されます。
- Namespace はコンテナ、Pod、Service、ReplicaSet といったリソースに対してスコープを提供します。リソースの名前は Namespace 内では一意である必要がありますが、別の Namespace 内で同じリソースの名前を使うのは問題ありません。
- デフォルトでは、Namespace はリソースに対するスコープを提供しますが、リソースに対する分離を行うわけではなく、リソース同士のアクセスを防ぐわけでもありません。例えば、開発用の Namespace の Pod は、Pod の IP アドレスが分かっていさえすれば本番用の Namespace の Pod にアクセスできます。軽量なマルチテナントソリューションを実現するための複数 Namespace にまたがるネットワーク分離については、「24 章 Network Segmentation（ネットワークセグメンテーション）」で説明します。
- Namespace、ノード、PersistentVolume などのリソースは、Namespace に属さないので、クラスタ全体で一意な名前を持たなくてはなりません。
- Kubernetes の各 Service は、1 つの Namespace に属し、`<service-name>.<namespace-name>.svc.cluster.local` のような Namespace が含まれる DNS（Domain Name Service）レコードが割り当てられます。つまり、Namespace の名前は、Namespace に属するあらゆる Service の URL に含まれるのです。これは、よく考えて Namespace の名前を決める必要がある理由の 1 つです。
- ResourceQuota は、Namespace ごとのリソース使用量の合計を制限する制約を提供します。ResourceQuota によって、クラスタの管理者は Namespace 内で許可されたタイプごとのオブジェクト数を制御できるようになります。例えば、開発者の Namespace

内では 5 つの ConfigMap、5 つの Secret、5 つの Service、5 つの ReplicaSet、5 つの PersistentVolumeClaims、10 の Pod のみを許可する、といったようにです。
- ResourceQuota は、ある Namespace 内でリクエストできる計算リソースの合計を制限することもできます。例えば、32GB の RAM と 16 の CPU コアのクラスタにおいて、本番用 Namespace に対しては 16GB と 8 コアを、ステージング Namespace に対しては 8GB と 4 コアを、開発とテストの各 Namespace に対してはそれぞれ 4GB と 2 コアを割り当てる、といったことが可能です。基盤となるインフラの状況や制限とは別にリソース使用量を制限できる仕組みは、非常に有用です。

1.3　議論

　この本で使う Kubernetes の主な考え方のうちのいくつかを、ここまで簡単に見てきました。しかし、開発者に日々の仕事の中で使われている基本的要素は他にもたくさんあります。例えば、コンテナ化されたサービスを作るなら、Kubernetes のすべての恩恵にあずかるために使えるたくさんの Kubernetes の抽象化概念があります。ここまで学んだのは、コンテナ化されたサービスを Kubernetes に統合するためにアプリケーション開発者が使えるオブジェクトの内の一部でしかないことを覚えておいて下さい。主に Kubernetes を管理するためにクラスタ管理者が使うコンセプトがこれ以外にも多数あります。**図1-4** は、開発者に便利な Kubernetes の主なリソースの概要です。

　時が経てば、これらの基本的要素は問題解決の新しい方法を生み出します。そして、それらの解決方法が繰り返されると、パターンになります。この本においては、それぞれの Kubernetes リソースを詳しく説明するのではなく、パターンとして証明された考え方に焦点を当てていきます。

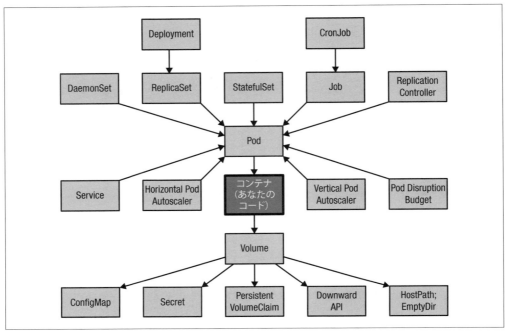

図 1-4　開発者のための Kubernetes の各種コンセプト

1.4　追加情報

- The Twelve-Factor App（https://oreil.ly/ad0al）
- CNCF Cloud Native Definition v1.0（https://oreil.ly/NUiXM）
  日本語訳（https://bit.ly/4bp2dwQ）
- Hexagonal Architecture（https://oreil.ly/rvcDB）
  日本語訳（https://bit.ly/4bg7eHF）
- Domain-Driven Design: Tackling Complexity in the Heart of Software（https://oreil.ly/8IHI4）
  邦訳『エリック・エヴァンスのドメイン駆動設計』翔泳社（https://bit.ly/4cA9rig）
- Best Practices for Writing Dockerfiles（https://oreil.ly/Be0g6）
- Principles of Container-Based Application Design（https://oreil.ly/-x16l）
- General Container Image Guidelines（https://oreil.ly/yyItc）

第I部
基本パターン

基本パターン（Foundational patterns）では、コンテナ化されたアプリケーションがよきクラウドネイティブ市民であるために従うべき基本的原則をいくつか説明します。これらの原則に確実に従うことで、あなたのアプリケーションがKubernetesのようなクラウドネイティブプラットフォームにおいて自動化しやすいものになります。

この後の章で説明するパターンは、コンテナベースのKubernetesネイティブな分散アプリケーションの基本的構成要素になるものです。

- 「2章 Predictable Demand（予想可能な需要）」では、各コンテナがそのリソース要求を宣言するべき理由と、その明示されたリソース境界内に制限されるべき理由を説明します。
- 「3章 Declarative Deployment（宣言的デプロイ）」では、宣言的方法で表現された各種アプリケーションのデプロイ戦略を説明します。
- 「4章 Health Probe」では、プラットフォームがアプリケーションを監視し、アプリケーションを健全に保つようにするため、各コンテナが一定のAPIを実装するべきであることを説明します。
- 「5章 Managed Lifecycle（管理されたライフサイクル）」では、プラットフォームから来るイベントを読み込む方法を実装し、かつそのイベントに従うべきである理由を説明します。
- 「6章 Automated Placement（自動的な配置）」では、Kubernetesのスケジューリングアルゴリズムと、外部からその配置の決定に影響を与える方法を紹介します。

2章
Predictable Demand
（予想可能な需要）

アプリケーションのデプロイ、管理、共有クラウド環境でのアプリケーションの共存を成功させる基盤を作ることは、アプリケーションのリソース要求と実行時の依存関係を把握し宣言することに依存しています。この **Predictable Demand**（予想可能な需要）パターンでは、実行時の絶対的な依存性やリソース要求であるかどうかにかかわらず、アプリケーションの要求をどのように宣言すべきかを述べています。あなたの要求を宣言することは、あなたのアプリケーションに適した場所はクラスタ内のどこなのかを Kubernetes が探すために重要です。

2.1　問題

Kubernetes は、アプリケーションがコンテナ内で動かせる限り、どんなプログラミング言語で書かれたアプリケーションでも管理できます。しかし、異なる言語には異なるリソース要求があります。通常、コンパイル言語は高速に動作すると同時に、ジャストインタイムなランタイムやインタプリタ言語と比べるとメモリ使用量が少ないことが多いです。同じカテゴリのモダンなプログラミング言語の多くが似たようなリソース要求の傾向を持っていることを考えると、リソース消費の観点からは、ドメイン、アプリケーションのビジネスロジック、実際の実装の詳細の方がより重要な観点になります。

リソース要求に加え、アプリケーションのランタイムはデータストレージやアプリケーションの設定といったプラットフォームが管理する機能に依存しています。

2.2　解決策

コンテナに対する実行時の要求を知っておくのは、主に次の 2 つの理由から重要です。1 つめは、すべての実行時の依存関係が定義されており、リソースの需要量が明確なら、最も効率のよいハードウェアの使用率を実現するためにクラスタのどこにコンテナを配置するべきかについて、Kubernetes は合理的な判断ができます。違った優先度をもつ多数のプロセスに共有されたリソースがある環境において、共存を成功させる唯一の方法は、各プロセスの需要量を事前に知っておくことです。しかし、合理的な配置は問題の一面に過ぎません。

コンテナリソースプロファイルも、キャパシティプランニングには欠かせません。ある一定の
サービス需要とサービスの総数を元に、環境ごとにある程度のキャパシティプランニングができ、
クラスタの要求全体を満たす最適なコストのホストプロファイルを割り出せます。長期的にクラス
タ管理を成功させるために、サービスリソースプロファイルとキャパシティプランニングには密接
な関係があります。

リソースプロファイルの説明に進む前に、実行時の依存関係の宣言について見てみましょう。

2.2.1　実行時の依存関係

実行時の依存関係で最も一般的なのが、アプリケーションのステートを保存するファイルスト
レージです。コンテナのファイルシステムは一時的なもので、コンテナがシャットダウンされると
失われてしまいます。Kubernetes は、コンテナの再起動時も維持される、Pod レベルのストレー
ジユーティリティとしてのボリュームを提供しています。

最も簡単な種類のボリュームが、Pod が生きている間動き続ける `emptyDir` です。Pod が削除
されると、その内容も削除されます。Pod の再起動時も内容を維持するには、別の種類のストレー
ジメカニズムでバックアップする必要があります。アプリケーションがそのような長寿命なスト
レージにファイルを読み書きする必要がある場合、**例2-1** のように、ボリュームを使ってコンテナ
の定義内に明示的に依存関係を宣言する必要があります。

例2-1　PersistentVolume に対する依存関係

```
apiVersion: v1
kind: Pod
metadata:
  name: random-generator
spec:
  containers:
  - image: k8spatterns/random-generator:1.0
    name: random-generator
    volumeMounts:
    - mountPath: "/logs"
      name: log-volume
  volumes:
  - name: log-volume
    persistentVolumeClaim: ❶
      claimName: random-generator-log
```

❶　PersistentVolumeClaim（PVC）に対する依存関係が設定され、紐付けられています。

Pod がどこに配置されるかに影響するので、スケジューラは Pod が必要なボリュームの種類を
評価します。クラスタ内のどのノードでも提供されていないボリュームを Pod が必要としている
場合は、Pod は全くスケジュールされません。ボリュームは、Pod がどんな種類のインフラを動
かすか、スケジュールされるかどうかに影響する実行時の依存関係の例の1つです。

同じような依存関係が、`hostPort` を通じてホストシステム上の特定のポートをコンテナポート

として公開するように Kubernetes に対して指示した時にも起こります。`hostPort` を使うことでノード上に別の実行時の依存関係を作り出し、Pod がどこにスケジュールされるかを制限します。`hostPort` はクラスタ内の各ノードでそのポートを予約し、ノードごとにスケジュールできる Pod を最大 1 つに限定します。ポートの衝突が起きるので、Pod の数が Kubernetes クラスタ内のノードの数と同じになるまではスケール可能です。

　設定もまた別の種類の依存関係です。ほとんどのアプリケーションには何らかの設定情報が必要で、これに対して Kubernetes が推奨している方法は、ConfigMap の使用です。サービスでは、環境変数あるいはファイルシステムを通じて設定を利用する戦略を取る必要があります。どちらの場合でもコンテナは名前付きの ConfigMap に対して実行時の依存関係を持つことになります。使用する ConfigMap がすべて作成されないと、ノードに対してスケジュールされてもコンテナは起動しません。

　ConfigMap と同じように、ある環境特有の設定をコンテナに対して配布するもう少しセキュアな方法として、Secret があります。Secret の利用方法は ConfigMap のそれと同じで、Secret を使うことでコンテナから Secret に対する依存関係が発生します。

　ConfigMap と Secret は「20 章 Configuration Resource（設定リソース）」でより詳しく説明します。例 2-2 は、これらのリソースをどのように実行時依存関係として設定するかを示したものです。

例 2-2　ConfigMap への依存関係

```
apiVersion: v1
kind: Pod
metadata:
  name: random-generator
spec:
  containers:
  - image: k8spatterns/random-generator:1.0
    name: random-generator
    env:
    - name: PATTERN
      valueFrom:
        configMapKeyRef: ❶
          name: random-generator-config
          key: pattern
```

❶ `random-generator-config` という ConfigMap への必須の依存関係。

　ConfigMap や Secret のオブジェクト作成は、実行すべきシンプルなデプロイタスクですが、一方でクラスタノードはストレージとポート番号を提供します。これらの依存関係のうちのいくつかは、Pod がどこにスケジュールされるか（あるいはどこでもいいのか）に制限を加えます。また、Pod の起動を妨げる可能性のある依存関係もあります。このような依存関係を持つコンテナ化されたアプリケーションを設計する際には、後から発生する実行時の制約を常に考慮に入れるように

しましょう。

2.2.2　リソースプロファイル

　ConfigMap、Secret、ボリュームといったコンテナの依存関係を指定するのは簡単です。コンテナのリソース要求を計算するには、もう少しの思考と実験が必要です。Kubernetesにおける計算リソースは、コンテナからリクエストされ、コンテナに割り当てられ、コンテナによって消費されるものとして定義されます。これらのリソースは、**圧縮可能**（compressible、CPUやネットワーク帯域のように割当量の調整が可能なもの）と**圧縮不可能**（incompressible、メモリのように割当量の調整が不可能なもの）に分けられます。

　圧縮可能なリソースと圧縮不可能なリソースを明確に区別するのは重要です。コンテナがCPUのような圧縮可能なリソースを大量に使いすぎると、そのリソースの割当量は減らされます。しかし、圧縮不可能なリソース（メモリなど）を使いすぎると、コンテナは停止させられてしまいます（割り当てられたメモリを解放するようアプリケーションに指示するには他に方法がないため）。

　アプリケーションの性質と実装に応じて、必要とされるリソースの最小量（`requests`、要求）と、増加する可能性のある最大量（`limits`、制限）を指定する必要があります。各コンテナの定義において、最小量と最大量の形で必要になるCPUとメモリの量を設定できます。概念的には、`requests`と`limits`の考え方はソフトリミットとハードリミットと似ています。例えば、Javaアプリケーションのヒープサイズを`-Xms`と`-Xmx`コマンドラインオプションで設定するのと似ています。

　（`limits`ではなく）`requests`の量は、Podをノードに配置する際にスケジューラが使用します。スケジューラはPodに対し、要求されたリソース量を合計することで、そのPodとその中のコンテナすべてを配置できる十分なキャパシティがあるノードだけを対象に考えます。したがって、各コンテナの`requests`フィールドはPodがどこにスケジュールされるか、されないかに影響します。**例2-3**は、そのような制限をPodに対してどう設定するかを示しています。

例2-3　リソース制限

```
apiVersion: v1
kind: Pod
metadata:
  name: random-generator
spec:
  containers:
  - image: k8spatterns/random-generator:1.0
    name: random-generator
    resources:
      requests:              ❶
        cpu: 100m
        memory: 200Mi
      limits:                ❷
        memory: 200Mi
```

❶ CPUとメモリに対する初期リソース要求。
❷ アプリケーションを最大限大きくする上限値。意図的にCPUの制限は設定していません。

`requests`と`limits`のキーとして使用できるリソースのタイプは次のとおりです。

`memory`
: このタイプは、アプリケーションのヒープメモリの需要量を指定するものです。`medium: Memory`が設定された`emptyDir`のボリュームも含まれます。メモリリソースは圧縮不可能なので、設定したメモリの`limits`を超えるコンテナがあると、Podの強制停止が実行される、つまり削除され、他のノードで再作成される可能性があります。

`cpu`
: `cpu`タイプは、アプリケーションに対する必要なCPUサイクルの範囲を設定するものです。ただし、CPUは圧縮可能なリソース、つまりノードに対してオーバーコミットされている場合、すべての実行中のコンテナのすべての割り当て済みCPUスロットは、設定された`requests`に比例して割当量が調整されます。そのため、無駄になるはずだった余剰分のCPUリソースを利用できるよう、CPUリソースに対しては`requests`は設定し、`limits`は設定**しない**ことを強くお勧めします。

`ephemeral-storage`
: 各ノードには、ログや書き込み可能なコンテナレイヤを保持するためのエフェメラルストレージ用のファイルシステム容量があります。メモリファイルシステムに保存されない`emptyDir`ボリュームもエフェメラルストレージを使用します。このタイプに対する`requests`と`limits`では、アプリケーションの最小と最大の必要量を設定すればよいです。`ephemeral-storage`リソースは圧縮不可能なので、`limits`に設定したよりも多くのストレージを使用した場合、Podは強制停止されます。

`hugepages-<size>`
: **Huge page**は、ボリュームとしてマウントできる、事前に割り当てする巨大で連続したメモリ内のページです。Kubernetesのノード設定によって、2MBや1GBなどのいくつかのサイズのHuge pageが使用可能になります。使用したいHuge pageの数に応じて、`requests`と`limits`を設定できます（例えば1GBのHuge Pageが2つ欲しいなら`hugepages-1Gi: 2Gi`）。Huge pageはオーバーコミットできないので、`requests`と`limits`は同じである必要があります。

`requests`と`limits`をどう設定するかによって、プラットフォームは次の3つのタイプのQoS（Quality of Service）を提供します。

Best-Effort（ベストエフォート）
　コンテナに対して一切 `requests` と `limits` を設定していない Pod は、**Best-Effort** の QoS になります。**Best-Effort** の Pod は、最も低い優先順位として扱われ、Pod が配置されたノードで圧縮不可能なリソースが不足すると、最初に強制停止される可能性が最も高くなります。

Burstable（バースト可能）
　`requests` と `limits` の値が一致していない（`requests` より `limits` が大きい）Pod は、**Burstable** と識別されます。このような Pod は最低リソース量は保証されますが、使用可能な場合は `limits` の値を上限としてより多くのリソースの利用を希望できます。ベストエフォートの Pod が残っていない時にノードで圧縮不可能なリソースが足りない状態になると、これらの Pod は強制停止される可能性があります。

Guaranteed（保証）
　`requests` と `limits` のリソースの量が同じ Pod は、**Guaranteed** の QoS になります。これらは最も優先度の高い Pod であり、**Best-Effort** と **Burstable** の Pod より先に強制停止されることはないことが保証されています。この QoS モードは、驚きが最小になり、メモリ不足による退避（eviction）を避けられるので、アプリケーションのメモリリソースに最適です。

　定義した、あるいは定義しなかったリソースの使用特性は、QoS に直接のインパクトがあり、リソース不足の際に Pod の相対的重要度を定義づけるものになります。このような因果関係を頭に入れて、Pod のリソース要求を定義するようにしましょう。

CPU とメモリリソースに対するおすすめ

　アプリケーションのメモリと CPU の必要性を宣言する方法はいろいろありますが、次のルールがおすすめです。

- メモリに対しては、常に `requests` と `limits` を同じに設定する。
- CPU に対しては、`requests` は設定するが `limits` は設定しない。

　CPU に対して `limits` を設定すべきではない理由の詳細な説明は、ブログ記事「For the Love of God, Stop Using CPU Limits on Kubernetes」（頼むから Kubernetes で CPU の limits を設定しないでくれ、https://oreil.ly/HcMw5）を、メモリ設定の推奨についての詳細はブログ記事「What Everyone Should Know About Kubernetes Memory Limits」（Kubernetes のメモリの limits について皆が知るべきこと、https://oreil.ly/Lb_N9）を参照して下さい。

2.2.3 Podの優先度

コンテナリソースの宣言がPodのQoSをどのように定義するのかについて説明してきました。別の2つの考え方として、Podの優先度（Pod priority）とプリエンプション（preemption）があります。**Podの優先度**によって、あるPodの他のPodに対する重要度を表せます。これは、どのPodがスケジュールされるかに影響します。この動きを**例2-4**で見てみましょう。

例2-4　Podの優先度

```
apiVersion: scheduling.k8s.io/v1
kind: PriorityClass
metadata:
  name: high-priority        ❶
value: 1000                  ❷
globalDefault: false         ❸
description: This is a very high-priority Pod class
---
apiVersion: v1
kind: Pod
metadata:
  name: random-generator
  labels:
    env: random-generator
spec:
  containers:
  - image: k8spatterns/random-generator:1.0
    name: random-generator
  priorityClassName: high-priority    ❹
```

❶ 優先度クラスのオブジェクト名。

❷ オブジェクトの優先度値。

❸ `priorityClassName`が設定されていないPodに対して、`globalDefault`が`true`の設定が使われます。

❹ PriorityClassリソースで定義された、このPodに使われる優先度クラス。

整数ベースの優先度を定義するNamespaceに属さないオブジェクトであるPriorityClassを作成しました。このPriorityClassは`high-priority`という名前で、優先度値は1,000です。`priorityClassName: high-priority`という名前で、この優先度をPodに割り当てられます。PriorityClassは、より大きな値ならより重要なPodというように、他のPodに対する相対的な重要度を表すための仕組みです。

Podの優先度はスケジューラがPodをどのノードにスケジュールするかに影響します。まず、優先度のアドミッションコントローラは、新しいPodに優先度の値を付けるため、`priorityClassName`フィールドを使います。スケジュール待ち状態のPodが複数ある場合、スケジューラは待ち状態のPodのキューを優先度が高い順に並べ替えます。スケジューリングのキューに入っている最も高い優先順位がついた待ち状態のPodが選択され、優先度以外にスケ

ジュールを妨げる制約がなければ、その Pod がスケジュールされます。

ここからが重要です。Pod を配置するのに十分なキャパシティを持つノードがない場合、リソースを解放して優先度の高い Pod を配置するため、優先度の低い Pod を削除（preempt）します。その結果、他のスケジューリングに関する要求事項が満たされている限り、優先度の高い Pod は優先度の低い Pod よりも早くスケジューリングされやすくなります。このアルゴリズムによって、どの Pod がクリティカルな処理を行うのか指定でき、優先度の高い Pod をワーカノードに配置するため優先度の低い Pod をスケジューラが強制停止することで、そのクリティカルな処理を行う Pod が最初に配置されるようにできます。Pod がスケジュールできない場合、スケジューラは他の低優先度の Pod の配置を続けます。

特定の優先度で Pod がスケジュールされて欲しいけれど、既存の Pod を強制停止したくない場合を考えてみましょう。この場合、PriorityClass に preemptionPolicy: Never というフィールドを指定できます。この優先度クラスに割り当てられた Pod は実行中の Pod を強制停止しませんが、設定された優先度の値に従ってスケジュールされます。

前に説明した Pod の QoS と Pod の優先度は、ほんの少しの重複はあるものの相互に関連づけられているわけではなく、別々の機能です。Kubelet[†1]は、使用可能な計算リソースが少ない時にノードの安定度を保つため、QoS をまず使用します。Kubelet は Pod の強制停止を行う前に、まず QoS を考慮し、その後 Pod の PriorityClass を考慮します。一方、スケジューラの Pod 強制停止ロジックは、強制停止する Pod を選ぶ際には Pod の QoS を完全に無視します。スケジューラは、配置を待っている高優先度の Pod の要求を満たす最も低い優先度の Pod の集合を選ぼうとします。

Pod に優先度が設定されている時には、強制停止される他の Pod に望ましくない影響を与える場合があります。例えば、Pod の削除猶予ポリシー（graceful termination policy）は尊重されるものの、「10 章 Singleton Service（シングルトンサービス）」で取り上げる PodDisruptionBudget は保証されないので、Pod の最低数の設定に依存した低優先度のクラスタアプリケーションは破壊されてしまう可能性があります。

別の懸念として、悪意がある、または知識のないユーザが考えうる最高の優先度を付けて Pod を作成してしまい、それにより他の Pod すべてが強制停止されてしまうことが考えられます。これを防ぐため ResourceQuota は PriorityClass をサポートするよう拡張され、高い優先度の値は通常は削除されたり強制停止されるべきでないクリティカルなシステム Pod 向けに予約されています。

結論として、Pod 優先度は、スケジューラや Kubelet がどの Pod を配置したり停止したりするかを決めるユーザが指定する優先度の数値であり、ユーザの責任で決めるものである以上、注意して使う必要がある、ということになります。どんな変更でも多くの Pod に影響を与え、プラットフォームが想定どおりの SLA（service-level agreements）を提供できなくなる可能性があります。

[†1] 訳注：クラスタ内の各ノードで実行され、Pod の定義を元に、Pod 内でコンテナが動作するよう保証する仕組み。

2.2.4 プロジェクトごとのリソース

　Kubernetes は、指定された分離環境に適したアプリケーションを開発者が実行できるようにするセルフサービスのプラットフォームです。しかし、共有されたマルチテナントのプラットフォームを使用するには、一部のユーザがプラットフォームのリソースをすべて使用してしまうことがないよう、決まった境界や制御単位が存在している必要があります。そのようなツールの 1 つが、ある Namespace 内でのリソース消費の合計値を制限する制約をかけられる ResourceQuota です。ResourceQuota を使うと、クラスタ管理者は計算リソース（CPU、メモリ）や使用されたストレージの合計値を制限できます。また、Namespace 内に作成されたオブジェクト（ConfigMap、Secret、Pod、Service など）の数も制限できます。いくつかのリソースを制限する例が**例 2-5** です。ResourceQuota を使っての制限がサポートされているすべてのリソースの一覧は、Kubernetes の公式ドキュメントの Resource Quota についての項（https://oreil.ly/TLRMe）を参照して下さい。

例 2-5　リソース制限の定義

```
apiVersion: v1
kind: ResourceQuota
metadata:
  name: object-counts
  namespace: default      ❶
spec:
  hard:
    pods: 4               ❷
    limits.memory: 5Gi    ❸
```

❶ リソース制限が適用される Namespace。
❷ Namespace 内ではアクティブな Pod が 4 つまで許されます。
❸ Namespace 内の全 Pod のメモリ制限の合計は 5GB を超えてはいけません。

　この分野においてもう 1 つ別の便利なツールが、リソースの種類ごとにリソース使用の制限がかけられる LimitRange です。それぞれのリソースタイプに対して許される最低値や最大値を設定したり、デフォルト値を設定したりできるだけでなく、**オーバコミットレベル**と呼ばれる仕組みである、`requests` と `limits` の比率を制御することも可能です。LimitRange と設定可能なオプションを示したのが**例 2-6** です。

例 2-6　許可されたリソースと、デフォルトリソース使用量の制限の定義

```
apiVersion: v1
kind: LimitRange
metadata:
  name: limits
  namespace: default
spec:
```

```
  limits:
  - min:                      ❶
      memory: 250Mi
      cpu: 500m
    max:                      ❷
      memory: 2Gi
      cpu: 2
    default:                  ❸
      memory: 500Mi
      cpu: 500m
    defaultRequest:           ❹
      memory: 250Mi
      cpu: 250m
    maxLimitRequestRatio:     ❺
      memory: 2
      cpu: 4
    type: Container           ❻
```

❶ requests と limits に対する最小値。

❷ requests と limits に対する最大値。

❸ limits が設定されていない場合の limits のデフォルト値。

❹ requests が設定されていない場合の requests のデフォルト値。

❺ 許されるオーバコミットレベルを指定する、limits と requests の最大比率。この場合、メモリの limits はメモリの requests の 2 倍までに制限され、CPU の limits は CPU の requests の 4 倍までに制限されます。

❻ type は、Container、Pod（すべてのコンテナを合わせる場合）、PersistentVolumeClaim（要求する PersistentVolume への範囲を指定する場合）のいずれかです。

　LimitRange は、クラスタノードが提供できるよりも大きいリソースを要求するコンテナがないよう、コンテナリソースのプロファイルを制御するのに役立ちます。また、他のコンテナをノードに割り当てられなくなってしまう大きなリソースを消費するコンテナをクラスタユーザが作ってしまわないようにすることも可能です。スケジューラがコンテナの割り当てに使う主なコンテナの特性が（limits ではなく）requests であることを考えた上で、LimitRequestRatio を使ってコンテナの requests と limits の違いを制御できます。requests と limits の間に大きな差があると、ノードに対してオーバコミットする機会が増えてしまうので、最初に要求したのよりも多くのリソースを多くのコンテナが同時に要求すると、アプリケーションパフォーマンスが悪化してしまいます。

　リソース制限に達する前にプロセス ID（PID）のような他のノードレベルの共有リソースが不足してしまう場合があることを忘れないようにして下さい。Kubernetes は、ユーザのワークロードで PID がすべて使われてしまわないように、システムが使用するノードの PID を一定数予約できるようにしています。同様にクラスタ管理者は、Pod の PID 制限によって Pod で実行できるプロセス数を制限できます。これらの設定はクラスタ管理者によって Kubelet に設定されるもので

あり、アプリケーション開発者が使うものではないので、ここでは詳細にまでは踏み込みません。

2.2.5 キャパシティプランニング

　コンテナには異なる環境においては異なるリソースプロファイルがあり、かつインスタンスの数もいろいろなので、用途の広い環境でのキャパシティプランニングは簡単ではないことはお分かりでしょう。例えば、本番用でないクラスタでハードウェアの使用率を最適化するなら、主に **Best-Effort** か **Burstable** なコンテナを使うでしょう。こういった動的環境では、多くのコンテナは起動すると同時にシャットダウンされ、リソース不足の際にプラットフォームにコンテナが停止されたとしても、致命的ではありません。それより安定し、予測可能な必要がある本番用クラスタにおいては、コンテナは主に **Guaranteed** タイプで、ある程度は **Burstable** もあるかもしれません。コンテナが停止されたならそれは、クラスタのキャパシティを増やす必要がある兆候である可能性が高いです。

　表2-1 は、いくつかのサービスの CPU とメモリの需要を表したものです。

表2-1　キャパシティプランニングの例

Pod	CPU 要求	メモリ要求	メモリ制限	インスタンス数
A	500m	500Mi	500Mi	4
B	250m	250Mi	1000Mi	2
C	500m	1000Mi	2000Mi	2
D	500m	500Mi	500Mi	1
合計	4000m	5000Mi	8500Mi	9

　現実世界においてはもちろん、管理すべきたくさんのサービスがあり、そのサービスのうちのいくつかはもうすぐ退役し、いくつかは設計や開発フェーズにあるといった状況にあることが、Kubernetes のようなプラットフォームを使う理由であることが多いでしょう。変化し続けるものを対象にする場合でも、前に述べたのと同じ手法を使って、環境ごとにサービスに必要なリソースの合計量を計算できます。

　違った環境には、違った数のコンテナがあり、オートスケール、ビルドジョブ、インフラ用コンテナなどに余地を残しておく必要があることを忘れないで下さい。これらの情報とインフラプロバイダを考慮することで、必要なリソースを提供する最もコスト効率のいい計算インスタンスを選択できるのです。

2.3　議論

　コンテナはプロセス分離だけでなく、パッケージのフォーマットとしても便利なものです。リソースプロファイルを明確にしておくことで、コンテナは上手なキャパシティプランニングの構成要素にもなります。各コンテナのリソース需要を把握するために早いうちにテストを行い、その情報をキャパシティプランニングと将来の需要予測の基本情報として使いましょう。

Kubernetes はこれを、Pod のリソース使用量を時系列で監視し、リソース要求と制限値を推奨してくれる**垂直 Pod オートスケーラ**（VPA、Vertical Pod Autoscaler）で支援してくれます。VPA については 29 章の「29.2.3　垂直 Pod オートスケーリング」で説明します。

しかしここでより重要なのは、リソースプロファイルは、Kubernetes によるスケジューリングと管理上の判断を助けるためにアプリケーションが Kubernetes とコミュニケーションする手段であることです。アプリケーションが `requests` や `limits` を全く提供しなかったら、Kubernetes ができるのはコンテナを不可解な箱として扱い、クラスタがいっぱいになったらそれらのコンテナを捨ててしまうだけです。したがって、リソース使用量を考慮し、それを設定するのは、すべてのアプリケーションにとって事実上必須のことなのです。

これでアプリケーションの大きさを決める方法が分かったので、「3 章　Declarative Deployment（宣言的デプロイ）」では、Kubernetes 上にアプリケーションをインストールし、更新していく戦略を複数学んでいきます。

2.4　追加情報

- Predictable Demand パターンのサンプルコード（https://oreil.ly/HYIqJ）
- Pod を構成して ConfigMap を使用する（https://oreil.ly/dTtJp）
- Kubernetes best practices: Resource requests and limits（Kubernetes ベストプラクティス：リソースの要求と制限、https://oreil.ly/8bKD5）
- Pod とコンテナのリソース管理（https://oreil.ly/a37eO）
- HugePage を管理する（https://oreil.ly/RXQD1）
- Namespace のデフォルトのメモリ要求と制限を設定する（https://oreil.ly/ozlU1）
- ノード圧迫による強制停止（https://oreil.ly/fxRvs）
- Pod の優先度とプリエンプション（https://oreil.ly/FpUoH）
- Pod に Quality of Service を設定する（https://oreil.ly/x07OT）
- Kubernetes におけるリソースの Quality of Service（https://oreil.ly/yORlL）
- リソースクォータ（https://oreil.ly/9tTNV）
- Limit Range（https://oreil.ly/1bXfO）
- プロセス ID の制限と予約（https://oreil.ly/lkmMK）
- For the Love of God, Stop Using CPU Limits on Kubernetes（頼むから Kubernetes で CPU の limits を設定しないでくれ、https://oreil.ly/Yk-Ag）
- What Everyone Should Know About Kubernetes Memory Limits（Kubernetes のメモリの limits について皆が知るべきこと、https://oreil.ly/cdJkP）

3章
Declarative Deployment（宣言的デプロイ）

Declarative Deployment（宣言的デプロイ）パターンの核心は、Kubernetes の Deployment リソースです。この抽象化概念によって、コンテナの集まりのアップグレードやロールバックのプロセスはカプセル化され、その実行は再実行可能かつ自動的に行われます。

3.1　問題

分離された環境を Namespace として自分で設定した上でスケジューラを使うことで、人間の介在を最低限にしながらこれらの環境内にアプリケーションを配置できます。しかし、マイクロサービスの数が増えると、これらのアプリケーションを継続的に更新し、配置し直すことはだんだんと負担にもなってきます。

サービスを次のバージョンにアップグレードするには、新しいバージョンの Pod を起動し、古いバージョンの Pod を猶予期間を持たせた上で停止し、新しい Pod が正常に起動するのを待って動作確認し、何らかの問題が発生したら前のバージョンにロールバックするといった作業が必要です。これらの作業は、ある程度のダウンタイムを許容する代わりに複数のバージョンを同時に動かさないようにするか、ダウンタイムがない代わりに更新プロセスの間 2 つのバージョンのサービスが動けるようリソース使用量が増えることを許容するか、どちらかの方法で行われます。これらの作業を手動で行うと人為的ミスにつながる場合があり、スクリプトを正しく書くには多大な労力が必要な可能性があるので、どちらの場合もリリースプロセスをボトルネックにしてしまいます。

3.2　解決策

幸いなことに、Kubernetes には自動化されたアプリケーションのアップグレード方法があります。**Deployment** の考え方を使えば、どんな更新戦略を使うかや、更新のさまざまな面をチューニングするなど、アプリケーションがどのように更新されるべきかを記述できます。リリースサイクルごとに各マイクロサービスインスタンスに対して複数の Deployment を行うこと（チームやプロジェクトによりますが、これは数分から数ヶ月かかる場合もあります）を考えているなら、これは Kubernetes によって可能になる工数削減ができる自動化の 1 つです。

「2章 Predictable Demand（予想可能な需要）」では、このような作業を効果的に行うためにスケジューラは、ホストシステム上に十分なリソースがあり、適切な配置ポリシーがあり、適切に定義されたリソースプロファイルを持つコンテナが必要であることを確認しました。同様にDeploymentがその仕事を正しく行うには、コンテナが良きクラウド市民であることが必要です。Deploymentの中でも特に核となるのが、Podの集合を想定したとおりに起動したり停止したりできる能力です。この仕組みが期待どおりに動くには、コンテナはライフサイクルイベント[SIGTERMなど、詳しくは「5章 Managed Lifecycle（管理されたライフサイクル）」参照]を監視しそれを尊重し、さらには「4章 Health Probe」で説明するようにコンテナ自体の起動に成功していることを表すヘルスチェックエンドポイントを提供する必要があります。

コンテナがこの2つの領域を正確にカバーしているなら、プラットフォームは古いコンテナをきれいにシャットダウンし、更新されたインスタンスを起動することでそれらを置き換えられます。更新プロセスの観点のすべては宣言的方法で定義でき、事前定義されたステップと期待される結果を持ったアトミックなアクションとして実行されます。それでは、コンテナの更新の振る舞いの種類を見ていきましょう。

---

kubectl rollout を使った Deployment の更新

Kubernetesの以前のバージョンでは、ローリングアップデートは `kubectl rolling-update` コマンドとしてクライアント側で実装されていました。Kubernetes 1.18で `kubectl` の `rollout` に置き換えられて `rolling-update` は削除されました。`kubectl rollout` はDeploymentの**宣言**を更新することでサーバサイドでアプリケーションの更新を管理し、更新を実行するのをKubernetesに任せています。`kubectl rolling-update` コマンドはそれに対し**命令的**な仕組みになっており、クライアントである `kubectl` がサーバに対して各更新ステップに何をすべきかを指示していました。

Deploymentは、Kubernetesのリソースファイルを更新することで完全に管理下に置くことができます。`kubectl rollout` は、日々のロールアウトタスクを行うのにとても便利なツールです。

`kubectl rollout status`
　Deploymentのロールアウトの現在のステータスを表示します。

`kubectl rollout pause`
　別のロールアウトを始めることなくDeploymentに複数の変更を適用できるよう、ローリングアップデートを一時停止します。

`kubectl rollout resume`
　前に一時停止したロールアウトを再開します。

`kubectl rollout undo`
: 前のバージョンの Deployment にロールバックを行います。ロールバックは更新中のエラー発生時に便利な機能です。

`kubectl rollout history`
: 参照可能な Deployment のバージョンを表示します。

`kubectl rollout restart`
: 更新を実行するのではなく、Deployment に属する最新の Pod の集合を、設定されたロールアウト戦略を使って再起動します。

`kubectl rollout` コマンドの使用例は、サンプルコード内（https://oreil.ly/IrZR3）で確認できます。

3.2.1　ローリングデプロイ

Kubernetes におけるアプリケーションの宣言的な更新は、Deployment の考え方を通じて行います。内部的に Deployment は、集合ベースの Label セレクタをサポートする ReplicaSet を作成します。また、Deployment の抽象化層があることで、`RollingUpdate`（デフォルト）や `Recreate` といった戦略で更新プロセスの振る舞いを決められます。**例3-1** は、Deployment がローリングアップデート戦略を使うよう設定する重要な部分を示したものです。

例3-1　ローリングアップデートを行う Deployment

```
apiVersion: apps/v1
kind: Deployment
metadata:
  name: random-generator
spec:
  replicas: 3                    ❶
  strategy:
    type: RollingUpdate
    rollingUpdate:
      maxSurge: 1                ❷
      maxUnavailable: 1          ❸
  minReadySeconds: 60            ❹
  selector:
    matchLabels:
      app: random-generator
  template:
    metadata:
      labels:
        app: random-generator
    spec:
      containers:
```

```
    - image: k8spatterns/random-generator:1.0
      name: random-generator
      readinessProbe:      ❺
        exec:
          command: [ "stat", "/tmp/random-generator-ready" ]
```

❶ レプリカ 3 つの宣言。ローリングアップデートが意味をなすには最低でも 1 つのレプリカが必要。

❷ 定義されたレプリカ数に加えて更新中に追加で一時的に起動できる Pod の数。

❸ 更新中に使用できなくなる可能性のある Pod の数。ここでは、更新中には同時に 2 つの Pod だけになる場合があることを示しています。

❹ ロールアウトを続けるために、展開された Pod のすべての Readiness Probe が成功する必要がある秒数。

❺ ローリングデプロイがダウンタイムなしで行われるために非常に重要な Readiness Probe。忘れないこと（「4 章 Health Probe」を参照）。

更新プロセス中にダウンタイムがないよう、`RollingUpdate` 戦略が動作します。Deployment の実装は内部的には、新しい ReplicaSet を作成し、新しいコンテナで古いコンテナを置き換えるのと似たような動作をします。拡張されている部分の 1 つとして Deployment を使うと、新しいコンテナの展開の比率を制御できます。Deployment オブジェクトでは、`maxSurge` と `maxUnavailable` フィールドを通じて、使用できる Pod と超過起動できる Pod の範囲を制御できます。

これらのフィールドの値は、Pod の絶対数か、Deployment に設定されたレプリカの数に対する相対的なパーセンテージで、近い整数値に切り上げ（`maxSurge`）あるいは切り捨て（`maxUnavailable`）られます。デフォルトでは、`maxSurge` と `maxUnavailable` のいずれも 25% に設定されています。

ロールアウトの動作に影響する別の重要なパラメータとして、`minReadySeconds` があります。このフィールドは、ロールアウトの中で Pod 自体が使用可能であると判断されるため、Pod の Readiness Probe が成功するまでの秒数を決めるものです。この値を増やすことで、ロールアウトを継続する前にアプリケーションの Pod が一定時間内に正常に動作するようになることを保証します。また、`minReadySeconds` を大きくすることで、デバッグと新しいバージョンの確認がやりやすくなります。更新のステップの間隔が大きい時には、`kubectl rollout pause` を活用しやすくなるでしょう。

図3-1 はローリングアップデートのプロセスを示したものです。

宣言的な更新を開始するには、次の 3 つの方法があります。

- `kubectl replace` を使って、Deployment 全体を新しいバージョンの Deployment で置き換える。

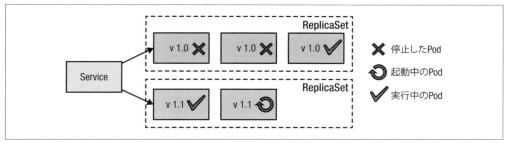

図3-1　ローリングデプロイ

- 新しいバージョンの新しいコンテナイメージを設定するため、Deployment にパッチを当てる（`kubectl patch`）か、対話的に編集する（`kubectl edit`）。
- `kubectl set image` を使って Deployment に新しいイメージを設定する。

リポジトリには、これらのコマンドの使い方をデモし、`kubectl rollout` でどのように更新を監視したりロールバックするかを説明している完全な例（https://oreil.ly/xSsID）があるので、参照して下さい。

サービスをデプロイするのに命令的な方法を使うことの欠点に対処するのに加え、Deployment には次のような利点があります。

- Deployment は、そのステータスが内部で Kubernetes に完全に管理されている Kubernetes オブジェクトです。更新プロセス全体が、クライアントとやり取りすることなくサーバサイドで行われます。
- Deployment の宣言的な性質により、最終的な状態に至るのに必要なステップではなく、デプロイ後の状態がどうなるかを記述します。
- Deployment の定義は実行可能なオブジェクトであり、単なるドキュメントではありません。本番環境に至るまでの間の複数の環境で試してみたり、テストしたりできます。
- 更新プロセスは一時停止、再開、前のバージョンへのロールバックを可能にしつつ、全体を記録し、バージョン管理できます。

3.2.2　固定デプロイ

`RollingUpdate` 戦略は、更新プロセスの間ダウンタイムがないようにするために便利な仕組みでした。しかしこの方法の副作用として、更新プロセスの間にコンテナの 2 つのバージョンが同時に動作することが挙げられます。これにより、サービスの利用者に対する問題が発生します。更新プロセスによってサービス API に広報互換性のない変更が加えられ、クライアントがそれを上手く扱えない場合には特に問題になります。このようなシナリオに対しては、**図3-2** にある `Recreate` 戦略を使用できます。

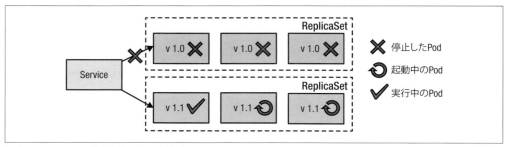

図3-2 Recreate戦略を使った固定デプロイ

　Recreate戦略は、`maxUnavailable`と宣言されたレプリカ数とを同じに設定する効果があります。つまり、現在のバージョンのコンテナをまずすべて停止し、それから古いコンテナが強制停止されたら同時に新しいコンテナをすべて起動します。この流れによって、古いバージョンのコンテナがすべて停止され、流入するリクエストを扱える新しいコンテナが起動するまでの間ダウンタイムが発生します。よい点として、コンテナの異なる2つのバージョンが同時に動作することがないので、サービスの利用者はある時点で1つのバージョンにのみ接続できます。

3.2.3　ブルーグリーンリリース

　ブルーグリーンデプロイ（Blue-Green deployment）は、ダウンタイムを最小化し、リスクを減らして本番環境でソフトウェアをデプロイするのに使われるリリース戦略です。KubernetesのDeploymentの抽象化概念は、イミュータブルなコンテナをあるバージョンから別のバージョンにKubernetesがどのように移行するのかを定義する基本的なコンセプトです。DeploymentをKubernetesの他の構成要素と組み合わせることで、このより高度なリリース戦略を実装できます。

　ブルーグリーンデプロイは、サービスメッシュ[†1]やKnativeのような拡張機能を使わない場合、手動で実行する必要があります。まだリクエストを処理しない最新バージョンのコンテナ（これを**グリーン**と呼びます）を持つ2つめのDeploymentを作成すれば、技術的にはこの仕組みを実現できます。この時点では、元のDeployment（**ブルー**と呼びます）の古いPodのレプリカは動作中で、実際のリクエストを処理しています。

　新しいバージョンのPodが正常で、実際のリクエストを処理可能なのが確実になった時点で、トラフィックを古いPodのレプリカから新しいレプリカに切り替えます。これは、Kubernetesで（グリーンのLabelが付いた）新しいコンテナのServiceセレクタを更新することで実行できます。**図3-3**で表されているように、グリーン（v1.1）コンテナがすべてのトラフィックを処理し始めたら、ブルー（v1.0）コンテナは削除でき、今後のブルーグリーンデプロイに備えてリソースが解放されます。

[†1] 訳注：サービスメッシュとは、サービス間のすべての通信を処理するソフトウェアレイヤのこと。詳しくは24章のコラム「サービスメッシュ」を参照。

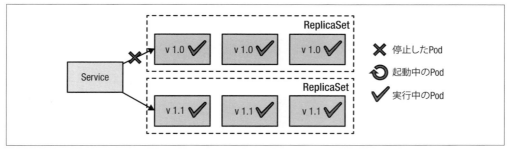

図3-3　ブルーグリーンリリース

　ブルーグリーンリリースの利点は、ある時点において1つのアプリケーションバージョンのみがリクエストを処理するので、Serviceの利用する側が複数のバージョンを並列に扱う複雑性を下げられることです。欠点は、ブルーとグリーンのコンテナの両方が起動して動作している間は、2倍のアプリケーションキャパシティが必要になることです。また、切り替えの間、長期間動き続けるプロセスに複雑な状況が発生したり、データベースの不整合が発生したりする場合があります。

3.2.4　カナリアリリース

　カナリアリリース（canary release）は、ごく一部の古いインスタンスのみを新しいインスタンスと置き換えることで、アプリケーションの新しいバージョンを少しずつデプロイする方法です。この手法により、一部の利用者のみが更新されたバージョンにアクセスできるようにすることで、新しいバージョンを本番に展開するリスクを軽減できます。新しいバージョンのサービスと、少数の選択されたユーザに対する挙動に満足したら、カナリアリリースの後に続くステップで、すべての古いインスタンスを新しいバージョンのインスタンスで置き換えられます。**図3-4**は、カナリアリリースの実際の動作を表しています。

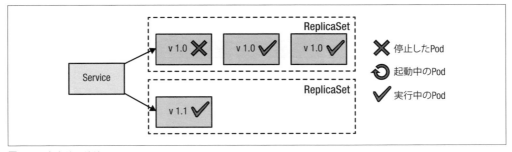

図3-4　カナリアリリース

　Kubernetesにおいてこの手法は、カナリアインスタンスとして使用する少数のレプリカを持つ新しいDeploymentを作成することで実装できます。この段階ではServiceは一部の利用者のみを更新されたPodインスタンスに割り当てます。カナリアリリースの後、新しいReplicaSetのす

べてが期待どおりに動いていると確信できた時点で、新しい ReplicaSet をスケールアップし、古い ReplicaSet をレプリカ数 0 までスケールダウンします。この方法により、制御され、ユーザにテストされたインクリメンタルな展開を行います。

3.3　議論

　Deployment は、アプリケーションを手動で更新するつまらないプロセスを、繰り返し実行可能で自動化された宣言的処理に置き換える Kubernetes の仕組みの 1 つの例です。すぐに使用できるデプロイ戦略（ローリングと固定）は新しいコンテナによる古いコンテナの置き換えを制御し、高度なリリース戦略（ブルーグリーンとカナリア）は新しいバージョンが利用者にどのように展開されるかを制御するものです。ブルーグリーンとカナリアの 2 つのリリース戦略は遷移を発生させるのに人間の判断を必要とし、そのため Kubernetes によって完全に自動化されているわけではなく人間とのやり取りが必要になります。**図3-5** は、遷移中のインスタンス数の変化を示しつつ Deployment とリリース戦略の概要を表したものです。

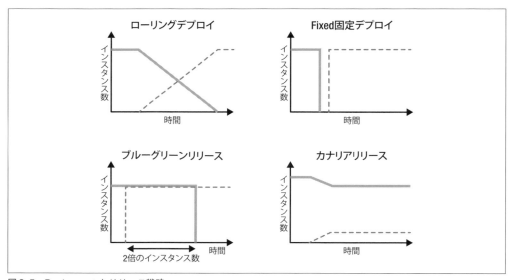

図3-5　Deployment とリリース戦略

　ソフトウェアはどれも異なり、また通常、複雑なシステムをデプロイするにはステップや確認が追加で必要になります。この章で説明した手法は Pod の更新プロセスを実行できますが、ConfigMap、Secret、その他の依存するサービスといった Pod の依存関係を更新したりロールバックすることは含まれていません。

> ### デプロイの事前フックと事後フック
>
> デプロイプロセス内でフックを使用できるようにするという Kubernetes への提案が過去になされていました（https://oreil.ly/iGC-2）。事前フック（pre hook）と事後フック（post hook）を使えば、Kubernetes がデプロイ戦略を実行する前あるいは後にカスタムコマンドを実行できます。これらのカスタムコマンドの中で、デプロイの進行中に追加のアクションを実行でき、さらにはデプロイの中止、リトライ、再開が可能になります。これらのフックは、自動化された新しいデプロイとリリース戦略への良き 1 歩になります。残念ながら実装の取り組みは（2023 年時点で）数年間止まったままで、この機能が Kubernetes に導入されるかどうかは不透明です。

今日使える手法の 1 つとして、Deployment とこの本で説明されるその他の構成要素を使ってサービスの更新プロセスとその依存関係を管理するスクリプトを作成することです。しかし、個別の更新ステップを記述する命令的手法は、Kubernetes の宣言的性質とは合いません。

その代わり、Kubernetes 上で行うより高度な宣言的手法が出現してきました。中でも重要なプラットフォームは、次のコラムで紹介しています。これらの手法は、ロールアウトプロセスの宣言的な記述を受け取り、サーバサイドで必要なアクションを実行します。このうちのいくつかは更新がエラーになった場合の自動ロールバック機能を備えています。より高度で本番で使用できるロールアウトシナリオには、これらの拡張機能を検討することをお勧めします。

> ### 高度な Deployment
>
> Deployment リソースは、ReplicaSet と Pod を使ってチューニングできるいくつかのパラメータを備えたシンプルな宣言的展開ができる便利な抽象化概念です。しかしここまで見てきたように、Deployment はカナリアリリースやブルーグリーンデプロイといったより洗練された戦略は直接はサポートしていません。新しいリソースタイプを提供し、より柔軟なデプロイ戦略を記述できるよう、Kubernetes を拡張するより高度な抽象化概念も存在しています。これらの拡張機能はどれも、28 章で説明する **Operator** パターンを活用したもので、希望する展開の動作を記述するため独自のカスタムリソースを導入するものです。
>
> 高度な Deployment をサポートする、2023 年時点でよく知られたプラットフォームは次のとおりです。
>
> **Flagger**
>
> Flagger はいくつかのデプロイ戦略を備えており、Flux CD GitOps ツールの一部です。カナリアリリースとブルーグリーンデプロイをサポートしており、アプリケーションの新旧バージョン間でトラフィックを分割するのに必要な多くのイングレスコント

ローラやサービスメッシュと統合されています。また、カスタムメトリクスを元に展開プロセスのステータスを監視し、ロールアウトの失敗を検知して自動ロールバックを実行することも可能です。

Argo Rollouts

Argo のツールファミリーのこの分野での焦点は、Kubernetes に対して総合的かつ独自の仕組みを持った継続的デリバリ（continuous delivery、CD）のソリューションを提供することです。Argo Rollouts は Flagger のように高度なデプロイ戦略をサポートしており、多くのイングレスコントローラやサービスメッシュと統合されています。Flagger と機能は非常に似ており、どちらを使うべきかの判断は、Argo と Flux のどちらの CD ソリューションが好みかによることになるでしょう。

Knative

Knative は Kubernetes 上で動くサーバレスプラットフォームです。Knative のコア機能の1つは、「29 章 Elastic Scale（エラスティックスケール）」で詳細に説明するトラフィック駆動のオートスケールのサポートです。Knative は単純化されたデプロイモデルとトラフィックの分割を提供しており、高度なデプロイの展開をサポートするのに非常に役立ちます。ロールアウトやロールバックのサポートは Flagger や Argo Rollouts と比べるとそれほど高度ではありませんが、Kubernetes の Deployment のロールアウト機能と比べるとかなりの改善が見られます。Knative をすでに使っているなら、2 つのアプリケーションバージョン間でトラフィックを分割する直感的な方法は、Deployment に対するよい代替機能になります。

Kubernetes と同じように、これらのプロジェクトはどれも Cloud Native Computing Foundation（CNCF）プロジェクトの一部であり、素晴らしいコミュニティサポートがあります。

どのデプロイ戦略を使っているかに関わらず、アプリケーション Pod が定義されたデプロイ状態に達するために必要なステップを実行できるよう起動し、動作中になったことを Kubernetes が知ることは絶対に必要です。次のパターンである **Health Probe** を取り上げる 4 章では、アプリケーションが Kubernetes に対してどのようにその稼働状況を伝えるのかを説明します。

3.4 追加情報

- Declarative Deployment パターンのサンプルコード（https://oreil.ly/xSsID）
- ローリングアップデートの実行（https://oreil.ly/paEA0）
- Deployment（https://oreil.ly/NKEnH）

- Deployment を使用してステートレスアプリケーションを実行する（https://oreil.ly/wb7D5）
- ブルーグリーンデプロイメント（Blue-Green Deployment、https://oreil.ly/sbN9T）
- カナリアリリース（Canary Release、https://oreil.ly/Z-vFT）
- Flagger: デプロイ戦略（https://oreil.ly/JGL4C）
- Argo Rollouts（https://oreil.ly/0lzcD）
- Knative: トラフィック管理（https://oreil.ly/PAwMQ）

4章
Health Probe

　Health Probe パターンは、アプリケーションがその稼働状況を Kubernetes に対してどのように伝えるのかを表したものです。完全な自動化のため、クラウドネイティブアプリケーションは外部からアプリケーションが起動しているか、リクエストを処理できるかを Kubernetes が分かるように、その状態を知れるようにして高度に観測可能な状態にする必要があります。これらの観測結果が Pod のライフサイクル管理と、アプリケーションへトラフィックを流す方法に影響を与えます。

4.1　問題

　Kubernetes はコンテナプロセスのステータスを定期的にチェックし、問題が検知された場合にはコンテナを再起動します。しかし経験的に私たちは、アプリケーションの稼働状況を知るにはプロセスのステータスをチェックするだけでは十分でないことを知っています。多くの場合、アプリケーションがハングしてもプロセスは起動して動いているのです。例えば、Java アプリケーションが `OutOfMemoryError` を投げても、JVM プロセスはまだ動いています。あるいは、無限ループ、デッドロック、その他のスラッシング（キャッシュ、ヒープ、プロセスなど）が発生することによってアプリケーションがフリーズするかもしれません。これらの状況を検知するために、アプリケーションの稼働状況をチェックする信頼できる仕組みが Kubernetes には必要です。つまり、アプリケーションが内部的にどう動いているのかを理解するためではなく、アプリケーションが期待どおりに動作しており、利用者にサービスを提供する能力があるかをチェックするための仕組みです。

4.2　解決策

　ソフトウェア業界では、バグがないコードを書くのは不可能であるという事実を受け入れてきました。分散アプリケーションを作る時には、バグがないどころか、問題の発生頻度はさらに高くなります。その結果、障害対応の焦点は、障害を避けることから障害を検知し復帰することに移ってきています。障害に対する定義は人それぞれなので、障害の検知と言ってもどんなアプリケーショ

ンでも同じようにできる単純なタスクではありません。また、障害の種類によって復帰に必要とされるアクションも異なります。十分な時間があれば一時的な障害は自己修復可能かもしれません。それ以外の障害はアプリケーションの再起動が必要かもしれません。障害を検知し、修正を行うためにKubernetesが使用するチェックについて見ていきましょう。

4.2.1 プロセスヘルスチェック

プロセスヘルスチェック（process health check）は、Kubeletがコンテナプロセスに対して繰り返し行う最も単純なヘルスチェックです。コンテナプロセスが動作していない場合、Podが割り当てられたノードでコンテナは再起動されます。他のヘルスチェックがない場合でもこの汎用チェックの仕組みにより、アプリケーションは少しだけ堅牢になります。あなたのアプリケーションにどんな種類の障害も検知して自分自身をシャットダウンできる能力があるなら、プロセスヘルスチェックこそが必要な仕組みです。しかし多くの場合ではプロセスヘルスチェックは十分ではなく、他の種類のヘルスチェックも必要になります。

4.2.2 Liveness Probe

アプリケーションがデッドロックに入ってしまった時でも、プロセスヘルスチェックの観点ではアプリケーションは正常であると認識されてしまいます。この手の問題や、アプリケーションのビジネスロジックの観点での障害を検知するため、コンテナに対して現在正常であるかを確認するKubeletエージェントによって実行される定期的なチェックである**Liveness Probe**という仕組みがKubernetesには存在します。アプリケーションの障害を知らせる監視の仕組みを停止させてしまうような障害の可能性もあるので、アプリケーションの内部ではなく外部から監視を実行するヘルスチェックの仕組みを持つのは重要です。障害が検知されたらコンテナが再起動されるという点で、復旧のアクションに関してはこのヘルスチェックもプロセスヘルスチェックと似ています。しかし、Liveness Probeの方がアプリケーションの稼働状況をチェックするのにどの方法を使うかに関しては高い柔軟性があります。

HTTP Probe
    コンテナのIPアドレスに対してHTTP GETリクエストを実行し、200から399の間の成功を表すHTTPレスポンスを期待します。

TCP Socket Probe
    TCPコネクションの成功を想定します。

Exec Probe
    コンテナのユーザ名前空間とカーネル名前空間で任意のコマンドを実行し、成功を示す返り値0を期待します。

gRPC Probe[†1]
gRPC に備わったヘルスチェックの仕組みを利用します。

これらの Probe のアクションに加え、ヘルスチェックの挙動は次のパラメータの影響も受けます。

`initialDelaySeconds`
最初の Liveness Probe が実行されるまでの秒数を指定します。

`periodSeconds`
Liveness Probe のチェック間隔の秒数。

`timeoutSeconds`
失敗と認識されるまでに Probe のチェックに応答しなければならない最大の時間。

`failureThreshold`
コンテナが正常でなく再起動の必要があると認識されるまでに Probe のチェックが連続で失敗する回数を指定します。

HTTP ベースの Liveness Probe の例が**例 4-1** です。

例 4-1　Liveness Probe が設定されたコンテナ

```
apiVersion: v1
kind: Pod
metadata:
  name: pod-with-liveness-check
spec:
  containers:
  - image: k8spatterns/random-generator:1.0
    name: random-generator
    env:
    - name: DELAY_STARTUP
      value: "20"
    ports:
    - containerPort: 8080
      protocol: TCP
    livenessProbe:
      httpGet:                          ❶
        path: /actuator/health
        port: 8080
      initialDelaySeconds: 30           ❷
```

❶ ヘルスチェックエンドポイントに対する HTTP Probe。

[†1] 訳注：gRPC Probe は比較的新しい機能で、Kubernetes 1.24 でベータに昇格しデフォルトで使用可能になりました。その後 1.27 でベータから stable 機能になりました。

❷ アプリケーションに起動のための時間を与えるため、最初の Liveness チェックを行うまで 30 秒待ちます。

アプリケーションの性質によって、最も適した方法を選択できます。アプリケーションが正常かどうかの判断もアプリケーションに任されています。しかし、ヘルスチェックが成功しなければコンテナが再起動されることは覚えておきましょう。Kubernetes は背後にある問題を修正することなくコンテナを再起動するので、コンテナを再起動しても意味がない状況ではヘルスチェックを失敗させる価値はありません。

4.2.3 Readiness Probe

　Liveness チェックは、正常でないコンテナを停止し、それらを新しいコンテナで置き換えることで、アプリケーションを正常に保つのに役立ちます。しかし、コンテナが正常でない場合に再起動しても意味がない場合もあります。典型的な例は、コンテナがまだ起動中で、リクエストを処理する準備が整っていない場合です。別の例として、データベースのような依存関係が使用可能になるのをコンテナが待っているケースがあります。また、コンテナが過負荷になってレイテンシが高くなっているため、しばらくの間さらなる負荷から切り離しておき、負荷が下がるまでは使用できないようにしたい場合もあります。

　このようなシナリオに対して、Kubernetes には **Readiness Probe** の仕組みがあります。Readiness チェックを実行する方法（HTTP、TCP、Exec、gRPC）とタイミングのオプションは Liveness チェックと同じですが、復旧のアクションが違います。Readiness Probe が失敗した時、コンテナを再起動するのではなく、コンテナがサービスエンドポイントから取り除かれ、新しいトラフィックを受け取らないようになります。Readiness Probe はコンテナが準備完了した時点で通知を行うので、コンテナはサービスからリクエストを受け取る前にウォームアップする時間を得られます。またこの仕組みは、Readiness Probe は Liveness チェックと同じく定期的に実行されるので、より大きくなったシステムにおいてもコンテナをトラフィックから切り離すのに便利です。処理を行う準備ができた時点でアプリケーションはファイルを作成し、そのファイルが存在するかを調べることで Readiness Probe を実装する方法を示したのが**例 4-2** です。

例 4-2　Readiness Probe が設定されたコンテナ

```
apiVersion: v1
kind: Pod
metadata:
  name: pod-with-readiness-check
spec:
  containers:
  - image: k8spatterns/random-generator:1.0
    name: random-generator
    readinessProbe:
      exec:          ❶
        command: [ "stat", "/var/run/random-generator-ready" ]
```

❶ リクエストを処理できることを表すためにアプリケーションが作成するファイルの存在をチェックします。`stat` はファイルが存在しない時にエラーを返し、Readiness チェックが失敗します。

繰り返しますが、アプリケーションがその役割を果たす準備ができているかどうか、切り離されるべきかどうかを判断するヘルスチェックの実装は、あなた次第です。プロセスヘルスチェックと Liveness チェックは、コンテナを再起動して障害から復帰させることを目的としていますが、Readiness チェックはアプリケーションに時間を与え、アプリケーションが自分自身を復帰させることを期待したものです。Pod 終了時にコンテナが SIGTERM シグナルを受け取った後は、Readiness チェックが成功しているかどうかに関わらず、Kubernetes はコンテナが新しいリクエストを受け取らないようにすることを覚えておいて下さい。

Pod のカスタム Readiness Gate

Readiness Probe はコンテナレベルで動作し、すべてのコンテナで Readiness Probe が成功したら Pod はリクエストを処理する準備が整ったと認識されます。しかし、例えば AWS のロードバランサのような外部のロードバランサも設定されていて、それも準備完了している必要があるといったいくつかの場合では、これは十分ではありません。このような場合、Pod が準備完了と認識されるために必要な追加条件を設定する、Pod 設定における `readinessGates` フィールドが使用できます。**例4-3** は、Pod の `status` セクションに `k8spatterns.com/load-balancer-ready` という追加条件を設定する Readiness gate を導入する例です。

例4-3 外部のロードバランサのステータスを表す Readiness gate

```
apiVersion: v1
kind: Pod
...
spec:
  readinessGates:
  - conditionType: "k8spatterns.com/load-balancer-ready"
...
status:
  conditions:
  - type: "k8spatterns.com/load-balancer-ready"    ❶
    status: "False"
    ...
  - type: Ready                                     ❷
    status: "False"
    ...
```

❶ Kubernetes によって導入された新しい条件で、デフォルトでは `False` に設定されています。これはロードバランサがサービス提供の準備が完了した時に、「27 章 Controller

4章 Health Probe

（コントローラ）」で説明するようにコントローラによって外部から `True` に切り替えられる必要があります。

❷ すべてのコンテナの Readiness Probe が成功し、Readiness gate の条件が `True` になった時に Pod が Ready（準備完了）になります。そうでない場合はここで設定されているように `False`、つまり Ready でない状態です。

Pod の Readiness Gate は、エンドユーザではなく、Pod が準備完了しているかどうかに対する追加の依存関係を導入するため Kubernetes のアドオンが使用することを意図した高度な機能です。

多くの場合、Liveness Probe と Readiness Probe は同じチェックを実行します。しかし、Readiness Probe があると、コンテナに起動の時間を与えられます。Readiness check に成功した場合のみ Deployment は成功と認識されるので、例えばローリングアップデートの処理の中で古いバージョンの Pod は停止されることになります。

初期化に非常に長い時間が必要なアプリケーションでは、起動の処理が終わる前に Liveness チェックが失敗することでコンテナが再起動されてしまう可能性があります。このような望まない停止を防ぐため、起動の処理が終わったことを示す **Startup Probe** を使用できます。

4.2.4 Startup Probe

Liveness Probe は、チェック間隔を広げたり、リトライ回数を増やしたり、最初の Liveness チェックまで長い遅延を追加したりすることで、起動処理に長くかかってもよいようにすることだけに使用されます。しかしこの戦略だと、これらのタイミングに関するパラメータは起動後のフェーズにも適用され、重大なエラーが発生した場合にアプリケーションがすばやく再起動するのを邪魔してしまうため、最適とは言えません。

アプリケーションが起動に数分以上かかる時（例えば Jakarta EE アプリケーションサーバなど）のために、Kubernetes は **Startup Probe** の仕組みを提供しています。

Startup Probe は Liveness Probe と同じフォーマットで設定されますが、Probe のアクションとタイミングに関するパラメータに異なる値を設定できます。`periodSeconds` と `failureThreshold` の各パラメータは、アプリケーションの長い起動処理時間を考慮して、対応する Liveness Probe よりもずっと大きな値に設定されます。Liveness Probe と Readiness Probe は、Startup Probe が成功した後に開始されます。Startup Probe が設定された失敗の閾値の間に成功しなかった場合、コンテナは再起動されます。

Liveness Probe と Startup Probe には同じ Probe のアクションが使われる一方、起動処理が成功したことはマーカファイルによって表現されることが多く、Startup Probe はこのファイルの存在をチェックします。

例4-4 は、起動に時間がかかる Jakarta EE アプリケーションサーバの典型的な例です。

例 4-4　Startup Probe と Liveness Probe が設定されたコンテナ

```
apiVersion: v1
kind: Pod
metadata:
  name: pod-with-startup-check
spec:
  containers:
  - image: quay.io/wildfly/wildfly         ❶
    name: wildfly
    startupProbe:
      exec:
        command: [ "stat", "/opt/jboss/wildfly/standalone/tmp/startup-marker" ]   ❷
      initialDelaySeconds: 60              ❸
      periodSeconds: 60
      failureThreshold: 15
    livenessProbe:
      httpGet:
        path: /health
        port: 9990
      periodSeconds: 10                    ❹
      failureThreshold: 3
```

❶ 起動に時間がかかる JBoss WildFly Jakarta EE サーバ。

❷ 起動処理に成功した後に WildFly が作成するマーカファイル。

❸ Startup Probe が 15 分以内（最初のチェックまでに 60 秒の待ち、その後 60 秒間隔で最大 15 回のチェック）に成功しなかった時にコンテナを再起動することを設定するタイミングに関するパラメータ。

❹ Liveness Probe のタイミングに関するパラメータはずっと小さな値に設定されます。これにより、その後実行される Liveness Probe が 20 秒以内（10 秒間隔で 3 回のリトライ）に成功しないと再起動されます。

　Liveness Probe、Readiness Probe、Startup Probe は、クラウドネイティブアプリケーションの自動化にとって基本的な構成要素です。Quarkus SmallRye Health、Spring Boot Actuator、WildFly Swarm health check、Apache Karaf health check、MicroProfile spec for Java といったアプリケーションフレームワークは、これらの Health Probe の実装を提供しています。

4.3　議論

　完全な自動化のためには、クラウドネイティブアプリケーションは管理プラットフォームがその稼働状況を読み取って理解できる手段を提供し、それによって高度に観測可能であり、必要であればそこから復旧のアクションをとれなければなりません。デプロイ、セルフヒーリング、スケーリングなどの自動化の仕組みにおいて、ヘルスチェックは重要な役割を果たしています。しかし、稼働状況をより可視化するためにアプリケーションが提供できる手段は他にもあります。

その目的のための分かりやすく古くからある手段としては、ログを使った方法があります。重要なエラーをコンテナから標準出力や標準エラー出力に出力し、さらなる分析のために中心的な場所に集めておくのが、よいやり方です。ログは通常、自動的なアクションを行うのではなく、アラートを発報し、さらなる調査を行うために使われます。ログのさらに便利な一面として、障害の振り返り分析（ポストモーテム、postmortem analysis）に使ったり、気づきにくいエラーの検知に使ったりもできます。

標準ストリームへログを送る以外に、コンテナが停止した理由を/dev/termination-logに記録するのもよいやり方です。これは、コンテナが恒久的に削除されてしまう前にその状態を記録できる場所です[†2]。**図4-1**は、コンテナがランタイムプラットフォームとやり取りする際に使用できる手段を表したものです。

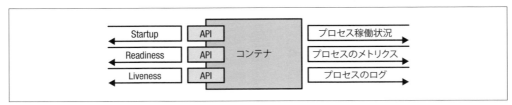

図4-1　コンテナの可観測性の手段

コンテナは、それ自体を中の見えないシステムとして扱うことで、パッケージングやアプリケーションを動かす統一的な方法を提供してくれます。しかし、クラウドネイティブ市民になろうとするコンテナは、ランタイム環境がコンテナの稼働状況を観察し、状況に応じた行動を取れるようにするAPIを提供する必要があります。この点をサポートすることは、コンテナの更新やライフサイクルの自動化を統一的な方法で行うための基本的な必要条件であり、それによってシステムの回復力とユーザエクスペリエンスを改善することに繋がります。実際の現場においてこれはつまり、コンテナ化されたアプリケーションは最低限各種ヘルスチェック（LivenessとReadiness）のAPIを提供する必要があるということです。

アプリケーションにさらに望ましい動きをさせるなら、OpenTracingやPrometheusのようなトレースやメトリクス収集ライブラリと統合できるようにすることで、管理プラットフォームがコンテナ化されたアプリケーションの状態を観察できる手段も提供する必要があります。アプリケーションは中の見えないシステムとして扱いつつ、プラットフォームが最適な方法でアプリケーションを観察し管理できるよう必要なAPIすべてを実装しましょう。

次のパターンである**Managed Lifecycle**も、アプリケーションとKubernetesの管理レイヤとのやり取りに関することですが、逆の方向からのやり取りになります。つまり、アプリケーションがPodの重要なライフサイクルイベントをどのように受け取るのかについてです。

[†2] 別の方法として、Podの.spec.containers.terminationMessagePolicyフィールドをFallbackToLogsOnErrorに変更することで、コンテナが終了する際のログの最終行がPodのステータスメッセージとして使用されるようになります。

4.4　追加情報

- Health Probe パターンのサンプルコード（https://oreil.ly/moMx7）
- Liveness Probe、Readiness Probe および Startup Probe を使用する（https://oreil.ly/h862g）
- Kubernetes Best Practices: Setting Up Health Checks with Readiness and Liveness Probes（Kubernetes ベストプラクティス: Readiness Probe と Liveness Probe でヘルスチェックをセットアップする、https://oreil.ly/q0wKy）
- Graceful Shutdown with Node.js and Kubernetes（Node.js と Kubernetes でのグレースフルシャットダウン、https://oreil.ly/kEik7）
- Kubernetes Startup Probe—Practical Guide（Kubernetes Startup Probe 実践ガイド、https://oreil.ly/MHbup）
- Improving Application Availability with Pod Readiness Gates（Pod Readiness Gate によるアプリケーションの可用性改善、https://oreil.ly/h_W1G）
- 終了メッセージのカスタマイズ（https://oreil.ly/O2sA2）
- SmallRye Health（https://oreil.ly/lhetJ）
- Spring Boot Actuator: Production-Ready Features（https://oreil.ly/7kYX6）
- Advanced Health Check Patterns in Kubernetes（Kubernetes における高度なヘルスチェックパターン、https://oreil.ly/aKEGe）

5章
Managed Lifecycle
（管理されたライフサイクル）

クラウドネイティブなプラットフォームに管理されたコンテナやアプリケーションは、自分自身のライフサイクルを制御できません。また、良きクラウドネイティブ市民であるためには、管理プラットフォームから送られるイベント情報を待ち受け、それを自身のライフサイクルに反映させなければなりません。**Managed Lifecycle**（管理されたライフサイクル）パターンは、アプリケーションがこのようなライフサイクルイベントにどのように反応でき、どのように反応すべきかを示したものです。

5.1 問題

「4章 Health Probe」では、コンテナがさまざまなヘルスチェックに対応した API を提供する必要があるのはなぜなのかを説明しました。ヘルスチェック API は、プラットフォームが継続的にアプリケーションの状況を調べられる、読み取り専用のエンドポイントです。プラットフォームがアプリケーションから情報を抽出するための仕組みです。

コンテナの状態を監視するだけでなく、プラットフォームはコマンドを発行し、アプリケーションがそれに対処することを求める場合もあります。クラウドネイティブプラットフォームは、ポリシーや外部要因に影響を受けて、自身が管理しているアプリケーションを開始したり停止したりすることを決める場合もあります。対処すべき重要なイベントはどれなのか、どのように対処すべきかの判断はコンテナ化されたアプリケーションに任されています。現実には、アプリケーションと通信し、コマンドを送るのにプラットフォームが使っている API がこの役割を果たしています。また、アプリケーションがこのライフサイクルマネジメントの恩恵を得るか、このサービスが必要ないなら無視してしまうかもアプリケーションの自由です。

5.2 解決策

プロセスのステータスを確認するだけでは、アプリケーションの稼働状況を知るには十分でないことをすでに見ました。これが、コンテナの稼働状況を監視するために別の API が存在している理由です。同じように、プロセスを動かしたり停止したりするのにプロセスモデルのみを使うのも

十分ではありません。現実世界のアプリケーションは、もっと細かいやり取りとライフサイクルマネジメントの能力を必要とします。アプリケーションによっては起動の手助けが必要ですし、別のアプリケーションには穏やかでクリーンなシャットダウン手順が必要です。図5-1 に示すように、これらのユースケースにおいてイベントは、コンテナが待ち受け、望むならそれに対処することができる相手であるプラットフォームから送られます。

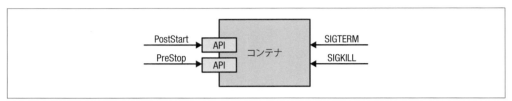

図5-1　管理されたコンテナライフサイクル

　アプリケーションのデプロイ単位は Pod です。ご存知のように Pod は 1 つ以上のコンテナから構成されています。Pod レベルでは、「15 章　Init Container（Init コンテナ）」で見るようにコンテナのライフサイクル管理を助ける Init コンテナのような構成要素もあります。この章で説明するイベントやフックはどれも、Pod レベルではなく個別のコンテナレベルで適用されるものです。

5.2.1　SIGTERM シグナル

　Kubernetes がコンテナをシャットダウンすると決めたら、その理由が Pod が属するノードがシャットダウンされているのか、Liveness Probe が失敗してコンテナが再起動されようとしているのかに関わらず、コンテナには SIGTERM シグナルが送られます。SIGTERM は、より強制力のある SIGKILL シグナルを送る前に、Kubernetes がコンテナに対してクリーンなシャットダウンを穏やかに促すものです。SIGTERM シグナルを受け取ると、アプリケーションは速やかにシャットダウンしなければなりません。アプリケーションによってはこれはすばやく停止することであり、別のアプリケーションでは継続中のリクエストを終わらせて、開いているコネクションをリリースし、一時ファイルを削除するといった少々時間がかかる作業のこともあります。どの場合でも、SIGTERM への対処はコンテナがクリーンな方法でシャットダウンする正常な状況です。

5.2.2　SIGKILL シグナル

　SIGTERM シグナルが送られた後もコンテナプロセスが停止しないと、次は SIGKILL シグナルによってコンテナは強制的にシャットダウンされます。Kubernetes は、SIGTERM シグナルを送った後にすぐには SIGKILL シグナルを送らず、デフォルトでは 30 秒待ちます。この猶予時間は Pod ごとに .spec.terminationGracePeriodSeconds フィールドで定義できますが、Kubernetes に対してコマンドを発行する際にユーザに上書きされる可能性があり、保証されているわけではありません。すばやい起動とシャットダウンのプロセスがあることで、コンテナ化されたアプリケーションが短命なものであるよう設計し、実装するための仕組みです。

5.2.3 postStart フック

ライフサイクルの管理のためにプロセスシグナルだけを使うのでは、できることは限られています。それが、`postStart` や `preStop` といったまた別のライフサイクルフックを Kubernetes が提供している理由です。`postStart` フックが含まれた Pod マニフェストは、**例5-1** のようになります。

例5-1　postStart フックが設定されたコンテナ

```
apiVersion: v1
kind: Pod
metadata:
  name: post-start-hook
spec:
  containers:
  - image: k8spatterns/random-generator:1.0
    name: random-generator
    lifecycle:
      postStart:
        exec:
          command:      ❶
          - sh
          - -c
          - sleep 30 && echo "Wake up!" > /tmp/postStart_done
```

❶ `postStart` コマンドは 30 秒待ちます。`sleep` は、この時点で実行されるはずの時間のかかる起動コードをシミュレーションしているだけです。また、同時に起動しているメインアプリケーションと同期するためにトリガファイルを使用しています。

`postStart` コマンドは、コンテナが作成された後、コンテナのメインのプロセスとは非同期的に実行されます。アプリケーションの初期化や起動のロジックの多くはコンテナのスタートアッププロセスの一部として実装できますが、`postStart` にも使い道があります。`postStart` のアクションはブロッキング処理であり、`postStart` ハンドラが完了するまではコンテナのステータスは **Waiting** なので、Pod のステータスは **Pending** 状態のままになります。`postStart` のこの仕組みによって、メインのコンテナプロセスが初期化するための時間を持たせるため、コンテナのスタートアップ状態を長引かせるのに使えます。

`postStart` の別の使い方として、Pod がなんらかの事前条件を満たしていない時に、コンテナが起動しないようにできます。例えば、`postStart` フックがゼロでない戻り値を返してエラーを出している時、Kubernetes はメインのコンテナプロセスを停止します。`postStart` と `preStop` フックの呼び出しの仕組みは「4 章　Health Probe」で説明した Health Probe と似ており、次のハンドラタイプをサポートしています[†1]。

[†1] 訳注：Kubernetes 1.30 で exec、httpGet に加えて、指定された期間、コンテナを一時停止する sleep ハンドラがベータに昇格しデフォルトで使用可能になりました（http://kep.k8s.io/3960）。

exec
: コンテナ内で直接コマンドを実行します。

httpGet
: Pod 内のコンテナによって開かれているポートに対し、HTTP GET リクエストを実行します。

　これらの実行は保証されないので、postStart フックの中でどんなクリティカルなロジックを実行するかについては非常に注意しなければなりません。フックはコンテナプロセスと並列に実行されるので、コンテナが起動する前にフックが実行される場合もあります。また、フックは最低 1 回実行される前提で作られているので、複数回実行される場合にも問題ないような実装にする必要があります。また、ハンドラに届かず失敗した HTTP リクエストをリトライしないことも覚えておいて下さい。

5.2.4　preStop フック

　preStop フックは、コンテナが停止される前にコンテナに送られるブロッキング処理です。これは SIGTERM シグナルと同じ意味合いですが、SIGTERM への応答が不可能な時に、コンテナのグレースフルシャットダウンを開始するのに使用するべき仕組みです。**例5-2** に含まれる preStop アクションは、コンテナを削除するようコンテナランタイムに対して指示する（SIGTERM の通知が送られる）前に完了する必要があります。

例5-2　preStop フックが設定されたコンテナ

```
apiVersion: v1
kind: Pod
metadata:
  name: pre-stop-hook
spec:
  containers:
  - image: k8spatterns/random-generator:1.0
    name: random-generator
    lifecycle:
      preStop:
        httpGet:        ❶
          path: /shutdown
          port: 8080
```

❶　アプリケーション内で動作している /shutdown エンドポイントを呼び出します。

　preStop がブロッキング処理であるとは言え、その処理を待ったり失敗を返した場合でも、コンテナが削除されたりプロセスが停止されたりしないようにするわけではありません。preStop フックは、アプリケーションをグレースフルシャットダウンする代わりの処理を行うのに便利だというだけで、それ以上ではないのです。前に見た postStart フックと同じハンドラタイプをサ

ポートし、保証する内容も同じです。

5.2.5　その他のライフサイクル制御方法

この章ではここまで、コンテナライフサイクルイベントが発生した時にコマンドを実行できるフックに焦点を当ててきました。しかし、コンテナレベルではなくPodレベルには、初期化の処理を実行できる別の仕組みがあります。

「15章 Init Container（Initコンテナ）」で詳しく説明しますが、ここではライフサイクルフックと比較しながらInitコンテナについて簡単に説明します。通常のアプリケーションコンテナとは違いInitコンテナは、直列かつそれぞれが完了するまで実行され、しかもPod内のアプリケーションコンテナがすべて起動する前に実行されます。これが保証されていることにより、InitコンテナをPodレベルの初期化タスクを実行するのに使用できます。ライフサイクルフックはコンテナレベル、InitコンテナはPodレベルという違った粒度で実行され、場合によっては入れ替えて使うこともできますし、別の場合にはお互いが補完し合うこともあります。**表5-1**はこれらの主な違いをまとめたものです。

表5-1　ライフサイクルフックとInitコンテナ

観点	ライフサイクルフック	Initコンテナ
いつ有効になるか	コンテナライフサイクルの各フェーズ	Podライフサイクルの各フェーズ
スタートアップフェーズのアクション	`postStart` コマンド	実行する `initContainers` のリスト
シャットダウンフェーズのアクション	`preStop` コマンド	同等の機能なし
タイミングの保証	`postStart` コマンドはコンテナの `ENTRYPOINT` と同じタイミングに実行される	アプリケーションコンテナが起動できるようになる前にすべてのInitコンテナが問題なく終了している必要あり[2]
使用例	コンテナ特有のクリティカルでない起動・停止処理の実行	コンテナを使用したワークフロー的な逐次処理の実行、タスク実行へのコンテナの再利用

アプリケーションコンテナのライフサイクルをさらに細かく制御する必要があるなら、コンテナのエントリポイントを書き換えるという高度なテクニックがあり、これは**Commandletパターン**（https://oreil.ly/CVZX6）と呼ばれることもあります。このパターンは、Pod内の主なコンテナが決まった順序で起動し、かつ細かく制御する必要がある場合に特に有効です。TektonやArgo CDのようなKubernetesベースのパイプラインプラットフォームは、データを共有したり、並列に実行されるサイドカーコンテナ（サイドカーについては16章で詳しく説明します）を追加で使用するようなコンテナを直列に実行する必要があります。

Initコンテナはサイドカーの使用ができないので、このような場面ではInitコンテナの順序付

---

[2] 訳注：Kubernetes 1.29でベータに昇格しデフォルトで使用可能になったサイドカーコンテナ機能を使用すれば、Initコンテナでサイドカーの使用が可能です（https://bit.ly/3VFgK1f）。

けでは不十分です[†3]。代わりに、**エントリポイントの書き換え**（entrypoint rewriting）と呼ばれる高度なテクニックを使うことで、Pod の主なコンテナのライフサイクルを細かく制御できるようになります。各コンテナイメージはコンテナが起動する時にデフォルトで実行されるコマンドを定義します。Pod の定義内では、このコマンドを Pod のスペックに直接定義することもできます。エントリポイントの書き換えは、元のコマンドをより広い役割を持つラッパコマンドで置き換え、その中で元のコマンドを呼び出しつつライフサイクルに関する懸念を処理することで行います。このラッパコマンドは、アプリケーションコンテナが起動する前に他のコンテナイメージから書き込まれます。

この考え方は例を使うとよく分かります。**例5-3** は、追加の引数付きで 1 つのコンテナを起動する Pod の宣言です。

例5-3　コマンドと引数付きでイメージを起動するシンプルな Pod

```
apiVersion: v1
kind: Pod
metadata:
  name: simple-random-generator
spec:
  restartPolicy: OnFailure
  containers:
  - image: k8spatterns/random-generator:1.0
    name: random-generator
    command:
    - "random-generator-runner"      ❶
    args:                             ❷
    - "--seed"
    - "42"
```

❶ コンテナが起動する時に実行されるコマンド。
❷ エントリポイントコマンドに渡される追加引数。

ここで行いたいのは、`random-generator-runner` コマンドを、SIGTERM やその他のシグナルに対応できるようライフサイクルを扱えるようにした supervisor プログラムに置き換えることです。**例5-4** は、Init コンテナを含む Pod の宣言を表したものです。Init コンテナは、supervisor をインストールし、supervisor はその後メインアプリケーションを監視し始めます。

例5-4　元のエントリポイントを supervisor でラップしている Pod

```
apiVersion: v1
kind: Pod
metadata:
  name: wrapped-random-generator
```

[†3] 訳注：Kubernetes 1.29 でベータに昇格しデフォルトで使用可能になったサイドカーコンテナ機能を使用すれば、Init コンテナでサイドカーの使用が可能です（https://bit.ly/3VFgK1f）。

```
spec:
  restartPolicy: OnFailure
  volumes:
  - name: wrapper                                ❶
    emptyDir: { }
  initContainers:
  - name: copy-supervisor                        ❷
    image: k8spatterns/supervisor
    volumeMounts:
    - mountPath: /var/run/wrapper
      name: wrapper
    command: [ cp ]
    args: [ supervisor, /var/run/wrapper/supervisor ]
  containers:
  - image: k8spatterns/random-generator:1.0
    name: random-generator
    volumeMounts:
    - mountPath: /var/run/wrapper
      name: wrapper
    command:
    - "/var/run/wrapper/supervisor"              ❸
    args:                                        ❹
    - "random-generator-runner"
    - "--seed"
    - "42"
```

❶ `supervisor` デーモンを共有するため、新しい `emptyDir` ボリュームを作ります。

❷ `supervisor` デーモンをアプリケーションコンテナにコピーするのに使われる Init コンテナ。

❸ 例5-3 で定義された元の `randomGenerator` コマンドは、共有ボリュームにある supervisor デーモンで置き換えられます。

❹ 元のコマンドに対する設定はそのまま supervisor コマンドへの引数になります。

エントリポイントの書き換えは、Tekton が継続的インテグレーション（CI）パイプラインの実行時に Pod を作成するように、プログラム的に Pod を作成したり管理したりする Kubernetes ベースのアプリケーションに特に便利です。この方法によって、Pod 内でコンテナをいつ起動し、いつ停止し、いつ連携させるかをより細かく制御できるようになります。

なんらかの時間的な保証が必要なのでない限り、どの方法を使うかに厳格なルールはありません。ライフサイクルフックや Init コンテナを完全に飛ばして、コンテナの起動や停止コマンドの一部としてアクションを実行するのに、Bash スクリプトを使ってもよいのです。とは言え、そうするとスクリプトはコンテナと密結合してしまい、メンテナンス上の大問題になり得ます。また、この章で説明したように Kubernetes のライフサイクルフックを使ってなんらかのアクションを実行してもよいでしょう。さらに高度に、Init コンテナを使うことで個別のアクションを実行するコンテナを動かしたり、より洗練された制御を行うために supervisor デーモンを組み込んだりもできます。これらの順番でそれぞれの方法は順次大きな手間が必要になっていきますが、同時に強い保証と再利用性が得られます。

Kubernetesに管理されることで利点が得られるアプリケーションを作るには、コンテナやPodのライフサイクルのステージと使用できるフックを理解することは不可欠なのです。

5.3　議論

クラウドネイティブプラットフォームを使う主な利点の1つは、信頼性が低い場合もあり得るクラウドインフラ上で、高い信頼性と予測可能性を保ちながらアプリケーションを実行し、スケールできるようになることです。これらのプラットフォームは、アプリケーションを実行するための制約や契約のセットを提供しています。クラウドネイティブプラットフォームによって提供されるすべての機能を活用できるよう、これらの決まりごとを守ることが、アプリケーションにとっての利益になります。これらのイベントに対処し対応することで、アプリケーションを利用するサービスに対する影響を最小に留めながら、余裕を持ってアプリケーションを起動したり停止したりできます。この時点では、基本的な点ではコンテナは正しく設計されたPOSIXプロセスの振る舞いと同じ振る舞いをするべきだということになります。アプリケーションがいつスケールアップするか、シャットダウンされるのを防ぐためにいつリソースを解放すべきかのヒントを提供するイベントがこの後いくつか登場するかもしれません。アプリケーションライフサイクルがすでに人間に制御されているのではなく、プラットフォームによって完全に自動化されていることを理解しておくのが大事です。

アプリケーションライフサイクルを管理するのに加え、Kubernetesのようなオーケストレーションプラットフォームの大きな役割として、ノード群に対するコンテナの分散があります。次のパターンである **Automated Placement** では、外部からスケジューリングの判断に影響を与える方法について説明します。

5.4　追加情報

- Managed Lifecycle パターンのサンプルコード（https://oreil.ly/2T2jc）
- コンテナライフサイクルフック（https://oreil.ly/xzeMi）
- コンテナライフサイクルイベントへのハンドラ紐付け（https://oreil.ly/NTi1h）
- Kubernetes Best Practices: Terminating with Grace（Kubernetesベストプラクティス：猶予期間付きでの停止、https://oreil.ly/j-5yl）
- Graceful Shutdown of Pods with Kubernetes（KubernetesにおけるPodのグレースフルシャットダウン、https://oreil.ly/TgjCp）
- Argo and Tekton: Pushing the Boundaries of the Possible on Kubernetes（ArgoとTekton: Kubernetesにおける可能性の限界を超える、https://oreil.ly/CVZX6）
- Russian Doll: Extending Containers with Nested Processes（マトリョーシカ：プロセスの入れ子でコンテナを拡張する、https://oreil.ly/iBhoQ）

6章
Automated Placement（自動的な配置）

Automated Placement（自動的な配置）は、コンテナのリソース要求を満たし、スケジューリングポリシーを守れるノードに対して新しい Pod を割り当てる、Kubernetes スケジューラのコア機能です。このパターンでは、Kubernetes のスケジューリングアルゴリズムの原則と、外部から配置の決断に影響を与える方法を説明します。

6.1 問題

適切なサイズのマイクロサービスからなるシステムは、数十あるいは数百の別々のプロセスから構成されています。コンテナや Pod はパッケージングやデプロイに対するちょうどよい抽象化の仕組みを提供していますが、これらのプロセスを条件に合うノードに配置するという問題は解決してくれません。巨大で成長し続ける多くのマイクロサービスにおいて、それぞれのプロセスをノードに割り当てて配置するのは、簡単な仕事ではありません。

コンテナは相互に依存関係があり、ノード、リソース需要に依存関係があり、それらの時系列の変化に対しても依存関係を持っています。クラスタで利用可能なリソースも、クラスタの縮小や拡大、あるいはすでに配置済みのコンテナによって消費されるなどの理由で、時間によって変化します。コンテナを配置する方法も、分散システムの可用性、パフォーマンス、キャパシティに影響を与えます。これらの要素は、ノードに対するコンテナのスケジューリングを不安定なものにします。

6.2 解決策

Kubernetes において、ノードに対する Pod のアサインはスケジューラによって行われます。この仕組みは高度に設定可能な Kubernetes の一部であり、今も進化を続け、改善されています。この章では、主なスケジューリング制御メカニズム、コンテナの配置に影響を及ぼす要素、各配置方法を選択すべきあるいはすべきでない理由、それぞれを選択した結果について説明します。Kubernetes のスケジューラは、強力で、時間削減に役立つツールです。スケジューラは、Kubernetes のプラットフォーム全体の中で基本的役割を担っている一方、他の Kubernetes のコ

ンポーネント（APIサーバ、Kubelet）と同様に、分離して動作させたり、全く使わなくてもよくなっています。

　非常に大雑把に言えば、Kubernetesスケジューラが実行する主な処理は、新しく作られた各Podの定義をAPIサーバから取得し、それをノードに割り当てることです。アプリケーションの初回の割り当てか、スケールアップか、アプリケーションを正常でないノードから正常なノードに移動するのかを問わず、各Podに対し、最適なノードがあるならそれを見つけます。これを行うため、実行時の依存性、リソース要求、高可用性に関するポリシーを考慮に入れ、Podを水平方向に展開し、パフォーマンスと通信のレイテンシを下げるためにPodを近くに配置します。しかし、スケジューラがその仕事を正しく行い、宣言的な配置ができるようにするには、利用可能なリソースを持ったノードと、宣言的なリソースプロファイルとポリシーを持つコンテナが存在している必要があります。これについて詳しく見ていきましょう。

6.2.1　利用可能なノードリソース

　まずKubernetesクラスタには、新しいPodを実行するのに十分なリソースキャパシティを持ったノードが必要です。各ノードがPodを実行できるキャパシティを持っていれば、スケジューラはPodに対して要求されるコンテナのリソースの合計が、割り当て可能なノードのキャパシティよりも小さくなるようにします。ノードがKubernetesのみに使用されているとした場合、そのキャパシティは**例6-1**の数式で計算できます。

例6-1　ノードのキャパシティ

```
Allocatable [アプリケーションPodに対するキャパシティ] =
    Node Capacity [ノード上で使用可能なキャパシティ]
        - Kube-Reserved [kubeletやコンテナランタイムなどのKubernetesデーモン]
        - System-Reserved [sshd、udevなどのOSデーモン]
        - Eviction Thresholds [システムOOMを防ぐための予約メモリ]
```

　OSやKubernetes自体を動かすためのシステムデーモンのリソースを予約しておかないと、ノードの最大キャパシティまでPodがスケジュールされてしまい、Podとシステムデーモンがリソースを奪い合い、ノード上のリソース枯渇に繋がってしまいます。さらに、ノード上でのメモリ圧迫によってOOMKilledエラーやノードが一時的にオフラインになるといった形で、Podに対する影響が発生してしまう可能性があります。OOMKilledとは、システムがメモリ不足になった時にLinuxカーネルのOut-of-Memory（OOM）killerという仕組みがプロセスを停止する時に現れるエラーメッセージです。Eviction Thresholdの値はKubeletにノード上のメモリを予約するための最後の砦であり、（Podへの割り当て分とそれ以外の予約領域を除いた）使用可能なメモリ量がこの値を下回ると、Podを停止しようとし始めます。

　また、ノード上でKubernetesに管理されていないコンテナが動いている場合、そのコンテナに使われているリソースはKubernetesによるノードキャパシティの計算に含まれないことに注意して下さい。これに対する対策は、Kubernetesによって管理されていないコンテナのリソース使用

量に対応したCPUとメモリをリソース要求するだけで何もしないPodを動かすことです[†1]。このようなPodは、Kubernetesによって管理されていないコンテナのリソース使用を代わりに表して予約するためだけにあり、スケジューラがノード上でよりよいリソースモデルを元に計算できるようにしてくれます。

6.2.2　コンテナのリソース需要

効果的なPodの配置に重要な別の必要条件として、コンテナの実行時依存関係とリソース需要を定義することが挙げられます。これについては「2章　Predictable Demand（予想可能な需要）」でも詳細に説明しました。これはつまり、`requests`と`limits`を使ったリソースプロファイルと、ストレージやポートのような環境の依存関係を宣言したコンテナを作れということです。これらの情報が宣言されている時に限り、Podはノードに最適な条件で割り当てられ、最も負荷の高い時間帯でもお互いに影響を及ぼしあったりリソース不足が発生することなく実行できます。

6.2.3　スケジューラ設定

パズルの次のピースは、クラスタの需要に対する適切なフィルタリング、あるいは優先度の設定を行うことです。スケジューラには、多くのユースケースに十分な、デフォルトのPredicate[†2]と優先度ポリシーがあります。Kubernetesのバージョン1.23以前では、Predicateとスケジューラの優先度を設定するのにスケジューリングポリシーを使用できました。Kubernetesの新しいバージョンでは、同じ目的のためにスケジューリングプロファイルを使うようになりました。この方法だと、スケジューリングプロセスの各ステップを拡張部分として公開し、この各ステップのデフォルト実装を上書きするプラグインを設定できます。`PodTopologySpread`プラグインの`score`ステップをカスタムプラグインで置き換える方法を示したのが、**例6-2**です。

例6-2　スケジューラの設定

```
apiVersion: kubescheduler.config.k8s.io/v1
kind: KubeSchedulerConfiguration
profiles:
 - plugins:
     score:                                    ❶
       disabled:
       - name: PodTopologySpread               ❷
       enabled:
       - name: MyCustomPlugin                  ❸
         weight: 2
```

❶ このフェーズのプラグインは、フィルタリングフェーズを通過した各ノードにスコア付けを行います。

[†1] 訳注：Kubernetesに管理されていないリソースを、ホストを機能させる上で必要なリソースと考えて、そのコンテナの実行に必要なリソースをSystem-Reservedに加えるのもよいでしょう。

[†2] 訳注：直訳すると述語。フィルタリング条件。

❷ `PodTopologySpread` プラグインは、この章の後で詳しく見る Topology Spread Constraint を実装しています。

❸ 前のステップで無効にされたプラグインが、この新しいプラグインで置き換えられます。

スケジューラプラグインとカスタムスケジューラは、クラスタ設定の一部として管理者だけが定義すべきです。クラスタにアプリケーションをデプロイする通常のユーザは、事前に定義されたスケジューラを参照できるだけです。

デフォルトでは、スケジューラはデフォルトプラグインの default-scheduler プロファイルを使います。クラスタ内で複数のスケジューラを動かしたり、そのスケジューラで複数のプロファイルを動かすことも可能です。また、どのプロファイルを使うか Pod に設定することもできます。各プロファイルに一意な名前をつける必要があります。Pod を定義する時、プロファイルの名前を指定して `.spec.schedulerName` フィールドを Pod の定義に追加すると、Pod はそのスケジューラプロファイルによって処理されます。

6.2.4　スケジューリングのプロセス

Pod は、配置のポリシーを元に一定のキャパシティを持つノードに割り当てられます。全体を把握できるよう、この仕組みがどのように組み合わされるのかと、Pod がスケジュールされる時に通過する主なステップを説明したのが**図 6-1** です。

ノードにまだ割り当てられていない Pod が作られるとすぐに、使用可能なノードと、フィルタリングポリシーと優先度ポリシーのセットと合わせて、その Pod はスケジューラに検知されます。最初のステージでは、スケジューラはフィルタリングポリシーを適用して、条件に合わないノードをすべて除外します。Pod のスケジューリング要求に合うノードは**割り当て可能なノード**（feasible nodes）と呼ばれます。次のステージでは、スケジューラは残った割り当て可能なノードにスコア付けするために関数のセットを実行し、スコアに従って並べ替えます。最後のステージでスケジューラは、スケジューリングプロセスにおける最も重要な成果である割り当てに関する判断を、API サーバに伝えます。このプロセス全体は、**スケジューリング**（scheduling）、**配置**（placement）、**ノード割り当て**（node assignment）、**バインディング**（binding）などとも呼ばれます。

多くの場合、ノードへの Pod の割り当てはスケジューラに任せ、配置のロジックをマイクロマネジメントしない方がよいです。しかしいくつかの場面では、特定のノードやノードのグループに Pod を強制的に割り当てたいこともあるでしょう。このような割り当ては、ノードセレクタを使用して実現できます。Pod の `.spec.nodeSelector` フィールドには、Pod を実行するのに適したノードに存在していなければならない Label を、キーバリューペアのマップとして設定できます。例えば、ストレージとして SSD を持つ特定のノードで Pod を必ず実行したいとしましょう。`nodeSelector` が `disktype: ssd` になっている**例 6-3** の Pod 定義を使うと、`disktype=ssd` という Label がついているノードだけがこの Pod の実行に適していると判断されます。

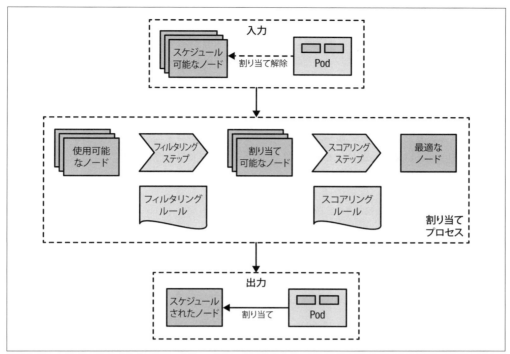

図6-1　Pod をノードに割り当てるプロセス

例6-3　使用可能なディスクタイプに基づいたノードセレクタ

```
apiVersion: v1
kind: Pod
metadata:
  name: random-generator
spec:
  containers:
  - image: k8spatterns/random-generator:1.0
    name: random-generator
  nodeSelector:
    disktype: ssd         ❶
```

❶ この Pod として認識されるために一致しなければならないノードの Label の集合。

　ノードにおけるカスタム Label を指定する他、各ノードに存在するデフォルト Label も使用できます。各ノードには、ホスト名でノードを識別して Pod を配置するのに使える、一意な `kubernetes.io/hostname` という Label が設定されています。他にも OS、アーキテクチャ、インスタンスタイプを表すデフォルトの Label も配置の際に便利です。

6.2.5　ノードアフィニティ

　Kubernetes には、スケジューリングプロセスを設定できる柔軟な方法が他にもたくさんあります。その1つが、前に説明したノードセレクタの方法よりもさらに複雑な表現ができる**ノードアフィニティ**（node affinity）という機能で、必須あるいは推奨条件をルールとして設定できます。**必須ルール**（required rules）は Pod がノードにスケジュールされるために満たされなくてはならないルールで、**推奨ルール**（preferred rules）はノードの一致を必須にするのではなく重み付けを大きくすることで優先させるルールです。さらに、ノードアフィニティの機能では In、NotIn、Exists、DoesNotExist、Gt、Lt といった演算子を使って表現を豊富にすることで、設定できる制約の種類を大幅に拡張できます。**例6-4** は、ノードアフィニティの宣言方法を示したものです。

例6-4　ノードアフィニティが設定された Pod

```
apiVersion: v1
kind: Pod
metadata:
  name: random-generator
spec:
  affinity:
    nodeAffinity:
      requiredDuringSchedulingIgnoredDuringExecution:   ❶
        nodeSelectorTerms:
        - matchExpressions:                              ❷
          - key: numberCores
            operator: Gt
            values: [ "3" ]
      preferredDuringSchedulingIgnoredDuringExecution:  ❸
      - weight: 1
        preference:
          matchFields:
          - key: metadata.name
            operator: NotIn
            values: [ "control-plane-node" ]
  containers:
  - image: k8spatterns/random-generator:1.0
    name: random-generator
```

❶ ノードは3つより多いコアを持っている必要があるという（ノードの Label として表されています）、スケジューリングプロセスの対象になるための必須条件。

❷ この Label に対して一致させます。この例では、`numberCores` という Label の値が3より大きいすべてのノードが一致します。

❸ 重み付きのセレクタのリストとしての推奨条件。各ノードにおいて一致するセレクタの重みの合計が計算され、必須条件が満たされる限り最も重み付けが大きいノードが選択されます。

6.2.6　Pod アフィニティとアンチアフィニティ

　Pod アフィニティ（pod affinity）は、さらに強力なスケジューリングの方法であり、ノードセ

レクタが十分でない時に使用されるべきものです。ノードセレクタの仕組みを使うと、Label やフィールドが一致するのを条件に、どのノードで Pod を実行できるかを制限できるようになります。ただし、他の Pod と比較してどこに Pod を配置すべきかを制御する Pod 間の依存関係は表現できません。高可用性のために Pod を分散させたり、レイテンシを改善するために Pod を同じノードあるいは近くに配置したりといったことをどのように行うかを表現するには、Pod アフィニティとアンチアフィニティを使います。

ノードアフィニティはノード単位で動作しますが、Pod アフィニティはノード単位にとどまらず、ノード上ですでに動いている Pod を元にしてさまざまなトポロジレベルでのルールを表現できます。**例6-5** に例示したように、`topologyKey` フィールドと一致する Label を使って、ノード、ラック、クラウドプロバイダのゾーン、リージョンといった範囲に対するルールを組み合わせたよりきめ細かなルールを強制できます。

例6-5 Pod アフィニティが設定された Pod

```
apiVersion: v1
kind: Pod
metadata:
  name: random-generator
spec:
  affinity:
    podAffinity:
      requiredDuringSchedulingIgnoredDuringExecution:   ❶
      - labelSelector:                                  ❷
          matchLabels:
            confidential: high
        topologyKey: security-zone                      ❸
    podAntiAffinity:                                    ❹
      preferredDuringSchedulingIgnoredDuringExecution:  ❺
      - weight: 100
        podAffinityTerm:
          labelSelector:
            matchLabels:
              confidential: none
          topologyKey: kubernetes.io/hostname
  containers:
  - image: k8spatterns/random-generator:1.0
    name: random-generator
```

❶ ターゲットノードで動作中の他の Pod を考慮に入れた Pod 配置の必須ルール。

❷ 一緒に配置されるべき Pod を見つけるための Label セレクタ。

❸ `confidential=high` の Label がついた Pod が動作しているノードには、`security-zone` という Label がついている必要があります。ここで定義されている Pod は、同じ Label と値を持つノードにスケジュールされます。

❹ Pod が配置される**べきでない**ノードを見つけるためのアンチアフィニティルール。

❺ `confidential=none` の Label がついた Pod が動作しているノードには Pod は配置される

べきでない（が配置されることもあり得る）というルール。

ノードアフィニティと同じく、Pod アフィニティとアンチアフィニティにも必須条件 `requiredDuringSchedulingIgnoredDuringExecution` と推奨条件 `preferredDuringSchedulingIgnoredDuringExecution` があります。ここでもノードアフィニティと同じくフィールド名に `IgnoredDuringExecution` という接尾辞が将来の拡張のために付けられています。現時点では、ノードの Label が変更されてアフィニティルールが有効でなくなっても、Pod はそのまま動作し続けます[†3]。しかし将来は実行中の変更も考慮に加えられる可能性があります。

6.2.7　Topology Spread Constraint

　Pod アフィニティルールを使うと、1 つのトポロジに対して無制限の Pod の配置ができ、Pod アンチアフィニティを使うと、同じトポロジ内で一緒に Pod を一緒に配置しないようにできます。Topology Spread Constraint を使うと、クラスタ内に Pod を均一に分散するようきめ細かな制御ができ、クラスタ仕様の最適化やアプリケーションの高可用性が実現できます。

　では、Topology Spread Constraints がどのように役立つのかを理解するのに例を見てみましょう。2 つのレプリカを持つアプリケーションと、2 つのノードを持つクラスタがあるとしましょう。ダウンタイムや単一障害点を持つのを避けるため、Pod アンチアフィニティルールを使用して同じノードに両方の Pod が配置されないようにして、Pod を別々のノードに分散できます。このような設定は理に適ってはいますが、ローリングアップグレードを行おうとすると、Pod アンチアフィニティの制約があるため置き換え用の 3 番目の Pod が既存のノードに配置できないので、失敗してしまいます。ノードを追加するか、Deployment の戦略をローリングアップグレードではなく Recreate に変更する必要があるでしょう。Topology Spread Constraint は、クラスタのリソースが不足する時に均一でない Pod の配置をある程度許容する仕組みなので、このような場合にはよい解決策になり得ます。**例6-6** の例では、均一でない配置、具体的には 1 つの Pod までのズレを許容することで、ローリングデプロイ用の 3 番目の Pod を配置できるようにしています。

例6-6　Topology Spread Constraint を持った Pod

```
apiVersion: v1
kind: Pod
metadata:
  name: random-generator
  labels:
    app: bar
spec:
  topologySpreadConstraints:            ❶
  - maxSkew: 1                          ❷
    topologyKey: topology.kubernetes.io/zone  ❸
```

[†3] ただし、ノードの Label が変更され、スケジュールされていない Pod がノードアフィニティセレクタに一致するなら、その Pod はノードにスケジュールされます。

```
    whenUnsatisfiable: DoNotSchedule         ❹
    labelSelector:                           ❺
      matchLabels:
        app: bar
containers:
- image: k8spatterns/random-generator:1.0
  name: random-generator
```

❶ Pod のスペックの `topologySpreadConstraints` フィールドで、Topology Spread Constraints が定義されています。

❷ `maxSkew` は、トポロジ内でどの Pod が不均一に配置され得るかの程度の最大値を定義します。

❸ インフラの論理的な単位であるトポロジドメイン。`topologyKey` が同じ値なら同じトポロジ内にあると判断される、ノードの Label のキーです。

❹ `whenUnsatisfiable` フィールドでは、`maxSkew` が満たされない時にどんなアクションを取るべきかを定義します。`DoNotSchedule` は Pod のスケジュールをしないという必須条件で、`ScheduleAnyway` はクラスタの不均一を下げる方向でスケジュールの優先度をノードに付与する推奨条件です。

❺ `labelSelector` に一致する Pod はまとめられ、制約を満たすようその Pod を分散させる時に使用されます。

Topology Spread Constraint は、本書の執筆時点ではまだ進化を続けている機能です。はじめから利用可能なクラスタレベルの Topology Spread Constraints を使うことで、デフォルトの Kubernetes の Label を元にした一定の不均一を許容し、ノードアフィニティや（次の項で述べる）Taint のポリシーを優先させたり無視したりできます。

6.2.8　Taint と Toleration

Pod がどこにスケジュールされ、どこで実行され得るかを制御するさらに高度な機能は、Taint と Toleration です。ノードアフィニティは Pod からノードを選択できるようにする Pod の設定ですが、Taint と Toleration はその逆で、ノードに対してどの Pod がスケジュールされるべきかべきでないかをノードが制御できるようにするものです。**Taint** はノードの特性であり、設定されている場合、Pod がその Taint に対する Toleration を持っていない限り、その Pod はノードに対してスケジュールされません。つまり、Taint と Toleration はデフォルトではスケジューリングできないノードにスケジュールを許可するための**オプトイン**機能である一方、アフィニティルールはどのノードで実行するかを明示的に選択することで、選択していないノードを除外するための**オプトアウト**機能であると言えます。

Taint は、`kubectl taint nodes control-plane-node node-role.kubernetes.io/control-plane="true":NoSchedule` のように kubectl を使うことでノードに追加でき、このコマンドの場合結果は**例6-7**のようになります。一致する Toleration は、**例6-8**のように Pod に追加されます。**例6-7** の `taints` セクションにある `key` および `value` と、**例6-8** の `tolerations`

セクションが同じであることに注目して下さい。

例6-7　Taint のあるノード

```
apiVersion: v1
kind: Node
metadata:
  name: control-plane-node
spec:
  taints:                                              ❶
  - effect: NoSchedule
    key: node-role.kubernetes.io/control-plane
    value: "true"
```

❶ Pod がこの Taint を許容しない限りこのノードはスケジュール不可であるとします。

例6-8　ノードの Taint に対する Pod の Toleration

```
apiVersion: v1
kind: Pod
metadata:
  name: random-generator
spec:
  containers:
  - image: k8spatterns/random-generator:1.0
    name: random-generator
  tolerations:
  - key: node-role.kubernetes.io/control-plane         ❶
    operator: Exists
    effect: NoSchedule                                 ❷
```

❶ 許容される（スケジュールの対象となる）ノード、ここではキー `node-role.kubernetes.io/control-plane` を持つノード。本番用クラスタでは、コントロールプレーンノードにこの Pod がスケジュールされないよう、この Taint が設定されます。ただしこのような Toleration があっても、この Pod のコントロールプレーンノードへのインストールは許可されます。

❷ Taint に `NoSchedule` が設定されている時だけ許容します。このフィールドは、Toleration がどの場合にも適用されるなら空でも構いません。

Taint には、次の種類があります。

- ノードに対するスケジュールをしない絶対条件の Taint（`effect=NoSchedule`）
- ノードに対するスケジューリングをしないように試みる推奨条件の Taint（`effect=PreferNoSchedule`）
- すでにノードで動作中の Pod を停止できる Taint（`effect=NoExecute`）

Taint と Toleration は、特別な Pod の集合に専用のノードを持たせたり、問題のあるノードに

Taintを設定し、強制的にPodを停止するといった複雑なユースケースに使えます。

TaintやTolerationを使うことでアプリケーションの高可用性やパフォーマンスの要求に応じて配置を制御できますが、スケジューラに制限を加えすぎないようにしましょう。でないと、Podがスケジュールできる場所がなくなってしまい、使われないリソースが多く残ることになってしまいます。例えば、コンテナのリソース要求が厳密に設定されておらず、ノードが小さすぎるような場合には、ノードには使われないリソースが残ってしまうことになります。

図6-2には、他のコンテナに使用できるCPUが残っていないので、使用されていないメモリ4GBが残っているノードAがあります。リソース要求が小さいコンテナを作ることで、この状況を改善できる可能性があります。別の方法としては、ノードのでフラグメントを行い使用率を改善する、Kubernetesの**Descheduler**[†4]を使う方法があります。

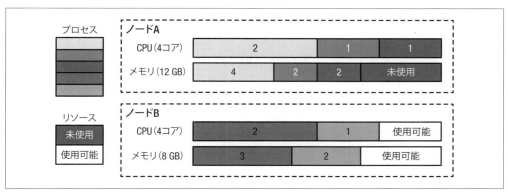

図6-2　ノードにスケジュールされたプロセスと使われていないリソース

Podがノードに割り当てられると、スケジューラの仕事は終わり、Podが削除されたりノードの割り当てなしに再作成されない限りその割り当ては変わりません。ここまで見たように、この仕組みだと時間が経つにつれてリソースのフラグメンテーションが発生し、クラスタリソースの使用率が下がってしまう可能性に繋がります。また別の問題は、Podがスケジュールされるその時点でのクラスタの状態を元にして、スケジューラは判断を下すということです。クラスタが動的で、ノードのリソースプロファイルが変化したり新しいノードが追加されても、スケジューラは過去のPodの配置を見直すわけではありません。ノードのキャパシティを変える場合はもとより、配置に影響を与えるノードのLabelを変更する場合もあるでしょう。しかしその場合でも過去の配置が見直されることはありません。

これらのケースはDeschedulerで対処できます。KubernetesのDeschedulerは、クラスタ管理者がPodを再スケジュールすることでクラスタを整理してデフラグを行うべきだと判断した場

---

†4 訳注：正式にはDeschedulerはKubernetesの機能の一部ではなく、スケジューリングに関するコンポーネントを扱うSIG-Schedulingのサブプロジェクトとして開発されています (https://github.com/kubernetes-sigs/descheduler)。

合に、通常は Job として実行されるオプション機能です。Descheduler には、有効・無効あるいはチューニングできる、事前定義されたポリシーがあります。

どのポリシーを使う場合でも、Descheduler は次の Pod は停止しないようにします。

- ノードまたはクラスタにとってクリティカルな Pod。
- ReplicaSet、Deployment、Job によって管理されていない Pod。これらの Pod は再作成できないため。
- DaemonSet によって管理されている Pod。
- ローカルストレージを持つ Pod。
- PodDisruptionBudget を持つ Pod。強制停止してしまうとルールを破ることになってしまうため。
- nil でない `DeletionTimestamp` フィールドが設定されている Pod。
- Descheduler の Pod 自身（自身をクリティカルな Pod として設定することで実現します）。

もちろん、Pod の強制停止の際にはまず最初に **Best-Effort**（ベストエフォート）、次に **Burstable**（バースト可能）、最後に **Guaranteed**（保証）の Pod を選ぶことで、Pod の QoS レベルを守ります。QoS レベルの詳細な説明については、「2 章 Predictable Demand（予想可能な需要）」を参照して下さい。

6.3 議論

Pod の配置は、ノードに対して Pod を割り当てる芸術です。複数の設定の組み合わせた時に何が起きるかを予測するのは難しいので、介入は最小限にとどめたいところでしょう。単純なシナリオでは、リソース制約に基づいて Pod をスケジューリングするので十分なはずです。「2 章 Predictable Demand（予想可能な需要）」のガイドラインに従ってコンテナが必要なリソースをすべて宣言していれば、スケジューラはその仕事をこなし、でき得る限り最適なノードに Pod を配置してくれます。

しかし、より現実的なシナリオにおいては、データの局所性、Pod を一緒に配置するかどうか、アプリケーションの高可用性、効率的なクラスタリソース使用などの制約を考慮して、Pod を特定のノードにスケジュールしたい場合もあるでしょう。そのような場合に、希望するデプロイトポロジにスケジューラを向かわせるための方法が複数存在します。

図 6-3 は、Kubernetes におけるスケジューリングテクニックの使い分けについての 1 つの考え方を示したものです。

Pod とノードの間の力関係と依存関係を特定するところから始めましょう（例えば、専用のハードウェア性能や、効率的なリソース使用など）。次のノードアフィニティ手法を使って希望するノードに Pod を配置する、あるいはアンチアフィニティ手法を使って希望しないノードに Pod を配置しないようにしましょう。

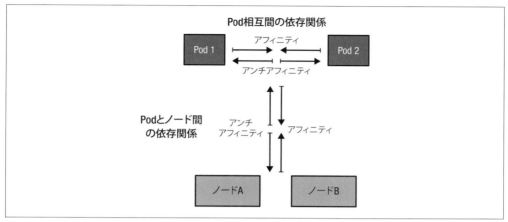

図6-3　Pod 相互間、または Pod とノード間の依存関係

nodeName

このフィールドは、Pod をノードに固定する最も単純な方法です。このフィールドは、手動のノード割り当てではなくポリシーによって動いているスケジューラによって理想的には設定されるべきです。この方法で Pod をノードに固定すると、Pod は他のノードにスケジューリングされなくなります。指定したノードでキャパシティが足りないか、ノードが存在しない場合、Pod は起動しません。これによって、アプリケーションを動かすノードを明示的に指定しなければならないという、Kubernetes が存在しなかった頃に戻ってしまいます。このフィールドを手動で設定するのは Kubernetes のベストプラクティスではなく、例外的にのみ使われるべきです。

nodeSelector

ノードセレクタは Label のマップです。Pod があるノード上で動かせるようになるため、ノード上で Label として表現されるキーバリューペアをその Pod が持っている必要があります。Pod とノードに何らかの意味のある Label を付けているなら（これはいずれにせよやることのはずですが）、ノードセレクタはスケジューラの選択を制御する最も単純なおすすめできる仕組みの1つです。

ノードアフィニティ

このルールは、手動のノード割り当て手法を改善し、きめ細かい制御ができる論理演算子と制約を使って Pod がノードに対する依存関係を宣言できるようにするものです。また、ノードアフィニティ制約の厳密さを制御する、スケジューリングの必須条件と推奨条件を設定できるようにします。

Taint と Toleration

Taint と Toleration を使うと、既存の Pod を変更せずにどの Pod がどのノードにスケ

ジュールされるべきか、されるべきでないかを制御できるようになります。デフォルトでは、ノードの Taint に対する Toleration が設定されていない Pod は拒否されるか、ノードから削除されます。Taint と Toleration の別の利点は、新しい Label のついた新しいノードを追加して Kubernetes クラスタを拡張しても、すべての Pod の Label を変更する必要はなく、その新しいノードに配置されるべき Pod だけに Label を付ければよいことです。

Pod とノード間の希望する関係を Kubernetes のやり方で表現したら、Pod 間の依存関係を特定しましょう。密結合されたアプリケーションの Pod を一緒に配置するため Pod アフィニティの手法を使い、Pod をノードに分散したり単一障害点を作らないために Pod アンチアフィニティを使いましょう。

Pod アフィニティとアンチアフィニティ

これらのルールによって、ノードではなく他の Pod に対する Pod の依存関係を元にスケジューリングできるようになります。アフィニティルールは、同じトポロジ内で低レイテンシやデータの局所性を目的として、複数の Pod から構成される密結合なアプリケーションスタックを一緒に配置する場合に役に立ちます。一方でアンチアフィニティルールは、単一障害点を避けるために障害ドメインをまたいでクラスタに Pod を分散させたり、リソースを多く使う Pod を同じノードに配置するのを避けることで、リソースの競合が起こらないようにできます。

Topology Spread Constraint

この機能を使うには、プラットフォームの管理者はノードに Label を付け、リージョン、ゾーン、その他のユーザが定義するドメインなどのトポロジに関する情報を提供する必要があります。それから、Pod の設定を作成しワークロードを生成する人は、内部のクラスタトポロジを理解し、Topology Spread Constraint を設定します。複数の Topology Spread Constraint を設定することもできますが、Pod を配置するにはそのすべてが満たされる必要があります。また、ノードアフィニティやノードセレクタと組み合わせることで均一に配置されるようにノードをフィルタすることも可能です。その場合、複数の Topology Spread Constraint は結果セットを別々に計算し、結果を AND で結合しますが、ノードアフィニティとノードセレクタを合わせた場合、ノード制約の結果をフィルタすることを覚えておいて下さい。

いくつかのシナリオにおいては、これらのスケジュール設定がどれもカスタムなスケジューリング要求を表現するのには柔軟性に欠けることもあるでしょう。その場合、スケジューラ設定をカスタマイズしたりチューニングしたりするだけでなく、あなた特有のニーズを理解するカスタムスケジューラを実装する必要があるかもしれません。

スケジューラチューニング

デフォルトスケジューラは、クラスタ内で新しい Pod をノードに対して配置するのに責任を追っており、うまくそれを実行します。しかし、フィルタリングと優先順位付けのフェーズにおけるステージを変更することは可能です。拡張点やプラグインを使用したこの仕組みは、全く新しいスケジューラを実装せずに小規模な変更を許容するために特に設計されたものです。

カスタムスケジューラ

これ以前の手法がどれも十分でないか、複雑なスケジューリングの要求事項があるなら、自分のカスタムスケジューラを書くことも可能です。カスタムスケジューラは、標準の Kubernetes スケジューラの代わりに、あるいはそれと一緒に動かせます。ハイブリッドな方法とは、標準の Kubernetes スケジューラがスケジューリングの判断をする際に最後の処理として呼び出す「スケジューラ拡張」プロセスを作るというものです。この方法だと、完全なスケジューラを実装するのではなく、ノードをフィルタリングして優先順位付する HTTP API を提供するだけで済みます。時前のスケジューラを持つことの利点は、ハードウェアコスト、ネットワークレイテンシ、よりよい使用率など Kubernetes の外側にある要素を Pod をノードに割り当てる際に考慮に加えられることです。また、デフォルトスケジューラと一緒に複数のカスタムスケジューラを使用し、それぞれの Pod にどのスケジューラを使うかを設定することもできます。各スケジューラは Pod のサブセット特有のポリシーの集合を持てます。

まとめると、Pod の配置を制御する方法はたくさんあり、最適な方法を選んだり、複数の方法を組み合わせるのは過大な負担になり得ます。この章で覚えるべきは、コンテナのリソースプロファイルを決めて宣言し、リソース使用量を元にしたスケジューリングの結果が最適になるよう Pod とノードに Label を付けよう、です。その結果希望したスケジューリングの結果が得られなかった場合、小さな変更を繰り返すことから始めましょう。ノードの依存関係、それから Pod 間の依存関係を表現するには、Kubernetes のスケジューラに対するポリシーベースの影響が最小限になるようにしましょう。

6.4 追加情報

- Automated Placement パターンのサンプルコード（https://oreil.ly/N-iAz）
- ノード上への Pod のスケジューリング（https://oreil.ly/QlbMB）
- スケジューラの設定（https://oreil.ly/iPbBT）
- Pod Topology Spread Constraints（https://oreil.ly/qkp60）
- 複数のスケジューラの設定（https://oreil.ly/appyT）
- Kubernetes の Descheduler（https://oreil.ly/4lPFX）

- Disruptions（https://oreil.ly/oNGSR）
- クリティカルな付属 Pod のスケジュールの保証（https://oreil.ly/w9tKY）
- Keep Your Kubernetes Cluster Balanced: The Secret to High Availability（Kubernetes クラスタのバランスを保つ: 高可用性の秘密、https://oreil.ly/_MODM）
- Advanced Kubernetes Pod to Node Scheduling（ノードに対する Kubernetes の Pod の高度なスケジューリング、https://oreil.ly/6Tog3）

第II部
振る舞いパターン

このカテゴリ内のパターンは、Podと管理プラットフォーム間の通信とやり取りに焦点を当てています。使用している管理コントローラの種類によって、Podは終了まで実行されたり、定期的に実行されるようスケジュールされたりします。デーモンとして実行されたり、レプリカに対する一意性を保証したりします。Kubernetes上でPodを実行するにはさまざまな方法がありますが、Podの適切な管理単位を選ぶには、その振る舞いを理解しておく必要があります。これ以降の章では、次のパターンを見ていきます。

- 「7章 Batch Job（バッチジョブ）」では、仕事のアトミックな単位をどのように分離し、完了までどのように実行するかを説明します。
- 「8章 Periodic Job（定期ジョブ）」では、ある仕事の単位を一時的なイベントによって実行開始する方法を説明します。
- 「9章 Daemon Service（デーモンサービス）」では、アプリケーションPodが配置される前に、インフラに焦点を当てたPodを特定のノード上で実行する方法を説明します。
- 「10章 Singleton Service（シングルトンサービス）」では、ある時点でサービスの1インスタンスのみが実行中であるようにしつつも高可用性を保つ方法を説明します。
- 「11章 Stateless Service（ステートレスサービス）」では、同じアプリケーションインスタンスを管理するのに使用する構成要素について説明します。
- 「12章 Stateful Service（ステートフルサービス）」では、Kubernetesでステートフルな分散アプリケーションを作成し管理する方法を説明します。
- 「13章 Service Discovery（サービスディスカバリ）」では、提供するサービスのインスタンスをクライアントサービスがどのように発見し利用するのかを説明します。
- 「14章 Self Awareness（セルフアウェアネス）」では、アプリケーションの自己分析とメタデータの注入の仕組みについて説明します。

7章
Batch Job（バッチジョブ）

Batch Job（バッチジョブ）パターンは、分離された仕事のアトミックな単位を管理するのに適しています。このパターンは、分散環境において一時的な Pod を信頼性高くその完了まで実行する方法である Job リソースを基礎としています。

7.1 問題

Kubernetes においてコンテナを管理し実行する基本単位は Pod です。さまざまな特徴に対応して、さまざまな Pod 作成方法があります。

ベア Pod（Bare Pod）
　コンテナを動かすために手動で Pod を作成できます。しかし、このような Pod が動作しているノードで障害が起きると、その Pod は再起動されません。この方法で Pod を動かすのは、開発あるいはテスト目的以外では推奨されません。この仕組みは、**管理されていない Pod**（unmanaged pods）あるいは**裸の Pod**（naked pods）とも呼ばれます。

ReplicaSet
　このコントローラは、継続的に動作することが期待される Pod（Web サーバコンテナを動かすなど）のライフサイクルを作成し、管理するために使われます。ReplicaSet はある時点で Pod の安定したレプリカが動作しているようにし、同じ Pod が一定の数使用可能であることを保証するものです。ReplicaSet については「11 章 Stateless Service（ステートレスサービス）」で詳しく説明します。

DaemonSet
　このコントローラは、各ノードで Pod を 1 つ実行し、監視、ログアグリゲーション、ストレージコンテナなどのプラットフォームの機能を管理するのに使われます。詳しい説明は「9 章 Daemon Service（デーモンサービス）」を参照して下さい。

これらの Pod で共通しているのは、一定の時間が経過した後に停止することを意図していない、

長期にわたって動作するプロセスを表していることです。しかし、事前に定義された仕事の有限の単位を信頼性高く実行し、その後コンテナをシャットダウンする必要があるケースもあります。このようなタスクに対して Kubernetes は、Job リソースを提供しています。

7.2　解決策

　Kubernetes の Job は、1 つ以上の Pod を作成し、それが正しく実行するようにしてくれるという点で ReplicaSet と似ています。しかし、期待される数の Pod が正常に終了したら、Job は終わったと判断され、追加の Pod は起動されないという点が違います。Job の定義は**例 7-1** のようになります。

例 7-1　Job の定義

```
apiVersion: batch/v1
kind: Job
metadata:
  name: random-generator
spec:
  completions: 5                    ❶
  parallelism: 2                    ❷
  ttlSecondsAfterFinished: 300      ❸
  template:
    metadata:
      name: random-generator
    spec:
      restartPolicy: OnFailure      ❹
      containers:
      - image: k8spatterns/random-generator:1.0
        name: random-generator
        command: [ "java", "RandomRunner", "/numbers.txt", "10000" ]
```

❶　Job は完了までに 5 つの Pod を実行し、すべてが成功する必要があります。

❷　2 つの Pod が並列に実行できます。

❸　Pod をガベージコレクションする前に 5 分待ちます。

❹　`restartPolicy` の設定は Job には必須です。`OnFailure` または `Never` の値をとります。

　Job と ReplicaSet の定義の重大な違いの 1 つは、`.spec.template.spec.restartPolicy` です。ReplicaSet のデフォルト値は `Always` であり、常に動き続ける必要がある長期にわたって動作するプロセスなので、これは当然です。Job に `Always` を設定することはできず、`OnFailure` または `Never` のみが設定可能です。

　では、1 度きりの Pod を実行するのにベア Pod ではなく Job を作るのはなぜでしょうか。Job を使った方が望ましいと言える、たくさんの信頼性あるいはスケーラビリティ上の利点があります。

- Job は一時的なインメモリタスクではなく、クラスタの再起動でも生き延びられる永続化されたものです。
- Job は完了しても削除されず、追跡のために残されます。Job の一部として作られた Pod も削除されず、調査（コンテナログの確認など）のためになら使用できます。これはベア Pod でも同じですが、`restartPolicy: OnFailure` を設定していた時に限ります。なお、`.spec.ttlSecondsAfterFinished` を設定することで、Job の中の Pod が一定時間後に削除されるようにもできます。
- Job は複数回実行できます。`.spec.completions` フィールドを使うことで、Job が完了するまでに Pod が何回成功するべきかを設定できます。
- Job が複数回成功する必要があるときは、複数の Pod を同時に起動することでスケールして実行することも可能です。これは、`.spec.parallelism` フィールドを設定して行います。
- `.spec.suspend` を `true` に設定することで、Job を一時停止できます。この場合、実行中のすべての Pod は削除され、Job が再開された時（つまりユーザが `.spec.suspended` が `false` にした時）に再始動されます。
- ノードで障害が起きるか、Pod が実行中に何らかの理由で停止されたら、スケジューラは新しい正常なノードに Pod を配置し、再実行します。ベア Pod の場合、既存の Pod が他のノードに映されることはないので、失敗状態のまま残ってしまいます。

これらの利点があることから、仕事の単位を完了させるのに保証が必要なシナリオにおいて、Job リソースが魅力的な選択肢になります。

次の 2 つのフィールドが、Job の振る舞いを決める主要な役割を担います。

`.spec.completions`
　　Job を完了させるのにいくつの Pod を動かすべきかを設定します。

`.spec.parallelism`
　　Pod レプリカがいくつ並列に動けるかを設定します。大きな値を設定しても、高い並列性が保証されるわけではなく、Pod の実際の数は期待した数字よりも小さい（いくつかの稀なケースでは大きい）可能性があります（例えば、スロットリング、リソース制限、完了までの数が少ないなどの理由）。この値を 0 にすると、Job は実質的に一時的に止まります。

図7-1 は、completions を 5 に、parallelism を 2 にした**例7-1** の Job がどのように定義されるかを示したものです。

この 2 つのパラメータによって、次の種類の Job があります。

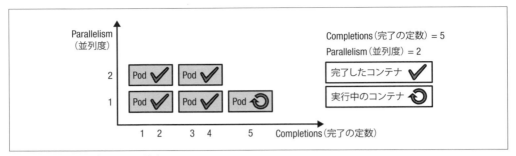

図7-1 完了数が固定された並列バッチ Job

Pod が 1 つの Job（single Pod Jobs）

このタイプは、`.spec.completions` と `.spec.parallelism` の両方を設定しないか、デフォルトの 1 にした場合に選択されます。このような Job は、1 つの Pod のみを起動し、その Pod が正常に終了（終了コード 0）したら完了となります。

完了数が固定された Job（fixed completion count Jobs）

完了数が固定された Job では、`.spec.completions` の値を完了する必要がある数に設定する必要があります。`.spec.parallelism` は設定しても、しなくてもよく、設定しない場合はデフォルトの 1 になります。このような Job は、`.spec.completions` の数の Pod が正常に終了したら完了とみなされます。例7-1 はこの設定を実際に表したもので、ワークアイテム（仕事の単位）の数が事前に分かっており、1 つのワークアイテムを 1 つの専用 Pod で処理するコストが妥当な範囲に収まる時に最適な方法です。

ワークキュー Job（work queue Jobs）

ワークキュー Job では、`.spec.completions` を設定せず、`.spec.parallelism` の値を 1 より大きく設定します。ワークキュー Job は、最低 1 つの Pod が正常に終了し、他の Pod もすべて終了した時点で完了とみなされます。この設定では、協力して仕事を終わらせられるよう、Pod がお互いに調整を行い、それぞれが何の作業をするかを決める必要があります。例えば、数は決まっているが未知の数のワークアイテムがキューに保存されている時、Pod が並列にこのワークアイテムを処理するために 1 つずつ取り出していきます。キューが空になったことを最初に検知して正常に終了した Pod が、Job の完了を表します。Job コントローラは他の Pod が完了するのを待ちます。1 つの Pod は複数のワークアイテムを処理するので、この Job タイプはワークアイテムが細かい時、つまりワークアイテムごとに Pod を 1 つ使うにはコストがかかりすぎる時に優れた選択になります。

インデックス付き Job（indexed Jobs）

ワークキュー Job と同じように、外部のワークキューを持たずにワークアイテムを独立した Job に分散できます。完了数を固定せず、完了モード `.spec.completionMode`

を `Indexed` に設定すると、Job の各 Pod には 0 から `.spec.completions - 1` までの数字（インデックス）が関連付けられます。このインデックスは、Pod の Annotation `batch.kubernetes.io/job-completion-index`（コードから Annotation へアクセスする方法については「14 章 Self Awareness（セルフアウェアネス）」を参照）や、Pod に付けられたインデックスが設定された環境変数 `JOB_COMPLETION_INDEX` を通じてコンテナから参照できます。このインデックスがあることで、アプリケーションは外部的な同期の仕組みがなくても、関連付けられたワークアイテムを選び取ることができます。**例7-2** は、1 つのファイルの各行を別々の Pod で独立に処理する Job を示したものです。より現実的には、関連付けられたインデックスを元に Pod が並列にそれぞれのフレーム範囲を処理するといったビデオ処理にインデックス付き Job を使うといった例があります。

例 7-2　ジョブインデックスを使ってワークアイテムを選択するインデックス付き Job

```
apiVersion: batch/v1
kind: Job
metadata:
  name: file-split
spec:
  completionMode: Indexed        ❶
  completions: 5                 ❷
  parallelism: 5
  template:
    metadata:
      name: file-split
    spec:
      containers:
      - image: alpine
        name: split
        command:                 ❸
        - "sh"
        - "-c"
        - |
          start=$(expr $JOB_COMPLETION_INDEX \* 10000)          ❹
          end=$(expr $JOB_COMPLETION_INDEX \* 10000 + 10000)
          awk "NR>=$start && NR<$end" /logs/random.log \        ❺
              > /logs/random-$JOB_COMPLETION_INDEX.txt
        volumeMounts:
        - mountPath: /logs       ❻
          name: log-volume
      restartPolicy: OnFailure
```

❶ Indexed 完了モードを有効化します。

❷ 完了まで 5 つの Pod を並列に実行します。

❸ /logs/random.log から行の範囲を出力するシェルスクリプトを実行します。このファイルは 5 万行のデータを持つとします。

❹ 最初と最後の行を計算します。

❺ 行数の範囲を出力するのに awk を使います（NR は、awk がファイルを順次見ていくときの内部的な行数）。

❻ 入力データを持つ外部ボリュームをマウントします。ボリュームの定義はここでは省略します。動作可能な実際の定義はサンプルリポジトリ（https://oreil.ly/PkVF0）にあります。

仕事を分割する

ここまで見てきたように、多数のワークアイテムを少ないワーカ Pod で処理するには複数の方法があります。**ワークキュー Job** は、未知の数だけれど有限のワークアイテムの集合を処理できますが、ワークアイテムを提供する外部システムからのサポートが必要です。このような場合、その外部システムはある仕事を適切なサイズのワークアイテムに先に分割しておくことで、ワーカ Pod がそれらを処理し、残りのワークアイテムがなくなった時には停止せざるをえない状況にできます。また、外部のワークキューに依存せずに仕事を自分で分割し、各 Pod がタスク全体の一部分を個別に処理できるようにする必要がある**インデックス付き Job** を使う方法もあります。各 Pod はそれぞれの ID（環境変数 JOB_COMPLETION_INDEX で提供されます）、ワーカの総数、仕事全体のサイズ（処理するムービーファイルのサイズなど）を知っている必要があります。残念ながら、Job のアプリケーションコードからはインデックス付き Job のワーカの総数（.spec.completions に設定された値）を知ることはできません。したがって、JOB_COMPLETION_TOTAL のような環境変数があれば仕事を動的に分割するのに便利なはずですが、これは 2023 年時点ではサポートされていません。これに対しては 2 つの解決策があります。

- Job に対して動作する Pod の総数についての情報をアプリケーションコードにハードコードします。例7-2 のような単純な例ではこれで動作するはずですが、一般的には不完全な方法であると言えます。コンテナ内のコードを Kubernetes での宣言に紐づけてしまうので、Job の定義の中で完了数を変更しようとすると、その完了数を使った Job のロジックを含む新しいコンテナイメージも作る必要があります。
- アプリケーションコードから .spec.completions にアクセスするには、その値を環境変数にコピーするか、Job のテンプレート設定でコンテナコマンドに引数として値を渡すことになります。しかし完了数を変更しようとすると、Job の宣言を 2 箇所更新する必要があります。

Kubernetes がデフォルトで環境変数として .spec.completions の値を提供するべきかどうかという議論が、Kubernetes コミュニティ内で行われてきました（https://oreil.ly/z7XV7）。この方法の主な懸念としては、環境変数は実行時には変更できず、将来的にサイズ変更可能な Job のサポートが困難になる可能性があることです。そのような経緯から、JOB_COMPLETION_TOTAL 環境変数は Kubernetes バージョン 1.26 までサポート

> されていません†1。

処理すべきワークアイテムが無限にある時は、そのワークアイテムを処理する Pod の管理には、ReplicaSet のような別のコントローラがよりよい選択肢になります。

7.3 議論

Job の抽象化はごく基本的なものですが、CronJob など他の構成要素の基礎となる構成要素でもあります。Job は、分割された仕事の単位を、信頼性の高いスケーラブルな実行単位に変えるのに役立ちます。しかし Job を使っても、独立して処理できるワークアイテムを Job や Pod にどのように割り当てるかまでは決めてくれません。それは、作業を割り当てるそれぞれの方法の利点欠点を考慮した上で、自分で決める必要があります。

ワークアイテムごとに 1 つの Job
　この方法は、Kubernetes Job を作成するオーバヘッドがあり、プラットフォームがリソースを消費するたくさんの Job を管理する必要があることを意味します。この方法は各ワークアイテムが独立に記録され、追跡され、スケールされる必要がある複雑なタスクに役立ちます。

すべてのワークアイテムに 1 つの Job
　この方法は、独立してプラットフォームに追跡されたり管理されたりする必要がないたくさんのワークアイテムに適しています。このような場合、ワークアイテムはアプリケーション内あるいはバッチフレームワークによって管理される必要があります。

Job は、ワークアイテムをスケジュールするのにはごく最低限の基本的な部分しか提供しません。希望する結果を実現するには、複雑な実装部分は Job とバッチアプリケーションフレームワーク（例えば Java エコシステムでは、Spring Batch や JBeret が標準的な実装です）を組み合わせる必要があります。

すべてのサービスが常に動作している必要はありません。あるサービスはオンデマンドで動作し、あるサービスは特定の時間、あるサービスは定期的に実行されます。Job を使うと、必要な時だけ、タスクの実行中だけ Pod を実行できます。Job は必要なキャパシティがあり、Pod の配置ポリシーを満たし、それ以外のコンテナ依存関係を考慮に入れたノードにスケジュールされます。短期的なタスクに対して長期的に動かす前提の抽象化の仕組み（ReplicaSet など）ではなく Job を使うことで、プラットフォーム上のリソースを他のワークロードに残しておけます。これらの特

---

†1 訳注：このコラムが書かれた直後、Kubernetes バージョン 1.27 からベータ機能として、`.spec.completions` と `.spec.parallelism` を一致させる前提で、`.spec.completions` を変更できるようになりました（https://bit.ly/4eK13yG）。

徴が Job をユニークな構成要素にしており、また、Kubernetes をさまざまなワークロードをサポートするプラットフォームにしてくれているのです。

7.4 追加情報

- Batch Job パターンのサンプルコード（https://oreil.ly/PkVF0）
- Jobs（https://oreil.ly/I2Xum）
- Expansion を使った並列処理（https://oreil.ly/mNmhN）
- ワークキューを使った荒い並列処理（https://oreil.ly/W5aqH）
- ワークキューを使ったきめ細かな並列処理（https://oreil.ly/-8FBt）
- 静的な処理の割り当てを使用した並列処理のためのインデックス付き Job（https://oreil.ly/2B2Nn）
- Spring Batch on Kubernetes: Efficient Batch Processing at Scale（Kubernetes 上の Spring Batch: スケールする効率的なバッチ処理、https://oreil.ly/8dLDo）
- JBeret Introduction（https://oreil.ly/YyYxy）

8章
Periodic Job（定期ジョブ）

Periodic Job（定期ジョブ）パターンは、時間の概念を取り入れ、一時的なイベントによって仕事の 1 単位の処理を開始できるようにすることで、**Batch Job** パターンを拡張したものです。

8.1 問題

分散システムとマイクロサービスの世界では、アプリケーション間の通信には、HTTP と軽量メッセージングを使ったリアルタイムでイベント駆動な仕組みを使うという明らかな傾向が見られます。しかし、ソフトウェア開発の最新のトレンドとは関係なく、ジョブスケジューリングには長い歴史があり、今も有効な手段です。定期ジョブはシステムメンテナンスや管理タスクの自動化に広く使われています。また、特定のタスクを定期的に実行するビジネスアプリケーションにも使われています。代表的な例としては、ファイル転送を通じたビジネス間の連結、データベースポーリングを通じたアプリケーションの統合、ニュースレター E メールの送信、古いファイルの整理とアーカイブなどがあります。

システムメンテナンスの目的での定期ジョブを扱う伝統的な方法としては、専門のスケジューリングソフトウェアか cron を使ってきました。しかし、専門ソフトウェアは単純なユースケースには高価すぎ、単一のサーバ上で動く cron ジョブはメンテナンスが難しい上に単一障害点になってしまいます。これが、スケジューリングと実行されるべきビジネスロジックの両方を扱える方法を開発者がよく実装してしまいがちな理由です。例えば Java の世界では、一時的なタスクを実行するのに Quartz、Spring Batch、`ScheduledThreadPoolExecutor` クラスを使ったカスタム実装などの方法があります。しかし cron と同じくこの方法の主な難しい点は、スケジューリングの機能に回復力を持たせ可用性を高めるためリソース使用量が増えてしまうことです。またこの方法だと、時刻ベースのスケジューラはアプリケーションの一部なので、このスケジューラの可用性を高めるにはアプリケーション全体の可用性を高める必要があります。これを実現するには通常、複数のアプリケーションインスタンスを動かしつつ、ある時点ではそのうちの 1 つのインスタンスだけがアクティブであるというジョブをスケジュールする仕組みを使うことになり、リーダ選出などの分散システムにおける課題が関連してきます。

そうすると、1 日にいくつかのファイルをコピーするだけの単純なサービスが、複数のノード、

分散リーダ選出の仕組み、その他いろいろを持つ仕組みに行き着いてしまいます。Kubernetes の CronJob 実装は、よく知られた cron フォーマットで Job リソースをスケジューリングし、開発者が一時的なスケジュールの仕組みではなく実行すべき仕事の実装だけに集中できるようにすることで、この問題を解決します。

8.2　解決策

「7 章　Batch Job（バッチジョブ）」では、Kubernetes の Job のユースケースと機能について見ました。CronJob は Job の上に構築されたものなので、Job のユースケースと機能はそのままこの章にも当てはまります。CronJob インスタンスは Unix の crontab（cron table）のエントリ 1 つと近いもので、Job の一時的な性質を管理します。CronJob によって、Job を指定した時間に定期的に実行できます。**例 8-1** はその定義例です。

例 8-1　CronJob リソース

```
apiVersion: batch/v1
kind: CronJob
metadata:
  name: random-generator
spec:
  schedule: "*/3 * * * *"         ❶
  jobTemplate:
    spec:
      template:                   ❷
        spec:
          containers:
          - image: k8spatterns/random-generator:1.0
            name: random-generator
            command: [ "java", "RandomRunner", "/numbers.txt", "10000" ]
          restartPolicy: OnFailure
```

❶　3 分ごとに実行するという cron 設定。

❷　通常の Job と同じ仕様の Job テンプレート。

Job の定義に加え、CronJob は一時的な性質を定義するための追加フィールドがあります[†1]。

.spec.schedule
　　Job をスケジュールする設定のための crontab エントリ（1 時間ごとに実行するなら 0 * * * * など）。@daily や @hourly といったショートカットも使用可能です。使用可能なオプションについては CronJob のドキュメント（https://oreil.ly/Qc3TA）を参照して下さい。

[†1]　訳注：これ以外にも Kubernetes 1.27 から、.spec.timeZone でタイムゾーンが指定できるようになりました（https://bit.ly/3W3aEJE）。

`.spec.startingDeadlineSeconds`
  スケジュールされた時間に実行できなかった時、Job を開始するまでの時間（秒）。決められた時間内にタスクが実行される必要があり、遅れると役に立たないというケースもあります。例えば、計算リソースが不足したり依存関係が見つからないため、Job が希望の時刻に実行されないなら、処理すべきデータはすでに古くなっていると考えられるので、実行をしない方がいいかもしれません。ただし、Kubernetes は Job のステータスを 10 秒ごとにしかチェックしないので、10 秒よりも短い時間に設定しないようにしましょう。

`.spec.concurrencyPolicy`
  同じ CronJob で作成された Job の並列実行の管理方法を設定します。デフォルトの振る舞いである `Allow` は、前の Job がまだ完了していなくても新しい Job インスタンスを作成します。これが希望する振る舞いでないなら、`Forbid` に設定することで現在の Job が完了していない時に次の実行をスキップできます。あるいは、`Replace` に設定すると現在実行中の Job をキャンセルして新しいインスタンスを起動します。

`.spec.suspend`
  すでに開始された処理に影響を与えず、今後のすべての実行を中止することを表すフィールドです。これは新しい Job の起動が中止されるのであって、Job の実行を中断する設定である Job の `.spec.suspend` とは違う点に注意して下さい。

`.spec.successfulJobsHistoryLimit` と `.spec.failedJobHistoryLimit`
  監査のため、完了あるいは失敗した Job をいくつ保存するかを指定するフィールドです。

CronJob は非常に特化された構成要素であり、仕事の 1 単位が一時的な性質を持っている時だけ使用可能なものです。CronJob は汎用的な構成要素ではありませんが、Kubernetes のある機能が他の Kubernetes の機能の上にどのように作られるのかを示す素晴らしい例であると共に、クラウドネイティブではないユースケースもサポートしている例でもあります。

8.3　議論

見てのとおり CronJob は、既存の Job 定義に対してクラスタ化された cron に似た振る舞いを追加する、比較的単純な構成要素です。しかし、Pod のような他の構成要素、コンテナリソースの分離、「6 章 Automated Placement（自動的な配置）」や「4 章 Health Probe」で説明したような他の Kubernetes の機能と組み合わせることによって、CronJob は非常に強力なジョブスケジューリングシステムになり得ます。これによって開発者は、問題のドメインに焦点を当てることができ、実行すべきビジネスロジックのみに責任を負うコンテナ化されたアプリケーションを実装できるようになります。このスケジューリングの仕組みはアプリケーションの外でプラットフォームの一部として実行されるので、そのプラットフォームの高可用性、回復力、キャパシティ、ポリ

シー駆動の Pod の配置などの利点をそのまま活かせます。もちろん CronJob コンテナを実装する際は、Job の実装と同じように、複数回実行されたり、実行されなかったり、並列実行されたり、キャンセルされたりといった場合を考慮に入れたアプリケーションにする必要があります。

8.4　追加情報

- Periodic Job パターンのサンプルコード（https://oreil.ly/yINcj）
- CronJob（https://oreil.ly/9096p）
- Cron（https://oreil.ly/ZPavq）[†2]
- Crontab の仕様（https://oreil.ly/Oi3b5）
- Cron 設定ジェネレータ（https://oreil.ly/xYymj）[†3]

[†2] 訳注：英語版 Wikipedia の方が情報が詳細で豊富ですが、日本語 Wikipedia（https://ja.wikipedia.org/wiki/Cron）も英語版からの抜粋になっているので参考になります。

[†3] 訳注：日本語でも同様のツールが複数あるので検索してみるとよいでしょう。

9章
Daemon Service（デーモンサービス）

Daemon Service（デーモンサービス）パターンを使うと、目的のノードで優先度の高いインフラにフォーカスしたPodを配置して実行できます。この仕組みは、Kubernetesのプラットフォームの能力を拡張するため、主に管理者によってノードに特有のPodを動かすために使われます。

9.1　問題

ソフトウェアシステムにおけるデーモンという考え方は、さまざまなレベルで存在しています。OSレベルでの**デーモン**とはバックグラウンドプロセスとして長期にわたって動き、自己修復できるコンピュータプログラムのことです。Unixでのデーモンは、httpd、named、sshdなどのようにdで終わる名前になっています。別のOSではそれにあたる語として**サービス**（service）、**開始タスク**（started tasks）、**ゴーストジョブ**（ghost jobs）などが使われています。

これらのプログラムが何と呼ばれるかに関わらず共通した特徴は、プロセスとして動作し、モニタ、キーボード、マウスなどと通信することはなく、システム起動時に立ち上がることです。同じような考え方はアプリケーションレベルにもあります。例えばJava仮想マシンでのデーモンスレッドは、バックグラウンドで動作し、ユーザスレッドをサポートするサービスを提供します。これらのデーモンスレッドは優先度が低く、アプリケーションの動作に影響することなくバックグラウンドで動作し、ガベージコレクションや終了処理などのタスクを実行します。

Kubernetesにおける同様の考え方がDaemonSetです。Kubernetesは複数のノードにまたがる分散プラットフォームであり、その主なゴールはアプリケーションPodの管理であることを前提として、DaemonSetはクラスタノードで動作するPodとして表現され、クラスタの他の部分に対するバックグラウンド機能を提供します。

9.2　解決策

ReplicaSetとその先祖であるReplicationControllerは、一定の数のPodが動作しているようにする責任を持つ、制御構造です。これらのコントローラは、動作しているPodの一覧を継続的に監視し、実際に動いているPodの数が希望する数と一致するようにします。その点で、

9章　Daemon Service（デーモンサービス）

DaemonSet は同じような仕組みであり、決まった数の Pod が常に動作しているようにすることに責任を負っています。ただし、ReplicaSet と ReplicationController は、ノードの数とは関係なく、アプリケーションの高可用性に関する要件やユーザ負荷に応じて一定数の Pod を起動するものです。

一方で DaemonSet は、Pod インスタンスの数やそれをどこで実行すべきかの判断に、利用者による負荷は影響しません。DaemonSet の主な目的は、1 つの Pod を全ノードあるいは特定のノードで常に実行しておくことです。DaemonSet の定義がどのようになるか**例9-1**で見てみましょう。

例9-1　DaemonSet リソース

```
apiVersion: apps/v1
kind: DaemonSet
metadata:
  name: random-refresher
spec:
  selector:
    matchLabels:
      app: random-refresher
  template:
    metadata:
      labels:
        app: random-refresher
    spec:
      nodeSelector:               ❶
        feature: hw-rng
      containers:
      - image: k8spatterns/random-generator:1.0
        name: random-generator
        command: [ "java", "RandomRunner", "/numbers.txt", "10000", "30" ]
        volumeMounts:             ❷
        - mountPath: /host_dev
          name: devices
      volumes:
      - name: devices
        hostPath:                 ❸
          path: /dev
```

❶ Label `feature` が `hw-rng` に設定されているノードのみを使用。

❷ DaemonSet は、メンテナンスアクションを実行するためノードのファイルシステムの一部をマウントすることがよくあります。

❸ ノードのディレクトリに直接アクセスするための `hostPath`。

この振る舞いから、DaemonSet の主要な使い道は、クラスタストレージプロバイダ、ログ収集、メトリクスのエクスポータ、さらには kube-proxy のようなクラスタ全体で処理を行うような、インフラ関連のプロセスになります。DaemonSet と ReplicaSet の管理方法には多くの違いがあり

ますが、主なものは次のとおりです。

- デフォルトでは DaemonSet は各ノードに 1 つの Pod インスタンスを配置します。`nodeSelector` や `affinity` フィールドを使うことでこれを制御したり一部のノードのみに限定したりできます。
- DaemonSet によって作られた Pod には、`nodeName` がすでに付けられています。そのため、DaemonSet はコンテナを実行するのに Kubernetes スケジューラを必要としません。したがって、Kubernetes コンポーネントを動かしたり管理したりするのにも DaemonSet を使用できます。
- DaemonSet によって作られた Pod は、スケジューラが起動する前に動作できるので、ノードに Pod が配置される前に開始できることになります。
- スケジューラを必要としないので、DaemonSet コントローラはノードの `unschedulable` フィールドを無視します。
- DaemonSet によって作られた Pod では、`restartPolicy` は `Always` に設定するか未設定のままにしかできません。また、デフォルトは `Always` です。これは、Liveness Probe が失敗したらコンテナは停止され常に再起動されるようにするためです。
- DaemonSet によって管理されている Pod は、指定されたノード上でのみ実行される必要があり、そのため多くのコントローラから優先度の高い扱いを受けます。例えば、Descheduler はこのような Pod を停止しないようにしますし、クラスタオートスケーラは他の Pod と別扱いにします。

　DaemonSet の主なユースケースは、クラスタ内の特定のノードで、システムの重要な Pod を実行することです。DaemonSet コントローラは、Pod の設定の `nodeName` フィールドを設定して Pod を直接ノードに割り当てることで、対象となるすべてのノードが Pod のコピーを実行するようにします。この仕組みによって、DaemonSet の Pod はデフォルトスケジューラが起動する前にスケジュールされるので、ユーザによるスケジューラのカスタマイズ設定の適用から除外されます。この仕組みは、ノードに十分なリソースがあるなら問題なく動作し、他の Pod が配置される前に行われます。ノードに十分なリソースがない場合、DaemonSet コントローラはそのノードで Pod を作成できず、ノード上のリソースを解放する権利も持っていないので何もできません。このような DaemonSet コントローラとスケジューラの両方がスケジューリングロジックを持っているという重複は、メンテナンス上の課題になります。DaemonSet の実装は、アフィニティ、アンチアフィニティ、プリエンプションといったスケジューラの新しい機能の利点も活用できません。その結果、Kubernetes 1.17 以降のバージョンでは、DaemonSet は DaemonSet が管理する Pod に対して `nodeName` フィールドを設定するのではなく、`nodeAffinity` フィールドを設定することでスケジューリングにデフォルトスケジューラを使うようになりました。この変更によって、DaemonSet を動かすにはデフォルトスケジューラが必須の依存関係になりましたが、それによって DaemonSet でも Taint、Toleration、Pod 優先度、プリエンプションが使えるようになり、

リソース不足の際にも指定したノードで DaemonSet の Pod を動かす時の全体的なエクスペリエンスが向上しました。

通常、DaemonSet は全ノードあるいは一部のノードに 1 つの Pod を作成します。この仕組みを踏まえ、DaemonSet によって管理される Pod にアクセスするには複数の方法があります。

Service
DaemonSet と同じ Pod セレクタを持つ Service を作成し、その Service を使ってデーモン Pod にアクセスするといずれかのデーモン Pod にロードバランスされます。

DNS
DaemonSet と同じ Pod セレクタを持つヘッドレス Service を作成することで、すべての Pod の IP とポートを含む A レコードを DNS から取得します。

hostPort を持つノード IP
DaemonSet 内の Pod が `hostPort` を設定することで、ノードの IP アドレスと指定したポート経由でアクセスできるようになります。ノード IP、`hostPort` の組み合わせと `protocol` は一意である必要があるので、Pod がスケジュールされる場所は限定されます。

なお、DaemonSet の Pod のアプリケーションは、Pod の外にある既知の場所あるいはサービスに対してデータをプッシュできます。この場合利用者は DaemonSet の Pod に対してアクセスする必要はありません。

Static Pod

DaemonSet と似た方法でコンテナを動かすには、**Static Pod** の仕組みを使う方法があります。Kubernetes の API サーバと通信して Pod マニフェストを取得したりするのに加え、Kubelet はローカルディレクトリからリソースの定義を取得できます。この方法で定義された Pod は、Kubelet にのみ管理され、1 つのノードだけで動作します。API サービスはこの Pod を監視せず、コントローラもヘルスチェックもこの Pod に対しては動作しません。Kubelet はこのような Pod を監視して、問題があった場合は再起動します。また、Kubelet は Pod の定義に変更がないか指定されたディレクトリを定期的にスキャンし、変更があった場合は Pod の追加や削除を行います。

Static Pod は、Kubernetes のシステムプロセスをコンテナ化したものや他のコンテナを切り出すのに使用できます。しかし、DaemonSet の方がプラットフォームの他の部分ともうまく統合されており、Static Pod より DaemonSet の方が推奨されます。

9.3　議論

全ノードでデーモンプロセスを動かすには他にも方法がありますが、どれも制限があります。Static Pod は Kubelet に管理され、Kubernetes の API では管理できません。ベア Pod（コントローラがない Pod）は、削除されたり停止されたら消えてしまい、ノード障害や停止を伴うノードのメンテナンスでも消えてしまいます。upstartd や systemd などの Init スクリプトは監視や管理のために別のツールチェーンが必要になり、アプリケーションのワークロードに使われる Kubernetes のツール群を利用できません。これらの点から、デーモンプロセスを動かすのに Kubernetes と DaemonSet を使うのが魅力的な選択肢であるというわけです。

この本では、パターンと Kubernetes の機能をプラットフォーム管理者ではなく主に開発者に向けて説明しています。DaemonSet はその中間あるいは管理者のツールに寄っているかもしれませんが、アプリケーション開発者にも関係あるのでここで取り上げました。DaemonSet と CronJob はまた、crontab やデーモンスクリプトのような 1 ノードで動く仕組みを、分散システムを管理するためのマルチノードでクラスタ化された構成要素に Kubernetes が変えてしまう完璧な例でもあります。その意味で、これらの仕組みは開発者が必ず知っておくべき新しい分散システムの考え方であると言えます。

9.4　追加情報

- Daemon Service パターンのサンプルコード（https://oreil.ly/_YRZc）
- DaemonSet（https://oreil.ly/62c3q）
- DaemonSet 上でローリングアップデートを実行する（https://oreil.ly/nTSbi）
- DaemonSets and Jobs（DaemonSet と Job、https://oreil.ly/CnHin）
- Static Pod を作成する（https://oreil.ly/yYHft）

10章
Singleton Service（シングルトンサービス）

Singleton Service（シングルトンサービス）パターンは、ある時点でアプリケーションのインスタンスが1つだけ動作しているようにしつつ、高可用性を保ってくれます。このパターンはアプリケーションからも実装できますし、Kubernetes に完全にそれを任せることもできます。

10.1　問題

　Kubernetes が提供する主な機能の1つが、簡単かつ透過的にアプリケーションをスケールできる能力です。Pod は `kubectl scale` のようなコマンド1つで命令的に、あるいは ReplicaSet のようなコントローラ定義を通じて宣言的に、はたまた「29章　Elastic Scale（エラスティックスケール）」で説明するようにアプリケーションの負荷に応じて動的にスケールできます。同じサービス（ここで言うサービスは Kubernetes の Service ではなく Pod として表現される分散アプリケーションのコンポーネント）の複数のインスタンスを動かすことで、システムのスループットと可用性は通常高まります。可用性が高まるのは、サービスの1インスタンスが正常でなくなった時、リクエスト割り当ての仕組みがそれ以降のリクエストを正常なインスタンスに転送するからです。Kubernetes において複数のインスタンスとは Pod のレプリカのことであり、Service リソースがリクエストの分散とロードバランシングに責任を持ちます。

　しかし、ある時点においてサービスのインスタンスは1つしか実行が許されない場合もあります。例えば、あるサービスに定期的に実行されるタスクがあり、そのサービスには複数のインスタンスがあるとしましょう。各インスタンスはそのタスクをスケジュールされた間隔で実行するので、タスクが1回だけ実行されて欲しい場合でも、複数回実行されてしまいます。また別の例として、何らかのリソース（ファイルシステムやデータベースなど）に対してポーリングを行うサービスがあり、そのポーリングとデータ処理を行うのは1つのインスタンス、あるいは1つのスレッドにのみであるようにしたい場合が挙げられます。3つめの例として、順番を保った状態でメッセージブローカからメッセージを受け取る際にシングルスレッドのコンシューマを使用する際も、シングルトンサービスが必要です。

　これらの例とその類似の状況では、ある時点でサービスのインスタンスがいくつ動作するか（通常は1つのみ）を制御する必要があり、かつその際いくつのインスタンスが起動されて動き続けて

いるかに関係なく高可用性も保つ必要があります。

10.2　解決策

同じPodの複数のレプリカを実行すると、サービスのすべてのインスタンスがアクティブな**アクティブ・アクティブ**トポロジ（active-active topology）が形成されます。ここで実現したいのは、1つのインスタンスだけが動作し、それ以外のインスタンスはパッシブ（スタンバイ）である**アクティブ・パッシブ**トポロジ（active-passive topology）です。この仕組みは原則的には、アプリケーション外のロック（out-of-application locking）とアプリケーション内のロック（in-application locking）という2つのレベルで実現されます。

10.2.1　アプリケーション外のロック

名前が示すようにこの仕組みは、アプリケーションのインスタンスが1つだけ動作しているようにしてくれるアプリケーション外の管理プロセスに依存するものです。アプリケーションの実装自体はこの制約には関知せず、シングルトンインスタンスとして動作します。この点では、管理ランタイム（Spring Framework など）によって1度だけインスタンス化される Java クラスと似ています。このクラスの実装は、それ自体がシングルトンとして実行されていることも、複数のインスタンスがインスタンス化されるのを防止するコードが含まれているかも知れません。

図10-1 は、StatefulSet と ReplicaSet コントローラの協力を得ながら1つのレプリカを使ってアプリケーション外のロックを実装する方法を示しています。

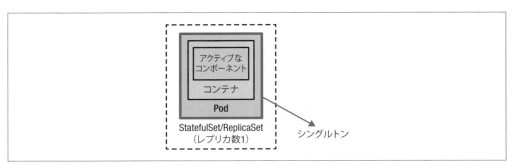

図10-1　アプリケーション外のロックの仕組み

Podを1台起動すれば、Kubernetes上でこの仕組みを実現できます。この動きだけでは、シングルトンPodの可用性を高く保つことはできません。ここでしなければならないのは、シングルトンPodを高可用性シングルトンに変えてくれるReplicaSetのようなコントローラを、このPodの後ろ盾とすることです。このトポロジは厳密には**アクティブ・パッシブ**とは言えませんが（パッシブインスタンスが存在しないため）、Kubernetesが常にPodが1つ動作しているようにしてくれるので、同じ効果があります。また、「4章　Health Probe」で説明したヘルスチェック

を実行し、Pod で障害があった時に回復してくれるコントローラのおかげで、この 1 つの Pod には高可用性があります。

　この方法で注意するべき重要な点は、レプリカの数であり、これはうっかりにでも変わってはいけないものです。このセクションでは PodDisruptionBudget を使いつつ意図的にレプリカの数を減らす方法を見ていきますが、レプリカ数が増えないようにする仕組みはプラットフォームレベルでは存在しません。

　インスタンスが常に 1 台しか動いていないというのは、いつも正しいというわけではありません。何らかの問題が発生した時はなおさらです。ReplicaSet のような Kubernetes の構成要素は一貫性よりも可用性を重視し、可用性が高くスケーラブルな分散システムが実現されるような意図的な判断を下します。つまり、ReplicaSet はそのレプリカ数に関して、「最大」何台、ではなく「最低」何台、という考え方をします。ReplicaSet がシングルトンになるように `replicas: 1` に設定した時、コントローラは最低 1 台が常に動作するようにしますが、場合によって複数台のインスタンスが動くこともあり得るわけです。

　例外的ケースのうちでもよくあるのは、コントローラに管理された Pod があるノードが正常でなくなり、Kubernetes クラスタから切り離された時に起こります。このシナリオで ReplicaSet コントローラは、切り離されたノード上の Pod がシャットダウンされていることを確認せずに、正常な（かつ十分容量がある）ノード上で別の Pod インスタンスを起動します。同じように、レプリカの数を変えたり Pod を別のノードに移動したりした時、Pod の数は希望した数よりも一時的に多くなることがあります。このような一時的な増加は、ステートレスでスケーラブルなアプリケーションに必要なこととして、高可用性を実現し、システム停止を避ける意図で行われます。

　シングルトンは回復性があり復活が可能ではありますが、可用性が高いように定義されているわけではありません。シングルトンは通常、可用性よりも一貫性を重視します。同様に可用性よりも一貫性を重視し、希望どおりの厳密なシングルトンの仕組みを提供する Kubernetes のリソースには、StatefulSet があります。ReplicaSet がアプリケーションにて対して期待する仕組みを提供してくれず、厳密なシングルトンの要求事項を満たしたいなら、StatefulSet はその答えになります。StatefulSet はステートフルなアプリケーションに使うことを意図しており、強力なシングルトンの仕組みを含む多くの機能を提供しますが、複雑性もその分大きくなります。「12 章 Stateful Service（ステートフルサービス）」では、シングルトンに関する問題点を議論しつつ StatefulSet の詳細を説明します。

　通常、Kubernetes の Pod で動くシングルトンアプリケーションは、メッセージブローカ、リレーショナルデータベース、ファイルサーバ、他の Pod や外部システムで動く他のシステムに対する通信は許可されています。しかし、シングルトン Pod に対するコネクションも許可する必要がある場合もあるでしょう。これを Kubernetes 上で許可するには、Service リソースを使用します。

　Kubernetes の Service についての詳細は「13 章 Service Discovery（サービスディスカバリ）」で説明しますが、ここではシングルトンに適用できる部分を簡単に議論しましょう。通常の Service（`type: ClusterIP`）は、仮想 IP を作成し、一致するセレクタを持つ Pod インスタンスのすべてに対してロードバランシングを行います。しかし、StatefulSet が管理しているシングル

トン Pod には Pod が 1 つしかなく、固定されたネットワークアイデンティティがあります。このような場合には**ヘッドレス Service**（headless Service、`type: ClusterIP` と `clusterIP: None` を設定）を作成するのがよいでしょう。これが**ヘッドレス**と呼ばれるのは、この Service には仮想 IP アドレスがなく、kube-proxy はこの Service に関知せず、プラットフォームはプロキシを行わないからです。

しかし、このような Service も役に立ちます。セレクタが付いているヘッドレス Service は、API サーバにエンドポイントレコードを作成し、一致する Pod に対する DNS の A レコードを作ります。これを使って、Service に対する DNS ルックアップはその仮想 IP ではなく、Pod の IP アドレスを返すようになります。これにより、Service の仮想 IP を使わず、Service の DNS レコードを使ってシングルトン Pod に直接アクセスできるようになります。例えば、`my-singleton` という名前のヘッドレス Service を作成したら、`my-singleton.default.svc.cluster.local` という名前で Pod の IP アドレスに直接アクセスできます。

まとめると、最低 1 台のインスタンスがあるという要求の厳格でないシングルトンであれば、1 台のレプリカを持つよう設定した ReplicaSet を定義すれば十分です。この設定は可用性を重視し、最大でも 1 つ（At-Most-One）のインスタンスが使用可能なようにし、いくつかの例外ケースでは複数のインスタンスが存在する場合があります。最大で 1 台のインスタンスという要求がある厳密なシングルトンで、かつ効率のよいサービスディスカバリが必要なら、StatefulSet とヘッドレス Service が望ましいでしょう。StatefulSet を使うと一貫性が重視され、最大でも 1 台のインスタンスが存在し、例外ケースにおいてはインスタンスが存在しない場合もあるように動きます。この仕組みの例は、シングルトンを作るのにはレプリカ数を 1 に設定する必要がある「12 章 Stateful Service（ステートフルサービス）」で取り上げます。

10.2.2　アプリケーション内のロック

分散環境においてサービスインスタンスの数を制御する方法の 1 つが、**図10-2** に示した分散ロックです。サービスインスタンスあるいはインスタンス内部のコンポーネントが有効になると、ロックを取得しようとします。ロックが取得できると、そのサービスは有効になります。それ以後に起動しロックの取得に失敗したサービスインスタンスは、ロック待ちになり、現在アクティブなサービスがロックを解放するまで繰り返しロックを取得しようとします。

今日の多くの分散フレームワークが、高可用性と回復力を持たせるためにこの仕組みを使用しています。例えば、メッセージブローカーである Apache ActiveMQ は、データソースが共有ロックを提供し、高い可用性を持つ**アクティブ・パッシブ**トポロジで動作します。最初に起動したブローカーインスタンスはロックを取得してアクティブになります。その後起動したインスタンスはパッシブになり、ロックがリリースされるのを待ちます。この戦略によって、障害に対して回復性を保ちつつアクティブなブローカが 1 台だけ存在している状態にできます。

オブジェクト指向の世界における**シングルトン**（Singleton）は、静的クラス変数に保存されるオブジェクトのインスタンスとして知られています。前述の戦略を、この標準的なシングルトンと比べてみましょう。この場合、クラスはシングルトンであることを知っており、同じプロセスに対

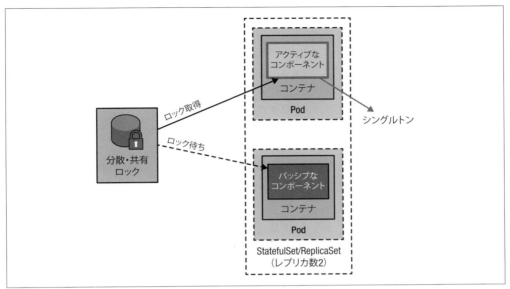

図10-2　アプリケーション内のロックの仕組み

して複数のインスタンスがインスタンス化されないように書かれます。分散システムにおいてこれは、Podインスタンスが何台起動したのかに関わらずある時点で複数のアクティブインスタンスが許されないよう、コンテナ化されたアプリケーション自体を作ることです。分散環境でこれを実現するには、Apache ZooKeeper、HashiCorp Consul、Redis、etcdなどが提供する分散ロックの仕組みが必要です。

　ZooKeeperの典型的な実装では、クライアントセッションがある間は存在し、セッションが削除されると削除されるような、エフェメラルノードを使います。最初に起動したサービスインスタンスがZooKeeper上でセッションを開始し、アクティブになるようエフェメラルノードを作成します。同じクラスタの他のすべてのサービスインスタンスはパッシブ状態になり、エフェメラルノードがリリースされるまで待つ必要があります。これが、ZooKeeperベースの実装がアクティブ・パッシブフェイルオーバの振る舞いをして、クラスタ全体でアクティブインスタンスが1台だけになるようにする仕組みです。

　Kubernetesの世界では、ロック機能のためだけにZooKeeperクラスタを管理する代わりに、メインノードで動作しており、KubernetesのAPIを通じてアクセスできるetcdの機能を使うのがよいでしょう。etcdは、複製されたステートを保持するのにRaftプロトコルを使用し、リーダ選出を実装するために必要な構成要素を提供してくれる、分散キーバリューストアです。例えばKubernetesは、ノードのハートビートやコンポーネントレベルのリーダ選出に使われるLeaseオブジェクトを提供しています。すべてのノードには一致する名前を持ったLeaseオブジェクトがあり、各ノードのKubeletはLeaseオブジェクトの`renewTime`フィールドを更新することでハートビートを動かし続けています。この情報は、ノードが使用可能かどうかを知るた

めに Kubernetes のコントロールプレーンによって使われています。Kubernetes の Lease は、kube-controller-manager や kube-scheduler のようなコントロールプレーンのコンポーネントが同時に 1 つだけアクティブで、それ以外のインスタンスがスタンバイであるようにすることで、クラスタデプロイメントに高い可用性を与えるのにも使われています。

別の例としては、同様にリーダ選出とシングルトンの機能を提供する Kubernetes コネクタを持つ Apache Camel があります。このコネクタはさらに高度で、etcd の API に直接アクセスする代わりに、分散ロックとして ConfigMap を利用するため Kubernetes API を使用します。この仕組みは、同時に ConfigMap を更新できるのは 1 つの Pod だけであると言った、リソースを編集する際の Kubernetes の楽観的ロックの仕組みに依存しています。Camel の実装はこの仕組みを使って、1 つの Camel ルートインスタンスのみがアクティブで、その他のインスタンスは待ち状態になり、アクティブ化する前にロックを取得しなければならないようにしています。これはロックのカスタム実装ですが、実現することは同じです。つまり、同じ Camel アプリケーションに複数の Pod が存在している時に、そのうちの 1 つだけがアクティブなシングルトンになり、その他はパッシブモードで待ち状態になるということです。

Singleton Service パターンのさらに汎用的な実装は、Dapr プロジェクトによって提供されています。Dapr の分散ロックの構成要素は、共有リソースに対する相互排他（mutually exclusive）なアクセスに対する、実装が差し替え可能な API を提供しています。この考え方は、ロックがアクセスを保証するリソースを各アプリケーションが決めるというものです。つまり、同じアプリケーションの複数のインスタンスが、共有リソースに排他的にアクセスするために名前付きのロックを使います。アプリケーションの他のインスタンスはロックを取得できず、ロックが解放されるかロックのタイムアウトが来るまでは共有リソースに対するアクセスは許可されません。このようなリースベースのロックの仕組みのおかげで、アプリケーションがロックを取得し、例外が発生してロックを解放できなくても、ロックはリースの仕組みによって一定時間後に自動的に解放されます。これによって、アプリケーションの障害時でもリソースのデッドロック発生を防止します。このような汎用的な分散ロック API の裏側では、Dapr がストレージとロック実装の一種を使うように設定されます。アプリケーションは、この API を使って共有リソースやアプリケーション内のシングルトンへのアクセスを実装できます。

Dapr、ZooKeeper、etcd、あるいはそれ以外の分散ロックの実装は、すでに述べた、アプリケーションの 1 つのインスタンスのみがリーダになって自分自身を有効化し、それ以外のインスタンスはパッシブとなりロックを待つという仕組みとほぼ同じです。これによって複数の Pod のレプリカが起動し、そのどれもが正常に動作している時でも、1 つのサービスのみがアクティブになり、シングルトンとしてビジネス機能を実行する一方で、他のインスタンスはリーダで障害が発生したりシャットダウンする場合に備えてロック取得を待つようになります。

10.2.3　Pod Disruption Budget

シングルトンサービスとリーダ選出が、サービスが同時に動かすインスタンスの最大数を制限しようとする仕組みなのに対して、Kubernetes の PodDisruptionBudget は補完的かつある意味で

逆の機能、つまり、メンテナンス時に同時にダウンできるインスタンス数を制限する機能を提供します。

根本的には PodDisruptionBudget とは、ある時点において一定の数あるいは比率の Pod が意図的に削除されないようにするものです。ここで言う**意図的な**（voluntarily）削除とは、一定時間遅らせられる削除のことです。例えば、ノードが正常でなくなってしまうと言った予測できず制御もできない場合ではなく、ノードのメンテナンス、アップグレード（kubectl drain）、クラスタのスケールダウンなどによってノードから Pod を排除することが原因の Pod の削除です。

例 10-1 の PodDisruptionBudget は、セレクタが一致する Pod に適用され、常に 2 台の Pod が使用可能になっているようにするものです。

例 10-1　PodDisruptionBudget

```
apiVersion: policy/v1
kind: PodDisruptionBudget
metadata:
  name: random-generator-pdb
spec:
  selector:
    matchLabels:            ❶
      app: random-generator
  minAvailable: 2           ❷
```

❶ 使用可能な Pod を数えるセレクタ。

❷ 最低でも 2 つの Pod が使用可能である必要があります。一致する Pod のうち 20% は削除されうるように設定するなら 80%、のようにパーセンテージを指定することもできます。

.spec.minAvailable に加えて、強制停止（eviction）後に使用不可能になるかもしれない Pod の数を設定する .spec.maxUnavailable もあります。.spec.minAvailable と同じように絶対数かパーセンテージを設定できますが、いくつかの制限事項があります。1 つの PodDisruptionBudget には .spec.minAvailable か .spec.maxUnavailable のどちらかのみを設定でき、ReplicaSet や StatefulSet のような関連付けられたコントローラを持つ Pod の強制停止のみを制御できます。コントローラに管理されていない Pod（**ベア Pod** や**裸の Pod** とも言います）には PodDisruptionBudget に関するまた別の制限事項を考える必要があります。

PodDisruptionBudget は、定数（quorum）を満たすために最低数のレプリカが常に動作している必要があるクォーラムベースのアプリケーションには便利なものです。あるいは、インスタンスの合計数が一定のパーセンテージ以下になってはならないクリティカルなトラフィックを扱うアプリケーションの場合もよいでしょう。

PodDisruptionBudget は、シングルトンの考え方においても役立ちます。例えば、maxUnavailable を 0 にするか、minAvailable を 100% に設定することで、故意に強制停止してしまうのを防止できます。あるワークロードに対して故意の強制停止ができないようにすると、その Pod は削除できなくなり、ノードからは永遠に排除されません。このようにすることで、計画

ダウンタイムの際、高可用性を持たない Pod を誤って強制停止してしまう前に、クラスタオペレータはシングルトンのワークロードのオーナーに連絡を取る必要があるというプロセスの 1 ステップを作れます。PodDisruptionBudget と組み合わせた StatefulSet とヘッドレス Service は、実行時のインスタンス数を制御するための Kubernetes の構成要素であり、この章で取り上げる価値のあるものです。

10.3　議論

あなたのユースケースにおいて強力なシングルトンを保証する仕組みが必要なら、ReplicaSet を使ったアプリケーション外のロックの仕組みに依存するべきではありません。Kubernetes の ReplicaSet は、Pod を最大でも 1 つ（At-Most-One）に保つのではなく、Pod の高可用性を保つように設計されています。そのため、短時間は Pod のコピーが 2 つ同時に動く障害シナリオが多数あり得ます（例えば、シングルトン Pod を動かすノードがクラスタから分離されてしまったことで削除されたように見える Pod インスタンスを新しい Pod で置き換える場合など）。これが許容できないのであれば、StatefulSet を使うか、強い保証があるリーダ選出プロセスを制御できるアプリケーション内のロックの仕組みを検討しましょう。アプリケーション内のロックを使うと、レプリカの数を変更することで誤って Pod をスケールしてしまうリスクも軽減できます。この仕組みと PodDisruptionBudget を組み合わせ、故意の削除やシングルトンのワークロードを止めてしまうことも防げます。

また、コンテナ化されたアプリケーションの一部のみをシングルトンにしたい場合もあるでしょう。例えば、複数のインスタンスにスケールできる HTTP エンドポイントを提供する一方、シングルトンとして実行される必要のあるポーリングコンポーネントを持つようなコンテナ化されたアプリケーションが考えられます。アプリケーション外のロックの方法を選べば、サービス全体をスケールしてしまうことを防げるでしょう。このような場合、デプロイ単位の中でシングルトンのコンポーネントを分けることでシングルトンのままにする（理想的ですが実際には現実的でなかったりオーバヘッドが無視できないケースもあります）か、アプリケーション内のロックの仕組みを使い、シングルトンでなければならないコンポーネントのみをロックする必要があります。これによってアプリケーション全体を透過的にスケールできるようになり、HTTP エンドポイントをスケールさせつつ、それ以外の部分を**アクティブ・パッシブ**なシングルトンにできます。

10.4　追加情報

- Singleton Service パターンのサンプルコード（https://oreil.ly/aGoPv）
- リース（https://oreil.ly/tb9aX）
- アプリケーションに Disruption Budget を設定する（https://oreil.ly/W1ABD）
- Go クライアントのリーダ選出の実装（https://oreil.ly/NU1aN）
- Dapr: Distributed Lock Overview（Dapr: 分散ロックの概要、https://oreil.ly/ES8Ve）

- Creating Clustered Singleton Services on Kubernetes（Kubernetes 上でクラスタ化されたシングルトンサービスを作る、https://oreil.ly/K8zI1）
- Akka: Kubernetes Lease（https://oreil.ly/tho5T）

11章
Stateless Service（ステートレスサービス）

Stateless Service（ステートレスサービス）パターンは、同一で短期間のみ動くレプリカから構成されるアプリケーションの作成と運用の方法を説明するものです。アプリケーションを迅速にスケールし、かつ可用性を高められる動的なクラウド環境に最適なのがこれらのアプリケーションです。

11.1　問題

マイクロサービスアーキテクチャスタイルは、全く新しいクラウドネイティブアプリケーションを実装するなら有力な選択肢になります。このアーキテクチャに影響力を持たせる原則には、1つのことだけを扱う、データの持ち方、うまくカプセル化されたデプロイの境界といったことが含まれます。通常このようなアプリケーションは、動的なクラウド環境において Kubernetes でアプリケーションを運用しやすくする原則である The Twelve Factor App（https://12factor.net/）にも従っています。

これらの原則に従うには、ビジネスドメインを理解し、サービス境界を明確にし、サービスの実装時にはドメイン駆動デザインを適用するか、類似の方法論を適用する必要があります。これ以外の原則も実装することで、サービスを短時間だけ動くものにすることもできるでしょう。つまり、サービスを作成し、スケールし、削除されると言う流れが副作用なく行えると言うことです。このような仕組みは、サービスがステートフルではなくステートレスな時には簡単に構築できます。

ステートレスなサービスは、サービスのやり取りをまたがってインスタンス内に一切のステート（state）の情報を保持しません。この本では、内部ストレージ（メモリや一時ファイルシステム）に、将来のリクエストを処理するのに必須な一切の情報をコンテナが保持しないなら、そのコンテナはステートレスであるとします。ステートレスなプロセスは、過去のリクエストについての知識や参照情報を保持しないので、各リクエストはゼロから始まっているように扱われます。もしプロセスがそのような情報を保存する必要があるなら、その情報はデータベース、メッセージキュー、マウントされたファイルシステム、あるいは他のインスタンスからアクセスできる別のデータストアに保存される必要があります。思考実験として、サービスのインスタンスが別のノードにデプロイされ、スティッキーセッション（クライアントとサービスインスタンス間の関係を固定しないこ

と）なしでインスタンスにリクエストをランダムに分散するロードバランサを考えてみるとよいでしょう。もしその構成においてサービスが目的を果たせるなら、それはステートレスサービスである可能性が高いです（あるいはデータグリッドのような、インスタンス間でステートを分散できる仕組みがある場合もあります）。

　ステートレスサービスは、外部の永続ストレージシステムにステート情報をオフロードする同一かつ置き換え可能なインスタンスから構成され、そのインスタンスにリクエストを分散するのにロードバランサを使用します。この章では、そのようなステートレスアプリケーションを運用するためには、Kubernetes のどの抽象化概念が役立つのかを見ていきます。

11.2　解決策

　「3 章　Declarative Deployment（宣言的デプロイ）」では、`RollingUpdate` と `Recreate` の戦略を使い、アプリケーションを次のバージョンへ更新する方法を制御するのに Deployment の考え方を使う方法を学びました。しかし、これは Deployment の更新に関する一面にすぎません。より広いレベルでは、Deployment はクラスタにデプロイされたアプリケーションを表していると言えます。Kubernetes には、最上位の概念として `Application` や `Container` という表現はありません。その代わりアプリケーションは、ConfigMap、Secret、Service、PersistentVolumeClaim などと組み合わされ、ReplicaSet、Deployment、StatefulSet のようなコントローラに管理される Pod の集まりとして構成されます。ステートレスな Pod を管理するのに使用されるコントローラは ReplicaSet ですが、これは Deployment によって使用される低いレベルの内部制御構造です。ステートレスなアプリケーションを作ったり更新したりするのに推奨される、ユーザから見える抽象化概念は Deployment であり、これはその背後で ReplicaSet を作成し、管理します。Deployment が提供する更新戦略が適切でないか、特別な仕組みが必要か、更新プロセスに対する制御が全く必要ない時にのみ、ReplicaSet を使用するべきです。

11.2.1　インスタンス

　ReplicaSet の主な目的は、ある時点において同一の Pod のレプリカが指定した数だけ動作しているのを保証することです。ReplicaSet の定義の主なセクションとしては、いくつの Pod を保持するかを表すレプリカ数、管理すべき Pod を識別するセレクタ、新しい Pod レプリカを作成するための Pod テンプレートがあります。例 11-1 に示したように、ReplicaSet は指定された Pod テンプレートを使い、希望するレプリカ数を保持するために必要に応じて Pod を作成したり削除したりします。

例 11-1　ステートレスな Pod の ReplicaSet 定義

```
apiVersion: apps/v1
kind: ReplicaSet
metadata:
```

```
    name: rg
    labels:
      app: random-generator
spec:
    replicas: 3                   ❶
    selector:                     ❷
      matchLabels:
        app: random-generator
    template:                     ❸
      metadata:
        labels:
          app: random-generator
      spec:
        containers:
        - name: random-generator
          image: k8spatterns/random-generator:1.0
```

❶ 動作させ続ける希望の Pod レプリカ数。
❷ 管理すべき Pod を特定する Label セレクタ。
❸ 新しい Pod を作成するデータを指定するテンプレート。

　テンプレートは、ReplicaSet が希望した数のレプリカを持つために新しい Pod を作る必要がある時に使われます。しかし、ReplicaSet はテンプレートによって指定された Pod を管理するだけではありません。ベア Pod にオーナーの指定がない（つまりコントローラに管理されていない）一方で、Label セレクタに一致するなら、オーナーの設定は更新され、そのベア Pod は ReplicaSet に取り込まれて管理されます。この仕組みにより、違った目的で作られた同一でない Pod の集合を ReplicaSet が持つことになり、宣言したレプリカ数を超える既存のベア Pod は停止されます。希望に反したこのような副作用を避けるため、ベア Pod には ReplicaSet のセレクタと一致する Label を持たせないようにすることをおすすめします。

　ReplicaSet を直接作るか Deployment を通じて作るかに関わらず、希望したのと同じ数の Pod レプリカが作成され、それが保持される、というのが最終的な結果です。Deployment を使うことで加わる利点は、「3 章 Declarative Deployment（宣言的デプロイ）」で説明したようにレプリカの更新とロールバックの方法を制御できるようになることです。また、「6 章 Automated Placement（自動的な配置）」で説明したポリシーに従って、使用可能なノードにレプリカがスケジュールされるようになります。ReplicaSet の仕事は、必要な時にコンテナを再起動し、レプリカの数が増えたり減ったりした時に、それに応じてスケールアウトしたりスケールインすることです。この振る舞いを通じて、Deployment と ReplicaSet はステートレスなアプリケーションのライフサイクル管理を自動化できるのです。

11.2.2　ネットワーク

　ReplicaSet が作った Pod は短命なものであり、リソース不足で Pod が停止されたり、Pod が実行されているノードで障害があったりするといつでも消えてしまう可能性があります。このよう

な場合、ReplicaSetは新しい名前、新しいホスト名、新しいIPアドレスの新しいPodを作成します。この章の始めに定義したようにアプリケーションがステートレスなら、新しいリクエストは他のPodが処理するのと同じように新しく作成されたPodでも処理されるはずです。

　コンテナ内のアプリケーションが、例えばリクエストを受け入れたりメッセージをポーリングするために他のシステムに接続する方法によっては、KubernetesのServiceが必要になるかもしれません。アプリケーションがメッセージブローカやデータベースへ外向きの接続を開始し、かつそれがデータを交換する唯一の方法であるなら、Kubernetes Serviceは不要です。しかしステートレスサービスは、HTTPやgRPCのような非同期のリクエスト・レスポンス駆動のプロトコルを介して他のサービスからアクセスされることの方が多いです。PodのIPアドレスはPodが再起動するたびに変わるので、サービスの利用者が使用できるKubernetes Serviceの永続的IPアドレスを使うのがよいでしょう。Kubernetes ServiceはServiceが存在する限り変わらない固定IPを持っていますし、クライアントからのリクエストは常にインスタンスにロードバランスされ、正常でリクエストを受け入れられるPodにルーティングされます。「13章 Service Discovery（サービスディスカバリ）」では別のタイプのKubernetes Serviceを説明します。**例11-2**では、クラスタ内でPodを内部的に他のPodに公開するために単純なServiceを使用しています。

例11-2　ステートレスサービスの公開

```
apiVersion: v1
kind: Service
metadata:
  name: random-generator       ❶
spec:
  selector:                    ❷
    app: random-generator
  ports:
  - port: 80
    targetPort: 8080
    protocol: TCP
```

❶　一致するPodに接続するのに使用するサービスの名前。
❷　ReplicaSetのPodのLabelに一致するセレクタ。

　この例の定義は、ポート80でTCP接続を許可し、その接続をセレクタ`app: random-generator`に一致するすべてのPodのポート8080にルートする、`random-generator`というServiceを作成します。Serviceは、作成されるとKubernetesクラスタ内だけからアクセスできる`clusterIP`が割り当てられ、そのIPはService定義が存在している限りは変更されません。この仕組みは、短命で変更されうるIPアドレスを持つすべての一致するPodに対する永続的なエントリポイントの役割を担います。

　なお、Deploymentとそれが作成するReplicaSetは、Labelセレクタに一致するステートレスPodの希望する数を維持することだけに責任を負っている点に注意して下さい。同じPodの集合、

あるいは異なる組み合わせの Pod にトラフィックを送る可能性のある他の Kubernetes Service については、Deployment と ReplicaSet は一切知りません。

11.2.3 ストレージ

どんなステート情報も持たず、各リクエストが提供するデータのみを元にリクエストを処理するステートレスサービスは、ほとんどありません。多くのステートレスサービスはステート情報を必要としますが、これらのサービスがステートレスである理由は、ステート情報をファイルシステムのような他のステートフルなシステムやデータストアにオフロードするからです。ReplicaSet によって作成されたかどうかに関わらず、あらゆる Pod はボリュームを通じてファイルストレージを宣言して使用できます。ステート情報を保存できるボリュームにはさまざまな種類があります。クラウドプロバイダ固有のストレージもありますし、マウント可能なネットワークストレージだったり、Pod が配置されたノードで使用できる共有ファイルシステムだったりします。このセクションでは、手動あるいは動的に設定される永続ストレージを使えるようにする persistentVolumeClaim を見ていきます。

PersistentVolume（PV）は、Kubernetes クラスタ内のストレージリソースの抽象化概念であり、それを使用する Pod のライフサイクルからは独立したライフサイクルを持っています。Pod は直接 PV を参照できるわけではありませんが、実際の永続ストレージを指す PersistentVolumeClaim（PVC）を使用することで、PV をリクエストし、バインドできます。このような間接的な接続方法により、関心の分離と、Pod ライフサイクルを PV からの分離が可能になります。Pod 定義を作成した開発者は、そのストレージを使うのに PVC を利用できます。このような間接化によって、Pod が削除されたとしても、PV の所有者は PVC に紐付いたままになり、存在し続けます。

例11-3 は、Pod テンプレート内で使用できるストレージの要求（claim）を表しています。

例11-3　PersistentVolume の要求

```
apiVersion: v1
kind: PersistentVolumeClaim
metadata:
  name: random-generator-log      ❶
spec:
  storageClassName: "manual"
  accessModes:
    - ReadWriteOnce                ❷
  resources:
    requests:
      storage: 1Gi                 ❸
```

❶ Pod テンプレートから参照される要求の名前。
❷ 読み書きのためにこのボリュームをマウントできるのは 1 ノードだけであることを表します。
❸ ストレージ 1GB を要求しています。

PVC が定義されると、`persistentVolumeClaim` フィールドを通じて Pod テンプレートから参照されます。PersistentVolumeClaim のフィールドの中で興味深いのは、`accessModes` です。このフィールドは、ストレージがどのようにノードにマウントされ、Pod からどのように利用されるかを制御するものです。例えば、ネットワークファイルシステムは複数のノードからマウントされ、同時に複数のアプリケーションからの読み書きが可能です。他のストレージの実装は、ある時点では 1 台のノードからしかマウントできず、そのノードにスケジュールされた Pod からしかアクセスできません。Kubernetes が提供するそれぞれの `accessModes` を見てみましょう。

ReadWriteOnce
ある時点で 1 台のノードからのみマウントされるボリュームを表します。このモードでは、ノード上の 1 つ以上の Pod が読み書きの処理を行えます。

ReadOnlyMany
ボリュームは複数のノードからマウントできますが、すべての Pod には読み出しのみの処理しか許可されません。

ReadWriteMany
このモードでは、ボリュームは複数のノードからマウントでき、読み書き両方の処理が許可されます。

ReadWriteOncePod
ここまで説明したアクセスモードはどれも、ノード単位の粒度でのアクセス制御になっています。`ReadWriteOnce` も、同じノード上の複数のノードが同じボリュームの読み出しと書き込みが同時にできるようにする、というものです。`ReadWriteOncePod` アクセスモードのみが、1 つの Pod のみがボリュームへのアクセス権を持つよう保証します。このモードは、サービスをシングルトンにし、スケールアウトできなくするという点に注意して使用しましょう。他の Pod レプリカが同じ PVC を使っていると、PVC が他の Pod によって使用されているので、Pod は起動に失敗してしまいます。この本の執筆時点では `ReadWriteOncePod` はプリエンプションも考慮しない[†1]ので、優先度の低い Pod はストレージを待ったままになり、かつ、同じ `ReadWriteOncePod` でストレージを待つ優先度の高い Pod によって置き換えられることもありません。

ReplicaSet では、すべての Pod は同一です。Pod は同じ PVC を共有し、同じ PV を参照します。この動作は、次の章で取り上げる StatefulSet ではステートフル Pod レプリカに対して PVC が動的に作成されるのとは対照的です。これが Kubernetes におけるステートレスなワークロードとステートフルなワークロードの扱い方の大きな違いの 1 つです。

[†1] 訳注：Kubernetes 1.27 から、`ReadWriteOncePod` ではプリエンプションが考慮されるようになりました (https://bit.ly/3W4RZx1)。また、Kubernetes 1.29 ではこのオプションが GA になりました。

11.3 議論

複雑な分散システムは通常は複数のサービスから構成され、その一部はステートフルで分散的な仕組みで処理され、別の一部は短時間のジョブで、また別の一部は高スケーラビリティを持つステートレスなサービス、のようになります。ステートレスサービスは、同一、交換可能、短時間のみ動作し、置き換え可能なインスタンスで構成されます。このようなサービスは、短命なリクエストを処理するのに向いており、インスタンス間に依存性を持たずに高速にスケールアップとスケールダウンが行えます。**図11-1**に示すとおり、このようなアプリケーションを管理するのにKubernetes は多くの便利な構成要素を提供しています。

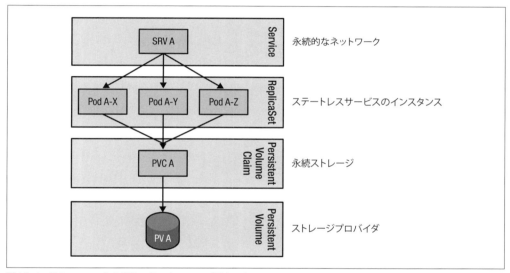

図 11-1　Kubernetes 上の分散ステートレスアプリケーション

最も低いレイヤでは、Pod の抽象化の仕組みによって、1つ以上のコンテナが Liveness チェックによって監視され、常に動作しているように保証されます。その仕組みの上で、正常なノード状で希望する数のステートレス Pod が常に動作するよう ReplicaSet が保証します。Deployment は Pod レプリカの更新とロールバックの仕組みを自動化します。ここに受信するべきトラフィックがあるなら、Service の抽象化の仕組みによってトラフィックが認識され、そのトラフィックは Readiness Probe に成功した正常な Pod インスタンスに対して分散されます。永続ファイルストレージが必要なら、PVC がストレージを要求し、マウントします。

Kubernetes はこれらの構成要素を提供しますが、その要素間に直接の関係を強要するわけではありません。アプリケーションの特性に合うようこれらを組み合わせるのは、あなたの責任です。そのため、Liveness チェックと ReplicaSet が Pod のライフサイクルを制御する方法や、それらが Readiness Probe や Pod にトラフィックが送られる方法を制御する Service の定義にどのよう

に関係するのかを理解する必要があります。また、どこにストレージをマウントし、どのようにアクセスされるかを PVC と `accessMode` がどのように制御するのかを理解しておく必要もあります。Kubernetes の構成要素では不十分な時には、Knative や KEDA のようなフレームワークと Kubernetes の構成要素をどのように組みわせるのか、オートスケールやステートレスアプリケーションをサーバレスにする方法についても知る必要があります。これらのフレームワークについては、「29 章　Elastic Scale（エラスティックスケール）」で取り上げます。

11.4　追加情報

- Stateless Service パターンのサンプルコード（https://oreil.ly/h0Ytj）
- ReplicaSet（https://oreil.ly/XugMo）
- 永続ボリューム（https://oreil.ly/HvApe）
- ストレージクラス（https://oreil.ly/qxFrz）
- アクセスモード（https://oreil.ly/iovaa）

12章
Stateful Service
(ステートフルサービス)

分散されたステートフルなアプリケーションは、永続化されたアイデンティティ、ネットワーク、ストレージ、順序性といった機能を必要とします。**Stateful Service**（ステートフルサービス）パターンでは、ステートフルアプリケーションを管理するのに理想的な強力な保証を持つこれらの構成要素を提供する、StatefulSet を説明します。

12.1　問題

　ここまで、分散アプリケーションを作るたくさんの Kubernetes の構成要素を見てきました。ヘルスチェックやリソース制限のあるコンテナ、複数のコンテナを持つ Pod、動的なクラスタ規模の配置、バッチジョブ、スケジュールされたジョブ、シングルトンなどなどです。これらの構成要素に共通した特徴は、管理対象のアプリケーションを同一、交換可能、置き換え可能なコンテナから構成されるステートレスなアプリケーションとして扱い、Twelve-Factor App 原則（https://12factor.net）に従っていることです。

　ステートレスアプリケーションの配置、回復性、スケールの面倒を見るプラットフォームがあるというのは非常に大きな価値ではありますが、考えるべき大きなワークロードがまだあります。それが、各インスタンスが一意であり、かつ長期にわたって動作する特徴を持つ、ステートフルアプリケーションです。

　現実世界においては、スケーラビリティの高いステートレスサービスの背後にはステートフルなサービスがあり、その代表的なものはデータストアの形をとります。Kubernetes の初期、ステートフルなワークロードに対するサポートがなかった頃は、クラウドネイティブなモデルの利点を活かすためにステートレスアプリケーションは Kubernetes に配置しつつも、クラウドでない伝統的なネイティブな仕組みに管理されたパブリッククラウドかオンプレミスハードウェア上の Kubernetes クラスタ外にステートレスなコンポーネントを配置するのが解決策でした。すべての大企業が多数のステートフルなワークロード（レガシーなものもモダンなものも）を持っていることを考えれば、ステートフルなワークロードをサポートしないことは、汎用的なクラウドネイティブプラットフォームとして知られる Kubernetes の大きな制限事項でした。

　ところで、ステートフルアプリケーションの一般的な要求事項とは何でしょうか。Deployment

を使えば Apache ZooKeeper、MongoDB、Redis、MySQL のようなステートフルアプリケーションをデプロイでき、その中では replicas=1 に設定した ReplicaSet が作られてそのアプリケーションの可用性を高め、エンドポイントを見つけるために Service を使用し、ステート情報の永続ストレージとして PersistentVolumeClaim（PVC）と PersistentVolume（PV）を使用するはずです。

シングルインスタンスのステートフルアプリケーションに対してはこれはほぼ正しいのですが、ReplicaSet は最大でも 1 台（At-Most-One）という考え方を保証せず、レプリカ数が一時的に変わる可能性があるので、完全に正しいとは言えません。このような状況では、分散ステートフルアプリケーションは破滅的な障害状態になりかねず、データ損失の可能性があります。また、その分散ステートフルアプリケーションが複数のインスタンスから構成される場合に大きな問題が発生します。複数のクラスタ化されたサービスから構成されるステートフルアプリケーションは、その背後で動くインフラに対して、複数の側面からの保証を必要とします。それでは、分散ステートフルアプリケーションに対してよく見られる、長期にわたって動作し永続化するための必要条件について見ていきましょう。

12.1.1　ストレージ

ReplicaSet の replicas の数は簡単に増やすことができ、分散ステートフルアプリケーションにもそれが適用されます。しかし、そのような場合にストレージの要求についてはどう定義したらよいでしょうか。通常、前に出てきたような分散ステートフルアプリケーションは、各インスタンスに対して専用の永続ストレージを必要とします。replicas=3 で、PVC の定義を持つ ReplicaSet は、3 つすべての Pod が同じ PV に割り当てられた状態になります。ReplicaSet と PVC は、インスタンスが起動し、インスタンスがスケジュールされたノードにストレージが割り当てられた状態を保証しますが、ストレージは Pod インスタンスに対して専用ではなく共有されます。

これに対する回避策の 1 つが、アプリケーションインスタンスがストレージを共有し、ストレージの中身をサブフォルダに分割してそれを使うことで衝突を回避する仕組みをアプリケーション内に持つことです。これは実現可能ではありますが、1 つのストレージに対する単一障害点を作ってしまいます。また、スケールの際に Pod の数が変わるので間違いの可能性があり、スケール時のデータ破壊や損失を防ぐという大きな課題が生まれます。

別の回避策として、分散ステートフルアプリケーションの各インスタンスに対して別の ReplicaSet（replicas=1）を作る方法があります。この方法だと、各 ReplicaSet は独自の PVC と専用のストレージを持つことになります。この方法の欠点は、スケールアップの際に新しい ReplicaSet、PVC、Service の各定義を作るという手動作業に頼ることになる点です。また、ステートフルアプリケーションの全インスタンスを全体として管理する 1 つの抽象化概念が存在するわけではありません。

12.1.2 ネットワーク

ストレージの要求事項と同じく、分散ステートフルアプリケーションには不変のネットワークアイデンティティも必要です。アプリケーション特有のデータをストレージに保存するのに加えて、ステートフルアプリケーションはホスト名や相手型との接続詳細といった設定データも保存します。これは、ReplicaSet 内の Pod の IP アドレスのように動的に変わるのではない、予想可能なアドレスを使って到達可能である必要があるということです。この要求に関しても回避策があります。ReplicaSet ごとに Service を作成し、`replicas=1` を設定するのです。しかし、このような仕組みの管理は手動に頼ることになります。また、再起動のたびにホスト名が変わる上に、アプリケーションはアクセス可能な Service の名前を知らないので、アプリケーション自体は不変のホスト名に依存することはできません。

12.1.3 アイデンティティ

ここまでの要求事項で見てきたように、クラスタ化されたステートフルアプリケーションは、長期的なストレージとネットワークアイデンティティを各インスタンスが持つことに大きく依存しています。これは、ステートフルアプリケーションにおいては各インスタンスが一意であり、独自のアイデンティティを持っていること、さらにこれらのアイデンティティの主な要素が長期的なストレージとネットワークの組み合わせであることが理由です。また、インスタンス名（インスタンスアイデンティティ）もその 1 つです（一意な永続的名前が必要なステートフルアプリケーションもあります）。Kubernetes においては Pod 名がそれに当たります。ReplicaSet によって作られた Pod にはランダムな名前が付けられ、再起動前後でアイデンティティを保持することはありません。

12.1.4 順序

一意で長期的なアイデンティティに加え、クラスタ化されたステートフルアプリケーションのインスタンスには、インスタンスの集合の中で固定された位置があります。このような順序付けは通常、インスタンスがスケールアップしたりスケールダウンする順序に影響します。また、データ分散やアクセス、ロック、シングルトン、リーダなどのクラスタ内の振る舞いでのポジション決めにも使われます。

12.1.5 その他の必要事項

クラスタ化されたステートフルアプリケーションに共通する条件として、安定して長期的なストレージ、ネットワーク、アイデンティティ、順序があります。ステートフルアプリケーションの管理には、ケースごとに異なるさまざまな特有の条件があります。例えば、クォーラムの考え方があり最低何台のインスタンスが使用可能な必要がある場合、順序に影響される場合もあれば並列に Deployment があってもよい場合、インスタンスの重複が許容される場合とされない場合、といったさまざまなアプリケーションがあります。これらすべての 1 度限りの状況に対して計画を立て、

汎用的な仕組みを提供するのは不可能です。それこそが、特有の条件のあるアプリケーションを管理するため CustomResourceDefinition（CRD）と **Operator** を作成できるよう Kubernetes が許可している理由です。**Operator** パターンについては 28 章で説明します。

ここまでは、分散ステートフルアプリケーションの管理におけるいくつかのよくある課題と、それらに対する理想的とは言えない回避策を見てきました。次は、StatefulSet を使ってこれらの要求に対応する Kubernetes ネイティブな仕組みを見ていきましょう。

12.2　解決策

ステートフルアプリケーションを管理するのに StatefulSet が何を提供してくれるのかを説明するため、ステートレスなワークロードを動かすために Kubernetes が使用する、すでに馴染みのある ReplicaSet の振る舞いと比較する場合があります。いろいろな点で、StatefulSet はペットの管理に、ReplicaSet は家畜の管理に似ています。ペットか家畜かの比較は DevOps 界隈では有名な（しかし物議を醸してもいる）たとえ話です。同一で置き換え可能なサーバは家畜にたとえられ、個別の扱いが必要で置き換え不可能な唯一のサーバはペットにたとえられます。同様に、同一で置き換え可能な Pod を管理するための ReplicaSet とは StatefulSet（このたとえ話に影響を受けて、当初は PetSet という名前でした）は、置き換え不可能な Pod を管理するよう設計されています。

StatefulSet がどのように動作し、ステートフルアプリケーションが必要とすることにどのように対応するのかを見てみましょう。**例 12-1** は、StatefulSet として random-generator サービスを動かすものです[†1]。

例 12-1　ステートフルアプリケーションに対する StatefulSet の定義

```
apiVersion: apps/v1
kind: StatefulSet
metadata:
  name: rg                              ❶
spec:
  serviceName: random-generator         ❷
  replicas: 2                           ❸
  selector:
    matchLabels:
      app: random-generator
  template:
    metadata:
      labels:
        app: random-generator
    spec:
      containers:
```

[†1] ここでは私たちが、ノードとしてサービスのいくつかのインスタンスを持つ Random Number Generator（RNG）クラスタ上で、乱数を生成する非常に洗練された仕組みを発明したとしましょう。もちろんそんなことはありませんが、例としては十分なストーリーです。

```
      - image: k8spatterns/random-generator:1.0
        name: random-generator
        ports:
        - containerPort: 8080
          name: http
        volumeMounts:
        - name: logs
          mountPath: /logs
  volumeClaimTemplates:                    ❹
  - metadata:
      name: logs
    spec:
      accessModes: [ "ReadWriteOnce" ]
      resources:
        requests:
          storage: 10Mi
```

❶ 生成されたノード名のプレフィックスとして StatefulSet の名前が使われます。
❷ 例 12-2 で定義する必須の Service を参照します。
❸ StatefulSet には rg-0 と rg-1 という名前の 2 つの Pod が作成されます。
❹ 各 Pod に対して PVC を作成するためのテンプレート（Pod のテンプレートと似ています）。

例 12-1 の定義を 1 行ずつ見ていくのではなく、全体的な動作と、StatefulSet の定義によって提供される保証事項を見ていきます。

12.2.1　ストレージ

常に必要というわけではないにせよ、ステートフルアプリケーションの多くはステート情報を保存し、そのためにインスタンス単位の専用永続ストレージが必要になります。Kubernetes において Pod が永続ストレージを要求し、ストレージに接続するには、PV と PVC を使用します。Pod を作成するのと同じように PVC を作成するために、StatefulSet は `volumeClaimTemplates` を使用します。この追加の設定項目は、`persistentVolumeClaim` を使用する ReplicaSet と StatefulSet の大きな違いの 1 つです。

事前定義済みの PVC を参照するのではなく、StatefulSet は Pod の作成時に `volumeClaimTemplates` を使って PVC を作成します。この仕組みによって、初回の作成時に加え StatefulSet の `replicas` の数を変えることによるスケールアップの際にも、各 Pod は専用の PVC を使えるようになります。

すでにお気づきかもしれませんが、PVC が作成されて Pod に関連付けられるとはいったものの、PV に関しては何も言っていません。これは、StatefulSet は PV を一切管理しないためです。Pod に対するストレージは管理者によって事前に設定されているか、要求されたストレージクラスを元に PV プロビジョナによって必要に応じて設定されてあり、ステートフルな Pod から利用可能でなければなりません。

ここに、非対称な動きがあることに注意して下さい。StatefulSet を（`replicas` の数を増やす

ことで）スケールアップすると、新しい Pod が作成され、PVC が関連付けられます。スケールダウンすると Pod は削除されますが、PVC（あるいは PV）は削除されないので、PV は再利用や削除はできず、Kubernetes はストレージを解放できません。この動作は意図したもので、ステートフルアプリケーションのストレージは非常に重要であり、意図しないスケールダウンの際もデータ損失を起こしてはならないという推測に基づくものです。ステートフルアプリケーションを故意にスケールダウンし、データを他のインスタンスにコピーしたり移動した場合には、PVC を手動で削除することで、それに関連する PV は再利用できるようになります。

12.2.2　ネットワーク

StatefulSet が作った各 Pod は、StatefulSet の名前と通し番号のインデックス（0 から開始）が付けられます。前の例で言うと、2 つの Pod はそれぞれ `rg-0` と `rg-1` と名付けられます。ランダムなサフィックスが付く ReplicaSet の Pod 名生成の仕組みとは違い、Pod 名は推測可能な形で生成されるわけです。

専用のスケーラブルな永続ストレージは、ステートフルアプリケーションとネットワークにとっては欠かせない仕組みです。

例12-2 では、**ヘッドレス**（headless）な Service を定義しています。ヘッドレスな Service では、そのサービスは kube-proxy の対象とならず、クラスタ IP の割り当てやロードバランスも行われないよう、`clusterIP` は `None` に設定します。しかしそれであればなぜ Service が必要なのでしょうか。

例12-2　StatefulSet にアクセスするための Service

```
apiVersion: v1
kind: Service
metadata:
  name: random-generator
spec:
  clusterIP: None               ❶
  selector:
    app: random-generator
  ports:
  - name: http
    port: 8080
```

❶ この Service をヘッドレスとして宣言。

ReplicaSet を通じて作られたステートレス Pod は同一であるという前提があり、あるリクエストがどの Pod に到達しても構いません（そのため通常の Service としてロードバランスされます）。しかし、ステートフル Pod はそれぞれ別物なので、調整の上で特定の Pod にリクエストが到着するようにする必要があります。

セレクタを持つ（`.selector.app == random-generator` である点に注目して下さい）ヘッド

レスな Service を使えば、これを完全に実現できます。このような Service は API サーバにエンドポイントレコードを作成し、Service の背後にある Pod を直接指し示す A レコード（アドレス）を返す DNS エントリを作成します。要するに、予想可能な方法でクライアントが Pod に直接到達できるような DNS エントリが各 Pod に割り当てられると言うことです。例えば、`random-generator` の Service が `default` という Namespace に属していたら、`rg-0` の Pod には、Pod 名が Service 名の前に付いた `rg-0.random-generator.default.svc.cluster.local` という完全修飾ドメイン名を使って到達できます。このようなマッピングによって、クラスタ化されたアプリケーションの他のメンバーや他のクライアントも、希望する特定の Pod に到達できるようになります。

また、Service（SRV）レコードの DNS ルックアップも実行できるので（`dig SRV random-generator.default.svc.cluster.local` のように）、StatefulSet が関連する Service に登録された実行中の全 Pod を見つけることもできます。クライアントアプリケーションが必要な場合には、この仕組みを使って動的なクラスタメンバーを見つけられるようになります。ヘッドレスな Service と StatefulSet 間の紐付けはセレクタだけによるわけではなく、`serviceName: "random-generator"` とすることで StatefulSet から Service に対して名前で逆方向の紐付けもするべきです。

`volumeClaimTemplates` を使って専用のストレージを定義することは必須ではありませんが、`serviceName` による Service へのリンクは必須です。StatefulSet が作成され、ネットワークアイデンティティに責任を持つ前に、関連する Service が存在している必要があります。もし必要であれば、ステートフル Pod に対してロードバランスを行う別の Service を作ってもよいでしょう。

図12-1 が示すように、StatefulSet は多くの構成要素を提供しており、分散環境においてステートフルアプリケーションを管理するのに必要な振る舞いを保証しています。ステートフルなユースケースに意味のあるものをこの中から選んで使用するのは、あなたの役割です。

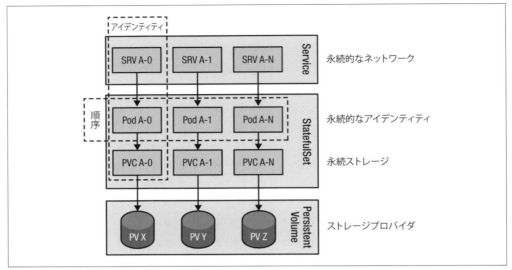

図12-1　Kubernetesにおける分散ステートフルアプリケーション

12.2.3　アイデンティティ

アイデンティティ（identity）とは、StatefulSetが保証することすべてが動作するメタ構成要素です。予想可能なPod名とアイデンティティは、StatefulSetの名前を元に生成されます。そしてそのアイデンティティはPVCの名前づけや、ヘッドレスServiceを通じて特定のPodに到達するのに使われます。Podを作成する前にPodのアイデンティティを予想できるので、必要であればその知識をアプリケーション内でも使用できます。

12.2.4　順序

定義上、分散ステートフルアプリケーションは、他とは違う交換不可能な複数のインスタンスから構成されます。この他とは違うインスタンスであると言う点に加え、インスタンス化される順序や場所を元にした関係性も持っています。これが、**順序**（ordinality）に関する要求が必要になるところです。

StatefulSetの仕組みから見ると、順序が問題になるのはスケーリングの時だけです。Podは順序に基づいたサフィックスを持つ名前（0から開始）が付けられ、Pod作成の順序は、どのPodがスケールアップあるいはスケールダウンされるかを定義します（n-1から0に向かう逆順）。

複数のレプリカを持つReplicaSetを作成すると、最初のPodの起動に成功（「4章　Health Probe」で説明したようにrunningかつreadyの状態になるということ）するのを待たずにPodが次々とスケジュールされ、起動していきます。どのPodが起動して使用可能であるかの順序は保証されていません。ReplicaSetをスケールダウンする際（原因が`replicas`の変更でもReplicaSetの削除でも）も、順序が保証されていない点では同じです。ReplicaSetに属するすべてのPodは、順序や相互の依存性の考慮なしに同時にシャットダウンを開始します。この振る舞いは処理の完了

を早くしますが、ステートフルアプリケーションには好ましくありません。インスタンス間でデータのパーティショニングや分散がされている場合は特にです。

　スケールアップやスケールダウンの際のデータ同期を正しく行うため、StatefulSet はデフォルトで順序立った起動とシャットダウンを行います。つまり、Pod は最初の 1 つ（インデックス 0）から起動し、その Pod が正常に起動した時、次の 1 つ（インデックス 1）がスケジュールされ、というように処理が続きます。スケールダウンの際は逆の順序、つまり最も大きいインデックスを持つ Pod を最初にシャットダウンし、その Pod のシャットダウンに成功したら次にインデックスが大きい Pod が停止されます。この流れが、インデックス 0 の Pod が停止されるまで続きます。

12.2.5　その他の機能

　StatefulSet には、ステートフルアプリケーションの要求に合うようにカスタマイズできると言う特性があります。各ステートフルアプリケーションはそれぞれ違い、StatefulSet のモデルに適応させるには注意深い検討が必要です。ステートフルアプリケーションを管理する際に便利な可能性のある Kubernetes の機能をさらにいくつか見てみましょう。

partition を使った更新

　StatefulSet をスケールする際には順序が保証されることはすでに説明しました。すでに動作しているステートフルアプリケーションを更新する際（.spec.template の変更など）は、StatefulSet は段階的ロールアウト（カナリアリリースなど）が可能で、他のインスタンスに更新を適用している間に一定数のインスタンスが使用可能なままになるよう保証できます。

　デフォルトの展開戦略を使用すると、.spec.updateStrategy.rollingUpdate.partition に数字を設定することで、インスタンスをパーティションに分割できます。このパラメータ（デフォルト値は 0）は、どの StatefulSet が更新時にパーティション分割されるかの順序を決めるものです。パラメータが設定されていると、順序に基づいたインデックスが partition 以上のすべての Pod が更新され、それよりもインデックスが小さい Pod は更新されません。Pod が削除された時もこの流れに従います。Kubernetes は前のバージョンで Pod を再作成します。この機能によって、クラスタ化されたステートフルアプリケーションが部分的に更新できるようになり（例えば最低数が確保されるようにするなど）、partition を 0 に設定することでクラスタの残りの部分に変更を展開できます。

並列デプロイ

　.spec.podManagementPolicy を Parallel に設定すると、StatefulSet は Pod を並列に起動または終了し、次の Pod の処理に移る前に、Pod が起動して利用可能になるのを待ったり、完全に停止するのを待ったりしなくなります。ステートフルアプリケーションにおいて逐次処理が必須でない場合には、このオプションを使うと運用手順を高速に進められます。

最大でも 1 つ（At-Most-One）の保証

一意性はステートフルアプリケーションのインスタンスの基本的な性質であり、同じ StatefulSet の Pod が 2 つ以上同じアイデンティティを持ったり、同じ PV に配置されたりしないようにすることで、Kubernetes はこの一意性を保証しています。これと対照的に、ReplicaSet はインスタンスに対して**最低でも X**（At-Least-X）を保証します。例えばレプリカが 2 つある ReplicaSet は、常に最低 2 つのインスタンスが動作しているようにします。インスタンスの数がそれより増えることがあっても、コントローラは指定された数を Pod の数が下回るようにはしません。ある Pod が新しい Pod に置き換えられ、古い Pod がまだ完全に停止されていない時には、指定された数よりも多いレプリカが動作する可能性があります。あるいは、Kubernetes ノードが `NotReady` 状態で到達不可能になる一方でまだ Pod が動作している場合も、指定された数より多いレプリカが存在する可能性があります。このような場合、ReplicaSet のコントローラは正常なノードで新しい Pod を起動するので、希望した数よりも多くの Pod が動作してしまうことになります。最低でも X（At-Least-X）の文脈においては、これは全く問題なく許容可能な動作です。

一方 StatefulSet コントローラは、重複する Pod がどこにも存在しないよう可能な限りのチェックを行います。つまり、**最大でも 1 つ**（At-Most-One）の保証です。古いインスタンスが完全にシャットダウンしたことが確認されない限り、Pod を起動することはありません。ノードで障害があっても、Pod（およびノード全体）がシャットダウンされたことを Kubernetes が確認できない限りは、別のノードに新しく Pod をスケジュールすることはしません。StatefulSet の最大でも 1 つという考え方が、このルールを決めているのです。StatefulSet においてもこの保証を破って重複した Pod を持てますが、能動的な人手の介在が必要です。例えば、物理ノードが動作している状況において、到達できないノードのオブジェクトを API サーバから削除すると、この保証を破ることができます。このようなアクションは、ノードが死んでいるか電源が切られており、かつ Pod プロセスがノード上で動作していないことが確認できる時だけ実行されるべきです。あるいは例として、Pod が停止しているか Kubelet が確認するのを待たないで強制的に Pod を削除する `kubectl delete pods <pod> --grace-period=0 --force` を実行するケースがあります。このコマンドは API サーバから Pod を直ちに削除し、それにより StatefulSet コントローラは代わりの Pod を起動し始めるので、重複が発生してしまいます。

シングルトンを実現するためのこれ以外の方法については、「10 章 Singleton Service（シングルトンサービス）」で詳しく説明しました。

12.3　議論

この章では、クラウドネイティブプラットフォーム上で分散ステートフルアプリケーションを管理する際の標準的必要条件と課題をいくつか見てきました。インスタンス 1 つのステートフルア

プリケーションを扱うのは比較的簡単である一方、分散ステートの扱いは複数の観点で課題があることが分かりました。私たちはステートという概念をストレージと結び付けることが多いですが、この章では、ステートのさまざまな面と、ステートフルアプリケーションによってどのように異なる保証が必要なのかを見てきました。その中で、一般的にStatefulSetは分散ステートフルアプリケーションを実装するのに優れた構成要素だと分かりました。永続ストレージ、（Serviceを通じた）ネットワーク、アイデンティティ、順序などの必要性をStatefulSetは満たしてくれます。また、StatefulSetは分散ステートフルアプリケーションを自動化した状態で管理するための要素を提供し、アプリケーションをクラウドネイティブな世界の第一級オブジェクト（first-class citizen）にしてくれます。

　StatefulSetは初めの1歩、あるいはその先へ進む手掛かりのにはよいですが、ステートフルアプリケーションの世界には独自性と複雑さがあります。クラウドネイティブな世界向けに設計され、StatefulSetに合ったステートフルアプリケーションだけでなく、クラウドネイティブプラットフォーム向けに設計されておらず、さらにそれ以外にも要件があるレガシーなステートフルアプリケーションは、大量に存在しています。幸いなことにKubernetesはそういったアプリケーションにも答えを用意しています。Kubernetesのリソースを通じてさまざまなワークロードをモデル化し、汎用コントローラを使ってその振る舞いを実装するだけでなく、Kubernetesはユーザがカスタムな独自のコントローラを実装したり、さらに進んでカスタムリソース定義を通じたアプリケーションリソースやオペレータを通じた振る舞いのモデル化もできるようにするべきだということに、Kubernetesのコミュニティは気づいていました。

　27章と28章では、クラウドネイティブ環境において複雑なステートフルアプリケーションを管理するのにより適した**Controller**パターンと**Operator**パターンを学びます。

12.4　追加情報

- Stateful Serviceパターンのサンプルコード（https://oreil.ly/FXeca）
- StatefulSetの基本（https://oreil.ly/NdHnS）
- StatefulSet（https://oreil.ly/WyxHN）
- 例: StatefulSetを使用したCassandraのデプロイ（https://oreil.ly/YECff）
- 分散システムコーディネーターZooKeeperの実行（https://oreil.ly/WzQXP）
- Headless Service（https://oreil.ly/7GPda）
- StatefulSet Podの強制削除（https://oreil.ly/ZRTlO）
- Graceful scaledown of stateful apps in Kubernetes（Kubernetesにおけるステートフルアプリケーションのグレースフルなスケールダウン、https://oreil.ly/7Zw-5）

13章
Service Discovery
(サービスディスカバリ)

Service Discovery（サービスディスカバリ）パターンは、サービスを提供するインスタンスに対してそのサービスの利用者がアクセスできる、安定したエンドポイントを提供します。この目的に対してKubernetesは、サービスの利用者と提供者がクラスタ上とクラスタ外のどちらに位置しているかによって複数の手段を提供しています。

13.1 問題

Kubernetes上にデプロイされたアプリケーションは、ほとんどの場合は単独で存在するのではなく、クラスタ内のサービスあるいはクラスタ外のシステムとやり取りする必要があります。このやり取りはサービス内部で開始されるか、外部からの要因があって開始されます。内部的に開始されたやり取りは通常、ポーリングコンシューマを通じて実行されます。つまり、起動の前か後にアプリケーションが他のシステムに接続し、データを送ったり受け取ったりします。典型的な例としては、Pod内で実行されているアプリケーションがファイルサーバへアクセスしてファイルを利用し始めたり、メッセージブローカに接続してメッセージを送受信し始めたり、リレーショナルデータベースやキーバリューストアを使用してデータを読み書きし始めたりといったことが挙げられます。

ここでの重要な特徴は、Pod内で動作するアプリケーションが、ある時点において他のPodや外部システムに対する外向きのコネクションを開くことを決め、それから双方向のデータ交換を開始することです。このような場面では、アプリケーションに対する外部からの要因は存在しないので、Kubernetesにおいて何らかの追加の設定が必要になることはありません。

「7章 Batch Job（バッチジョブ）」や「8章 Periodic Job（定期ジョブ）」で説明したパターンを実装するには、そういった追加の設定が必要でした。さらに、DaemonSetやReplicaSet内の長期間実行されるPodは、ネットワーク越しに他のシステムに積極的にアクセスすることもあります。Kubernetesでのワークロードとしてより一般的なユースケースは、多くの場合はクラスタ内の他のPodあるいは外部システムからの内向きのHTTP接続の形をとる外部要因を待ち受ける、長期的に実行されるサービスです。この場合サービスの利用者は、スケジューラによって動的に配置され、場合によっては弾力的にスケールアップやスケールダウンされるPodを見つける

方法が必要です。

　動的な Kubernetes の Pod のエンドポイントを自分で追跡し、登録し、見つける必要があるなら、それは大きな問題になり得ます。それこそが、さまざまな仕組みを通じて Kubernetes が **Service Discovery** パターンを実装している理由であり、この章ではそれを見ていきます。

13.2　解決策

　Kubernetes 以前の世代を考えてみると、サービスディスカバリの最も一般的な仕組みは、クライアントサイドでのディスカバリでした。このようなアーキテクチャでは、複数のインスタンスにわたってスケールする可能性のある他のサービスに対してそのコンシューマがアクセスする場合、サービスインスタンスのレジストリを検索する機能を持ったディスカバリエージェントをサービスのコンシューマが持つことになります。古典的には例えば、コンシューマ側のサービスに組み込まれたエージェント（ZooKeeper クライアント、Consul クライアント、Ribbon など）か、その他並行して動作するプロセスがレジストリでサービスを検索することで行われます。この仕組みを示したのが図13-1 です。

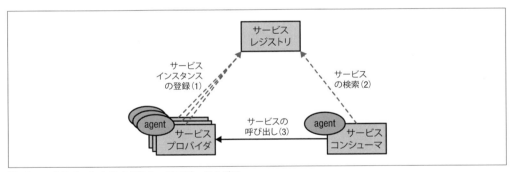

図13-1　クライアントサイドのサービスディスカバリ

　Kubernetes 以後の世代においては、配置、ヘルスチェック、ヒーリング、リソース分離など、分散システムの非機能的責任の多くはプラットフォーム側に移っています。サービスディスカバリやロードバランシングも同様です。サービス指向アーキテクチャ（SOA、Service-Oriented Architecture）の定義を使うなら、サービスプロバイダインスタンスはそのサービスの能力を提供するのに加えて、自分自身をサービスレジストリに登録する必要があり、サービスコンシューマはそのサービスへ到達するにはレジストリの情報にアクセスする必要があります。

　Kubernetes の世界においては、Pod として実装されたサービスインスタンスを動的に見つけられる固定された仮想的な Service エンドポイントをサービスコンシューマが呼び出すことで、すべてが水面下で行われます。**図13-2** は、Kubernetes によって登録と検索がどのように行われるかを示した図です。

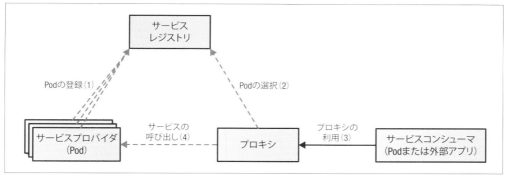

図13-2　サーバサイドのサービスディスカバリ

一見すると **Service Discovery** パターンはシンプルに見えるかもしれません。しかし、このパターンを実装するには複数の仕組みが使われており、サービスコンシューマがクラスタの内側にいるか外側にいるか、サービスプロバイダがクラスタの内側にいるか外側にいるかに依存しています。

13.2.1　内部的なサービスディスカバリ

Web アプリケーションがあり、それを Kubernetes 上で動かしたいとしましょう。レプリカがいくつかある Deployment を作るとすぐに、スケジューラが適切なノードにその Pod を配置し、各 Pod は起動の前にクラスタ内部の IP アドレスが割り当てられます。他の Pod 内の別のクライアントサービスが Web アプリケーションエンドポイントにアクセスしたい場合でも、サービスを提供する Pod の IP アドレスを事前に知る簡単な方法はありません。

これが、Kubernetes の Service リソースが解決しようとする問題です。Service リソースは、同じ機能を提供する Pod の集まりに対して、一貫性があり安定したエントリポイントを提供します。Service を作るのに最も簡単なのは `kubectl expose` を使う方法で、これは Deployment あるいは ReplicaSet を通じた 1 つ以上の Pod に対する Service を作成します。このコマンドは `clusterIP` として参照される仮想 IP アドレスを作成し、Service の定義を作るのに Pod セレクタとポート番号の両方を使用します。しかし、この定義を完全に制御するには、**例 13-1** に示すように Service を手動で作成する必要があります。

例 13-1　シンプルな Service

```
apiVersion: v1
kind: Service
metadata:
  name: random-generator
spec:
  selector:              ❶
    app: random-generator
  ports:
```

```
    - port: 80              ❷
      targetPort: 8080      ❸
      protocol: TCP
```

❶ Pod の Label に一致するセレクタ。
❷ この Service がアクセスされるポート。
❸ Pod がリッスンするポート。

　この例の定義は、`random-generator` という名前（名前は後ほどディスカバリのために重要になります）を持ち、`type: ClusterIP`（デフォルト）、ポート 80 で TCP コネクションを許可し、それを `app: random-generator` というセレクタに一致するすべての Pod のポート 8080 にルーティングする Service を作成します。Pod がいつどのように作成されるかはここでは問題ではありません。**図13-3** に示したように、一致する Pod はすべてルーティングの対象になります。

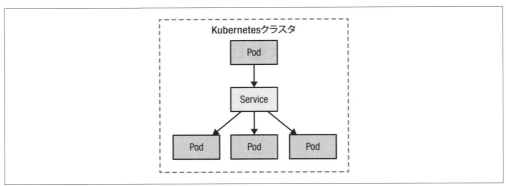

図13-3　内部的なサービスディスカバリ

　ここで覚えておくべき重要な点は、一度 Service が作成されると、その Service には Kubernetes クラスタの中からのみアクセスできる `ClusterIP` が割り当てられ、その IP は、Service の定義が存在している限りは変化しません。しかし、クラスタ内の他のアプリケーションはこの動的に割り当てられた `clusterIP` がなんなのかをどのようにして知るのでしょうか。その方法には 2 つあります。

環境変数を通じたディスカバリ

　　Kubernetes が Pod を起動する時その Pod には、その時点までに存在しているすべての Service の詳細を含めた環境変数が設定されます。例えば、ポート 80 でリッスンしている Service `random-generator` に関しては、**例13-2** に表された環境変数が、新しく起動される Pod に設定されます。

例13-2 Pod に自動的に設定される Service に関連する環境変数

```
RANDOM_GENERATOR_SERVICE_HOST=10.109.72.32
RANDOM_GENERATOR_SERVICE_PORT=80
```

その Pod が動かしているアプリケーションは、アクセスする必要のある Service の名前を知っているはずであり、これらの環境変数を読み込むようコードを書けます。このような探索は、どんな言語で書かれたアプリケーションでも使用できるシンプルな仕組みであり、開発やテストの目的で Kubernetes クラスタの外側でこの仕組みをエミュレーションするのも簡単です。この仕組みの主な問題点としては、Service 作成時の一時的な依存関係にあります。環境変数は起動済みの Pod に後から設定できないので、Kubernetes 上で Service が作られた後に起動した Pod しかその Service との連携はできません。このためには、Service に依存する Pod を作成する前に Service を定義する必要があります。そうでない場合は Pod を再起動する必要があります。

DNS ルックアップによるディスカバリ

Kubernetes は、すべての Pod が自動的に使用するよう設定される DNS サーバを動かしています。さらに、新しい Service が作成されると、すべての Pod が使用できる新しい DNS エントリが自動的に追加されます。あるクライアントは、アクセスしたい Service の名前を知っているとすると、そのクライアントは `random-generator.default.svc.cluster.local` のような完全修飾ドメイン名（fully qualified domain name、FQDN）を使って Service にアクセスできます。ここで、`random-generator` は Service 名、`default` は Namespace 名、`svc` はこれが Service リソースであることを示し、`cluster.local` はクラスタ特有のサフィックスです。クラスタのサフィックスは省略してもよく、また Service に対して同じ Namespace 内からアクセスする際には Namespace も省略できます。

DNS によるディスカバリの仕組みでは、Service が定義されると DNS サーバがすぐにすべての Pod が全 Service をルックアップできるようにするので、環境変数ベースの仕組みの欠点には影響されません。しかし、ポート番号が標準的なものでなかったり、サービスの利用者側が知らない場合には、ポート番号を見つけるために引き続き環境変数を使う必要があるかもしれません。

他の種類のリソースが考慮すべき、`type: ClusterIP` の Service のそれ以外のハイレベルな特徴は次のとおりです。

複数のポート

1 つの Service 定義には複数のソースとターゲットのポートを含められます。例えば、Pod がポート 8080 で HTTP を、ポート 8443 で HTTPS をサポートする場合、2 つの Service を定義する必要はありません。1 つの Service がポート 80 と 443 を公開するといったことが可能です。

セッションアフィニティ

新しいリクエストがあった時、Service はデフォルトでは接続すべき Pod をランダムに選択します。この動作は、`sessionAffinity: ClientIP` を設定することで変更でき、同じクライアント IP から来たすべてのリクエストを同じ Pod に固定するようになります。Kubernetes の Service はトランスポート層（L4）のロードバランスを行うので、ネットワークパケットの中身を確認したり、HTTP のクッキーベースのセッションアフィニティのようなアプリケーション層のロードバランスをしたりはできないことを覚えておいて下さい。

Readiness Probe

「4 章　Health Probe」では、コンテナに対する `readinessProbe` を定義する方法を学びました。Pod に Readiness チェックが定義されており、かつそれが失敗している場合、たとえ Label セレクタが一致していたとしてもその Pod は Service エンドポイントのリストから削除されます。

仮想 IP

Service を `type: ClusterIP` で作成すると、固定された仮想 IP アドレスが割り当てられます。しかし、この IP アドレスは何らかのネットワークインタフェイスに対応付けられるわけではなく、実際には存在しません。各ノードで実行される kube-proxy が新しい Service を捕捉し、この仮想 IP アドレス宛のネットワークパケットをキャッチして宛先を選択した Pod の IP アドレスに書き換えるルールを、ノードの iptables に設定します[1]。iptables 上のこのルールは ICMP のルールは追加せず、TCP や UDP といった Service の定義で設定されたプロトコルのみを追加します。そのため、ICMP を使う操作である `ping` を Service の IP アドレスに対して行うことはできません。

ClusterIP の選択

Service の作成時、`.spec.clusterIP` フィールドで使用する IP を設定できます。これは有効かつ事前定義された範囲内の IP アドレスである必要があります。この方法は推奨されませんが、特定の IP アドレスを使うよう設定されたレガシーなアプリケーションを扱ったり、再利用したい既存の DNS エントリが存在したりする際に便利な方法になります。

`type: ClusterIP` な Kubernetes の Service は、クラスタ内からしかアクセスできません。セレクタを一致させることで Pod を見つけるのに使用され、最もよく使われる種類です。次は、手動で設定されるエンドポイントのディスカバリが可能な他の種類の Service を見ていきます。

---

[1] 訳注：kube-proxy の設定によっては、iptables 以外に ipvs モードも指定できます。また、Kubernetes 1.29 からはアルファとして nftables も使用可能です（https://bit.ly/3xwmwul）。

13.2.2　手動によるサービスディスカバリ

`selector`があるServiceを作ると、Kubernetesはエンドポイントリソースの一覧の中から、セレクタに一致し、かつサービス提供の準備ができているPodを追跡します。例えば**例13-1**では`kubectl gets endpoints random-generator`で、Serviceのために作られたエンドポイントすべてを確認できます。クラスタ内でPodへの接続をリダイレクトするのではなく、外部のIPアドレスおよびポートに対して接続をリダイレクトすることも可能です。そのためには**例13-3**のように、Serviceの`selector`定義を削除し、手動でエンドポイントリソースを作成します。

例13-3　selectorのないService

```
apiVersion: v1
kind: Service
metadata:
  name: external-service
spec:
  type: ClusterIP
  ports:
  - protocol: TCP
    port: 80
```

次に**例13-4**において、Serviceと同じ名前を持ち、ターゲットのIPとポートを含むエンドポイントリソースを定義します。

例13-4　外部サービスへのエンドポイント

```
apiVersion: v1
kind: Endpoints
metadata:
  name: external-service       ❶
subsets:
  - addresses:
    - ip: 1.1.1.1
    - ip: 2.2.2.2
    ports:
    - port: 8080
```

❶ この名前は、これらのエンドポイントにアクセスするService名と一致する必要があります。

このサービスもクラスタ内からのみアクセス可能で、前のServiceと同じく環境変数やDNSルックアップを通じて同じ方法で使用できます。違いはというと、エンドポイントの一覧が手動で維持され、**図13-4**で示したように通常はクラスタ外のIPアドレスを指している点です。

手動で接続先設定を行うこの仕組みには、**例13-5**に示したようにもう1つのServiceがあります。

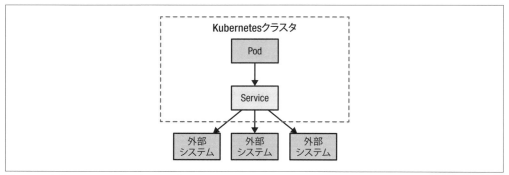

図13-4　手動によるサービスディスカバリ

例13-5　外部の接続先を持つService

```
apiVersion: v1
kind: Service
metadata:
  name: database-service
spec:
  type: ExternalName
  externalName: my.database.example.com
  ports:
  - port: 80
```

このServiceの定義には`selector`はなく、`type`は`ExternalName`になっています。実装上これが重要な違いになります。このServiceの定義は、`externalName`で指定されたものにDNSのみを使ってマッピングされています。より具体的には、`database-service.<namespace>.svc.cluster.local`はこの設定により`my.database.example.com`を指しています。この方法では、IPアドレスを使ってプロキシを通すのではなく、DNS CNAMEエントリを使って外部のエンドポイントに対するエイリアスを作ります。根本的には、クラスタ外にあるエンドポイントに対するKubernetesの抽象化層を提供しているという点ではプロキシと同じです。

13.2.3　クラスタ外からのサービスディスカバリ

この章でここまで取り上げてきたディスカバリの仕組みはどれもPodあるいは外部エンドポイントを指す仮想IPアドレスを使ったもので、その仮想IPアドレス自体はKubernetesクラスタ内からしかアクセスできないものでした。しかし、Kubernetesクラスタは外界から切り離されて動いているわけではないので、Podから外部リソースへ接続するだけでなく、その逆、つまりPodが提供するエンドポイントに外部アプリケーションが接続したい場合も多々あります。ここでは、クラスタ外部に存在するクライアントからPodへアクセスできるようにする方法を見ていきましょう。

Serviceを作りそれをクラスタ外に公開する最初の方法では、`type: NodePort`を使います。

例13-6 の定義では以前と同じように、セレクタ `app: random-generator` に一致する Pod がサービスを提供し、仮想 IP のポート 80 で接続を許可し、選択された Pod のポート 8080 にルーティングを行う Service を作ります。しかし、これらに加えこの定義では各ノードのポート 30036 を予約し、受信する接続を Service に転送します。この予約の仕組みにより Service は仮想 IP アドレス経由で内部的にアクセス可能になり、また各ノードのこのポートを介して外部からもアクセス可能になります。

例13-6　type: NodePort の Service

```
apiVersion: v1
kind: Service
metadata:
  name: random-generator
spec:
  type: NodePort                ❶
  selector:
    app: random-generator
  ports:
  - port: 80
    targetPort: 8080
    nodePort: 30036             ❷
    protocol: TCP
```

❶ 全ノードでポートを解放。
❷ （使用可能な）固定ポートを指定するか、ランダムに選ばれたポートが割り当てられるよう指定せずにおきます。

図13-5 に示した Service を公開するこの方法は、うまくできているようでいて、欠点もあります。
この方法の特徴的な性質を見てみましょう。

ポート番号
　　`nodePort: 30036` で特定のポートを指定するのではなく、使用されていないポートを範囲内から Kubernetes に選ばせることもできます。

ノードの選択
　　外部のクライアントは、クラスタ内のどのノードに対しても接続を開始できます。しかし、ノードが使用可能でない場合に他の正常なノードに接続するのは、そのクライアントアプリケーションの責任になります。このため、正常なノードを選択し、フェイルオーバを行うロードバランサをノードの前に配置するのがよいでしょう。

Pod の選択
　　NodePort を通じてクライアントが接続を開始した時、ランダムに選択された Pod に

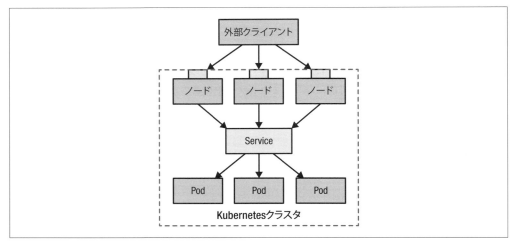

図13-5　ノードのポートによるサービスディスカバリ

接続がルーティングされます。この時、その接続を行なっているクライアントがあるのと同じノードが選ばれる場合も、そうでない場合もあります。Service の定義に `externalTrafficPolicy: Local` を追加することで、この余計なホップを減らし、常に接続が開始されたのと同じノードの Pod を Kubernetes が選ぶようにできます。このオプションが設定されていると、Kubernetes は別なノードに配置されたポットに対する接続を許可しませんが、これが問題になる場合があります。この問題を解決するには、各ノードに Pod が配置されているようにするか（Daemon Service を使うなど）、クライアントがどのノードに正常な Pod が配置されているか知っているようにする必要があります。

ソースアドレス

違う種類のサービスに対して送られるパケットのソースアドレスに関して、特有の仕組みがあります。具体的にいうと、`NodePort` を使う時、クライアントアドレスはソース側で NAT されるので、クライアント IP アドレスを含むネットワークパケットのソース IP アドレスは、ノードの内部アドレスに置き換えられます。例えば、あるクライアントアプリケーションがパケットをノード 1 に対して送信する時、ソースアドレスはノードのアドレスで置き換えられ、宛先アドレスは Pod のアドレスで置き換えられ、さらにパケットは Pod が配置されたノード 2 に転送される、といった動きになります。Pod がネットワークパケットを受け取ると、ソースアドレスはクライアントの元のアドレスではなく、ノード 1 のアドレスになっています。こういった動きにならないようにするためには、前に出てきた `externalTrafficPolicy: Local` を設定し、ノード 1 に配置された Pod にのみトラフィックを転送するようにします。

外部クライアントに対してサービスディスカバリを実行する別の方法として、ロードバラン

サが使えます。ここまでは、各ノードでポートを開くことによってtype: ClusterIPな通常のServiceの上にtype: NodePortなServiceを作る方法を見てきました。この方法の問題は、正常なノードを見つけるためにクライアントアプリケーションようにロードバランサが必要な点です。この問題は、typeがLoadBalancerのServiceで解決できます。

この種類のServiceは、通常のServiceを作り、NodePortのように各ノードでポートを開くのに加えて、クラウドプロバイダのロードバランサを使ってサービスを外部に公開します。**図13-6**は、Kubernetesクラスタへのゲートウェイとしてプロプラエタリなロードバランサを使うこの構成を示したものです。

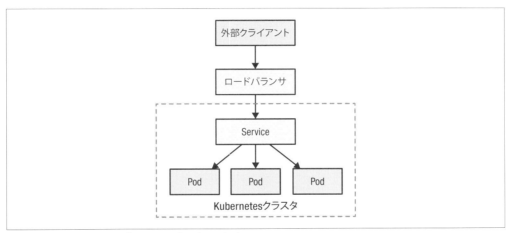

図13-6　ロードバランサを使ったサービスディスカバリ

この種類のServiceは、クラウドプロバイダがKubernetesをサポートしており、ロードバランサをセットアップできる時のみ使用できます。typeにLoadBalancerを指定することで、ロードバランサ付きのServiceが作成できます[†2]。するとKubernetesは、**例13-7**に示したように.specと.statusフィールドにIPアドレスを追加します。

例13-7　typeがLoadBalancerのService

```
apiVersion: v1
kind: Service
metadata:
  name: random-generator
spec:
```

---

†2　訳注：クラウドサービスを使用している場合はそのサービスのプロバイダがKubernetesをサポートしていないとLoadBalancerは使用できませんが、オンプレミスシステムではハードウェアロードバランサのアドオンを使用したり、kube-vip (https://kube-vip.io/) やMetalLB (https://metallb.universe.tf/) などを使うことでLoadBalancerタイプを使用できます。

```
    type: LoadBalancer
    clusterIP: 10.0.171.239        ❶
    loadBalancerIP: 78.11.24.19
    selector:
      app: random-generator
    ports:
    - port: 80
      targetPort: 8080
  status:                          ❷
    loadBalancer:
      ingress:
      - ip: 146.148.47.155
```

❶ 利用可能な場合 Kubernetes は `clusterIP` と `loadBalancerIP` を割り当てます。

❷ `status` フィールドは Kubernetes によって管理され、Ingress IP が追加されます。

この定義が存在することで、外部クライアントアプリケーションはロードバランサに対して接続を開始でき、ロードバランサはノードを見つけ、Pod を配置します。ロードバランサのセットアップとサービスディスカバリを行う細かい挙動は、クラウドプロバイダごとに違います。ロードバランサのアドレスを定義できるクラウドプロバイダもあれば、定義できないプロバイダもあります。また、ソースアドレスを保持できる仕組みを提供しているプロバイダもあれば、ソースアドレスをロードバランサのアドレスで置き換えてしまうプロバイダもあります。選択したクラウドプロバイダによって提供されている実装の詳細を確認しましょう。

もう 1 つ別な種類の Service であり、専用の IP アドレスを使用できない **headless** という Service もあります。この headless な Service は、Service の spec セクション内で `clusterIP` を `None` に設定することで作成します。headless な Service では、その背後にある Pod は内部 DNS サーバに追加され、「12 章 Stateful Service（ステートフルサービス）」で詳細を説明した StatefulSet に対する Service を実装するのに最適です。

13.2.4 アプリケーションレイヤでのサービスディスカバリ

ここまでに議論してきた仕組みとは違い、Ingress はサービスのいち種類ではなく、Service の前に置かれる別の Kubernetes リソースであり、スマートなルータとして動作し、クラスタへのエントリポイントになります。Ingress は通常、外部からアクセスできる URL、ロードバランシング、TLS 終端、名前ベースの仮想ホストといった仕組みを通じて、Service への HTTP ベースのアクセス手段を提供します。また、これ以外にも Ingress 特有の実装があります。Ingress が動作するには、クラスタで 1 つ以上の Ingress コントローラが動作している必要があります。**例 13-8** は、Service を 1 つ公開するシンプルな Ingress の例です。

例 13-8　Ingress の定義

```
apiVersion: networking.k8s.io/v1
kind: Ingress
metadata:
  name: random-generator
spec:
  defaultBackend:
    service:
      name: random-generator
      port:
        number: 8080
```

　Kubernetes を動かしているインフラと Ingress コントローラの実装に応じて、この定義は外部からアクセス可能な IP アドレスを割り当て、`random-generator` の Service をポート 80 で公開します。しかしこれだと、Service 定義ごとに外部 IP アドレスを必要とする `type: LoadBalancer` な Service と大きく違いはありません。Ingress の本当の力は、複数の Service へのアクセスを提供し、インフラコストを削減するため、1 つの外部ロードバランサと IP を使いまわすところにあります。HTTP URI パスを元にして 1 つの IP アドレスを複数の Service にルーティングする、シンプルなファンアウト設定が、**例 13-9** です。

例 13-9　Nginx の Ingress コントローラ定義

```
apiVersion: networking.k8s.io/v1
kind: Ingress
metadata:
  name: random-generator
  annotations:
    nginx.ingress.kubernetes.io/rewrite-target: /
spec:
  rules:                              ❶
  - http:
      paths:
      - path: /                       ❷
        pathType: Prefix
        backend:
          service:
            name: random-generator
            port:
              number: 8080
      - path: /cluster-status         ❸
        pathType: Exact
        backend:
          service:
            name: cluster-status
            port:
              number: 80
```

❶ リクエストパスを元にリクエストを割り当てる Ingress コントローラの専用ルール。

❷ Service `random-generator` に各リクエストをリダイレクトします。
❸ ただし、別のサービスにリダイレクトされる `/cluster-status` へのリクエストは除外します。

通常の Ingress 自体の定義はともかく、各 Ingress コントローラの実装は異なるので、コントローラには Annotation を通じて渡される追加の設定が必要になる場合があります。Ingress が正しく設定されているなら、**例13-9** の定義は**図13-7** の図のようにロードバランサを1つと、2つの異なるパスにそれぞれ紐づけられた2つの Service へのアクセスを提供する1つの外部 IP アドレスを設定します。

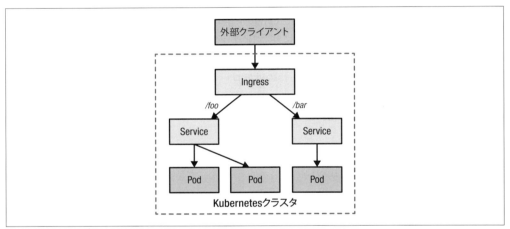

図13-7　アプリケーションレイヤでのサービスディスカバリ

Ingress は Kubernetes において、最強かつ最も複雑なサービスディスカバリの仕組みです。Ingress は同じ IP アドレスで複数のサービスを公開し、かつすべてのサービスが同じ L7 プロトコル（通常は HTTP）を使う場合に非常に便利です。

OpenShift Route

Red Hat OpenShift は、人気のある Kubernetes のエンタープライズ向けディストリビューションです。Kubernetes に対して完全に準拠しているだけでなく、OpenShift は追加の機能も提供しています。その機能のうちの1つが、Ingress に非常によく似た Route です。これらは実際似ており、違いを見つけるのは難しいでしょう。まず、Kubernetes に Ingress オブジェクトが導入される前から Route は存在しており、そのため Route は Ingress の祖先であると考えられる場合もあります。

とは言え、Route と Ingress オブジェクトには確かに技術的な違いがいくつかあります。

- Route は OpenShift に統合された HAProxy ロードバランサによって自動的に選択されるので、別に Ingress コントローラをインストールする必要がありません。
- 再暗号化やパススルーといった追加の TLS 終端処理を Service に追加できます。
- トラフィック分割の際に複数の重み付けしたバックエンドを設定できます。
- ワイルドカードドメインがサポートされています。

また、OpenShift 上で Ingress を使うことも可能です。つまり、OpenShift を使う際にはどちらかを選択できるということです。

13.3　議論

この章では、Kubernetes 上で使われる人気のあるサービスディスカバリの仕組みを見てきました。クラスタ内での動的な Pod のディスカバリは常に Service リソースを通じて行われますが、設定が違えば実装も違ったものになります。Service という抽象概念は、仮想 IP アドレス、iptables、DNS レコード、環境変数といった低レイヤの設定を行うための、高レイヤでクラウドネイティブな方法です。クラスタ外からのサービスディスカバリは、Service の抽象化概念の上に作られ、Service を外部に公開することに焦点を当てた仕組みです。NodePort は Service 公開の基本的な部分を提供する一方、可用性の高い構成を実現するには、プラットフォームのインフラプロバイダとの統合が必須になります。

表 13-1 は、Kubernetes においてサービスディスカバリを実装するさまざまな方法をまとめたものです。この表は、この章で取り上げた各種サービスディスカバリの仕組みを単純なものから複雑なものへと整理しようとしたものです。この表がメンタルモデルの構築とそれぞれの仕組みをより理解するのに役立つことを願います。

表 13-1　サービスディスカバリの仕組み

名前	設定	クライアントの種類	概要
ClusterIP	`type: ClusterIP` `.spec.selector`	内部	最も一般的な内部ディスカバリの仕組み
手動による IP 付け	`type: ClusterIP` `kind: Endpoints`	内部	外部 IP のディスカバリ
手動による FQDN 付け	`type: ExternalName` `.spec.externalName`	内部	外部 FQDN のディスカバリ
Headless な Service	`type: ClusterIP` `.spec.clusterIP: Ncne`	内部	仮想 IP を使わない DNS ベースのディスカバリ
NodePort	`type: NodePort`	外部	HTTP でないトラフィックでの推奨
LoadBalancer	`type: LoadBalancer`	外部	クラウドインフラがサポートしている必要あり
Ingress	`type: Ingress`	外部	L7/HTTP ベースのスマートルーティング

この章では、サービスにアクセスしたり見つけ出すための Kubernetes におけるコアとなるすべての考え方の全体的概要を説明しました。しかし、その旅はここで終わりではありません。**Knative** プロジェクトでは、アプリケーション開発者が高度なサービスとイベントを扱うのを助ける新しい構成要素が Kubernetes 上に導入されています。

Service Discovery パターンの観点では、**Knative Serving** サブプロジェクトは特に興味深いところです。それは、このサブプロジェクトが、ここで紹介した Service と同じ（ただし違う API グループ内）種類の新しい Service リソースを提供するものだからです。Knative Serving はアプリケーションの Revision（版数）の管理だけでなく、ロードバランサの背後にあるサービスの非常に柔軟なスケールもサポートしています。29 章の「29.2.2.2 Knative」で Knative Serving について短く触れますが、Knative についての詳細はこの本のスコープから外れます。「29.4 追加情報」に、Knative に関する詳細情報へのリンクがあります。

13.4　追加情報

- Service Discovery パターンのサンプルコード（https://oreil.ly/nagmD）
- Kubernetes Service（https://oreil.ly/AEDi5）
- Service と Pod に対する DNS（https://oreil.ly/WRT5H）
- Service のデバッグ（https://oreil.ly/voVbw）
- 送信元 IP を使用する（https://oreil.ly/mGjzg）
- 外部ロードバランサの作成（https://oreil.ly/pzOiM）
- Ingress（https://oreil.ly/Idv2c）
- Kubernetes NodePort Versus LoadBalancer Versus Ingress? When Should I Use What?（Kubernetes の NodePort 対 LoadBalancer 対 Ingress、どれを使うべき？、https://oreil.ly/W4i8U）
- Kubernetes Ingress Versus OpenShift Route（Kubernetes Ingress と OpenShift Route、https://oreil.ly/fXicP）

14章
Self Awareness（セルフアウェアネス）

アプリケーションによっては、自分自身を認識し、自分自身についての情報を必要とする場合があります。**Self Awareness**（セルフアウェアネス、自己認識）パターンでは、アプリケーションに対する自己認識とメタデータの注入を行うシンプルな仕組みを提供するKubernetesの**Downward API**について説明します。

14.1　問題

多くのユースケースでは、クラウドネイティブアプリケーションは他のアプリケーションに関係するアイデンティティを持たず、ステートレスで使い捨て可能です。しかし、これらのアプリケーションもアプリケーション自身、あるいは実行している環境に関する情報を持つ必要がある場合もあります。この種の情報には、Pod名、PodのIPアドレス、アプリケーションが配置されているホストのホスト名など、実行時にのみ分かるものも含まれます。また、ある種のリソースに対するリクエストや制限のようなPodレベルで定義される静的な情報もあれば、実行時にユーザに変更される可能性のあるAnnotationやLabelといった動的な情報もあります。

例えば、コンテナに対して利用可能になるリソースによっては、アプリケーションのスレッドプールのサイズをチューニングしたり、ガベージコレクションアルゴリズムやメモリアロケーションの設定を変更したい場合もあるでしょう。情報をログに残したり、中央サーバにメトリクスを送ったりする時、Pod名やホスト名を使いたい場合もあるでしょう。また、同じNamespace内にある指定したLabelのついた他のPodを見つけ、そのPodをクラスタアプリケーションに加えたいこともあるでしょう。こういったユースケースに対してKubernetesは、Downward APIを提供しています。

14.2　解決策

前述した要件と、これから記述する解決策は、コンテナに限ったものではなく、リソースのメタデータが変更されうるあらゆる動的な環境で使えるものです。例えばAWSは、EC2インスタンス自体に関するメタデータをEC2インスタンスから問い合わせられるインスタンスメタデータや

ユーザデータといったサービスを提供しています。同様に AWS ECS は、コンテナが問い合わせを行なってコンテナクラスタの情報を取得できる API を提供しています。

Kubernetes のアプローチはさらに洗練されて使いやすくなっています。**Downward API** を使うと、Pod に関するメタデータを環境変数やファイルを通じてコンテナやクラスタに渡せるようになります。これは、ConfigMap や Secret からアプリケーションに関するデータを渡すのに使った仕組みと同じです。しかし今回は、データは私たち利用者が作るものではありません。代わりに利用者は関心のあるキーを指定し、Kubernetes がそれに対する値を入れることになります。**図14-1**は、Downward API が対象の Pod に対してリソースとランタイム情報をどのように注入するのかの概要を示したものです。

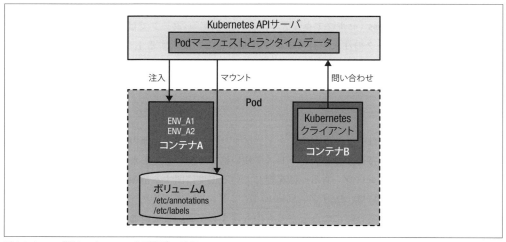

図14-1　アプリケーションの自己認識の仕組み

ここで重要なのは、Downward API を使うことでメタデータが Pod に注入され、ローカルでそれが使用できるようになる点です。アプリケーションはクライアントを使用して Kubernetes とやり取りする必要はなく、Kubernetes に依存しないでいられます。環境変数を通じてメタデータを要求するのがどのくらい簡単なのか、**例14-1** で見てみましょう。

例14-1　Downward API からの環境変数

```
apiVersion: v1
kind: Pod
metadata:
  name: random-generator
spec:
  containers:
  - image: k8spatterns/random-generator:1.0
    name: random-generator
```

```
      env:
      - name: POD_IP
        valueFrom:
          fieldRef:                              ❶
            fieldPath: status.podIP
      - name: MEMORY_LIMIT
        valueFrom:
          resourceFieldRef:
            containerName: random-generator      ❷
            resource: limits.memory
```

❶ この Pod のプロパティから環境変数 `POD_IP` が設定され、Pod が起動した時から使用できます。

❷ 環境変数 `MEMORY_LIMIT` がこのコンテナのメモリリソース制限の値に設定されます。実際の制限の宣言はここでは省略しています。

この例では、Pod レベルのメタデータにアクセスするのに `fieldRef` を使っています。環境変数あるいは downwardAPI ボリュームとして `fieldRef.fieldPath` で使用可能なキーが、**表14-1** です。

表14-1 `fieldRef.fieldPath` で利用可能な Downward API の情報

名前	説明
`spec.nodeName`	Pod をホストするノードの名前
`status.hostIP`	Pod をホストするノードの IP アドレス
`metadata.name`	Pod 名
`metadata.namespace`	Pod が動作している Namespace
`status.podIP`	Pod の IP アドレス
`spec.serviceAccountName`	Pod で使われている ServiceAccount
`metadata.uid`	Pod の UID
`metadata.labels['key']`	Pod の Label key の値
`metadata.annotations['key']`	Pod の Annotation key の値

`fieldRef` と同様に、Pod に紐づけられたコンテナリソースの設定に関するメタデータにアクセスするには、`resourceFieldRef` を使います。このメタデータはコンテナに特有なもので、`resourceFieldRef.container` として指定します。環境変数として使う場合は、デフォルトでは現在のコンテナが使用されます。`resourceFieldRef.resource` が取り得るキーを表したのが**表14-2** です。リソースの宣言に関しては「2 章 Predictable Demand（予想可能な需要）」で説明しました。

表14-2 `resourceFieldRef.resource` で利用可能な Downward API の情報

名前	説明
`requests.cpu`	コンテナの CPU 要求
`limits.cpu`	コンテナの CPU 制限

表14-2　resourceFieldRef.resource で利用可能な Downward API の情報（続き）

名前	説明
`requests.memory`	コンテナのメモリ要求
`limits.memory`	コンテナのメモリ制限
`requests.hugepages-<size>`	コンテナの Huge page 要求（例えば `requests.hugepages-1Gi`）
`limits.hugepages-<size>`	コンテナの Huge page 制限（例えば `limits.hugepages-1Gi`）
`requests.ephemeral-storage`	コンテナのエフェメラルストレージ要求
`limits.ephemeral-storage`	コンテナのエフェメラルストレージ制限

　Pod が起動している間は、Label や Annotation のような特定のメタデータはユーザが変更できます。Pod を再起動しない限り、このような変更は環境変数に反映されません。しかし、downwardAPI ボリュームでは、Label や Annotation の変更を反映できます。前に挙げた各フィールドに加えて downwardAPI ボリュームでは、`metadata.labels` と `metadata.annotations` の参照を通じて Pod の Label や Annotation をファイルとして取得できます。このボリュームの使い方を示したのが**例 14-2** です。

例 14-2　ボリュームを通じた Downward API の使用

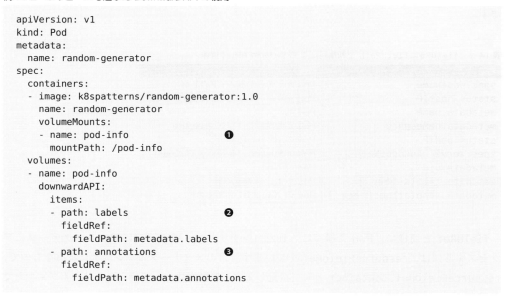

❶ Downward API からのボリュームを Pod に対してファイルとしてマウントできます。

❷ ファイル `labels` には、`name=value` というフォーマットで 1 行ずつすべての Label が含まれます。このファイルは、Label に変更があると更新されます。

❸ ファイル `annotations` には、Label と同じフォーマットですべての Annotation が含まれます。

　ボリュームでは、Pod が起動している最中にメタデータが変更された時でも、ボリュームファイ

ルに変更が反映されます。ただし、ファイル変更を検知し、更新されたデータを読み出すのは利用側のアプリケーションの役割です。アプリケーションにそのような機能が実装されていないなら、Pod の再起動が引き続き必要になるでしょう。

14.3 議論

　アプリケーションが自己認識可能で、自分自身あるいは動作している環境の情報を知る必要がある場合がよくあります。Kubernetes は、自己認識とメタデータ注入のための負担の少ない方法を提供しています。Downward API の欠点の 1 つが、参照されるキーの数が固定されていることです。アプリケーションでさらに情報が必要になった時、特に他のリソースやクラスタ関連のメタデータが必要な時は、API サーバに問い合わせる必要があります。これは、同じ Namespace 内の特定の Label や Annotation がついた他の Pod を見つけるために API サーバに問い合わせを行う多くのアプリケーションで使われている方法です。アプリケーションは、この方法を使って見つけた Pod でクラスタを構成し、状態情報を同期します。また、対象となる Pod を見つけてそれを計測し始めることで、アプリケーションを監視するのにも使われます。

　Downward API が提供するよりも高度な自己参照情報を取得できるよう、Kubernetes の API サーバとやり取りができる多くのクライアントライブラリが、さまざまな言語で使用可能です。

14.4 追加情報

- Self Awareness パターンのサンプルコード（https://oreil.ly/fHu1O）
- AWS EC2: Instance Metadata and User Data（AWS EC2: インスタンスメタデータとユーザデータ、https://oreil.ly/iCwPr）
- ファイルによりコンテナに Pod 情報を共有する（https://oreil.ly/qe2Gc）
- 環境変数によりコンテナに Pod 情報を共有する（https://oreil.ly/bZrtR）
- Downward API: 利用可能なフィールド（https://oreil.ly/Jh4zf）

第III部
構造化パターン

　コンテナイメージとコンテナは、オブジェクト指向の世界におけるクラスとオブジェクトのような存在です。コンテナイメージはどのコンテナがインスタンス化されたかの設計図であると言えます。しかし、コンテナは個別に動くわけではありません。他のコンテナとやり取りをする場所であり、別の抽象化概念であるPodの中で動きます。

　このカテゴリに属するパターンは、さまざまなユースケースを満たすためにPodの中でコンテナを構造化し、組織化することに焦点を当てています。Podは、優れたランタイム機能を備えています。Pod内のコンテナに及ぼす力によって、これ以降の章で説明するパターンが実現されています。

- 「15章 Init Container（Initコンテナ）」では、アプリケーションの責任範囲からは切り離された、初期化関連タスクのライフサイクルを紹介します。
- 「16章 Sidecar（サイドカー）」では、すでに存在しているコンテナを変更せずにその機能を拡大・拡張する方法について説明します。
- 「17章 Adapter（アダプタ）」では、均一でないシステムを扱い、外部から利用できるよう一貫性のある統合されたインタフェイスをそのシステムに持たせるようにします。
- 「18章 Ambassador（アンバサダ）」では、外部サービスへのアクセスを分離するプロキシについて説明します。

15章
Init Container（Initコンテナ）

Init Container（Init コンテナ）パターンを使うと、初期化関連タスクのライフサイクルをメインアプリケーションコンテナから切り離すことによって、関心の分離が実現できます。この章では、初期化ロジックが必要な際に、さまざまなパターンで使われるKubernetesの基本的な考え方を詳細に見ていきます。

15.1　問題

　初期化（initialization）は、多くのプログラミング言語においてよく語られる懸案事項です。言語によっては言語機能の一部として含まれ、また別の言語では構成要素がイニシャライザであることを表すのに命名規則やパターンが使われます。例としてJava言語では、何らかのセットアップが必要なオブジェクトをインスタンス化するのにはコンストラクタ（またはもう少し凝った使い方では静的ブロック）を使います。コンストラクタはオブジェクト内で最初に実行されることが保証されており、管理ランタイムによって1度だけ実行されることが保証されています（これはあくまで例であり、別の言語やまれなケースを取り上げることはしません）。また、必須パラメータなどの事前条件が満たされているかの検証にもコンストラクタを使います。さらに、渡された引数やデフォルト値でインスタンスのフィールドを初期化するのにもコンストラクタを使います。

　Initコンテナはこれに似ていますが、Javaのクラスレベルではなく、Podレベルで動きます。メインアプリケーションに相当するPodに1つ以上のコンテナがある時、これらのコンテナには起動する前の前提条件があるはずです。このような前提条件には、ファイルシステムでの特別なパーミッション、データベーススキーマのセットアップ、アプリケーションのシードデータの設定などがあるでしょう。あるいは、この初期化ロジックには、アプリケーションイメージには含まれないツールやライブラリが必要な場合もあるでしょう。そういった場合には、外部依存関係が満たされるまではアプリケーションの起動を遅らせたいかもしれません。こういったユースケースすべてに対するKubernetesにおける実装方法として、メインアプリケーションの役割から初期化処理を切り離すことができるInitコンテナを使います。

15.2　解決策

KubernetesにおけるInitコンテナはPod定義の一部であり、Pod内のコンテナをinitコンテナとアプリケーションコンテナの2種類に分けます。Initコンテナはすべて1つずつ順番に実行され、アプリケーションコンテナが起動する前に全Initコンテナが正常に停止する必要があります。その意味でInitコンテナの動きは、オブジェクトの初期化を手伝うJavaクラスのコンストラクタの処理と似ているのです。一方アプリケーションコンテナは並列に動作し、起動は任意の順番で行われます。この実行のフローを図で表したのが**図15-1**です。

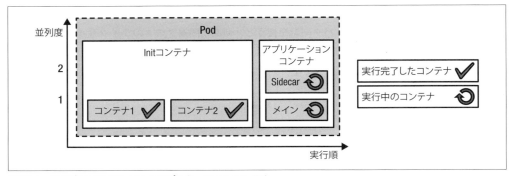

図15-1　Pod内のInitコンテナとアプリケーションコンテナ

通常、Initコンテナは小さく、実行が早く、依存関係が満たされるまで待つ間にPodの開始を遅らせる場合にその依存関係が満たされない時以外は正常終了するものとされます。Initコンテナが失敗すると、Pod全体が再起動され（`RestartNever`が指定されている場合を除きます）、すべてのInitコンテナが再度実行されます。したがって、副作用が起きるのを防ぐため、Initコンテナに冪等性を持たせておくのがよいでしょう。

一方で、Initコンテナはアプリケーションコンテナと全く同じ能力を持っているとも言えます。どのコンテナも同じPodの一部であり、同じリソース制限、ボリューム、セキュリティ設定を共有しており、同じノードに配置されるからです。しかしそれぞれのコンテナでは、ライフサイクル、ヘルスチェック、リソースの扱いなどのやり方に少し違いがあります。その1つとして、Pod起動プロセスがアプリケーションコンテナに移る前にInitコンテナは正常終了している必要があるので、Initコンテナには`livenessProbe`、`readinessProbe`、`startupProbe`はありません[†1]。

Initコンテナは、スケジュール、オートスケール、クォータ管理に対してPodのリソース要求が計算される方法にも影響を与えます。Pod内の全コンテナの実行順序は決まっているので（まずInitコンテナが直列に実行され、その後アプリケーションコンテナが並列に実行されます）、実質

[†1] 訳注：5章の訳注でも書いたように、Kubernetes 1.29で導入されたサイドカーコンテナ機能（https://bit.ly/3VFgK1f）を使うことで、この振る舞いを変更できます。またその際には、Initコンテナはサイドカーとして動作し続けることになるので、リソースの計算方法も変わることに注意して下さい。

的な Pod レベルでのリソース要求とリソース制限は、次の 2 つのグループの最大値になります。

- Init コンテナのリソース要求とリソース制限の最大値[†2]
- 全アプリケーションコンテナのリソース要求とリソース制限のそれぞれの合計値[†3]

この振る舞いによって、リソース需要が大きい Init コンテナとリソース需要が小さいアプリケーションコンテナがある場合には、スケジュールに影響を及ぼす Pod レベルのリソース要求とリソース制限の値は、**図15-2** に示したとおり Init コンテナの需要量の最大値になります。

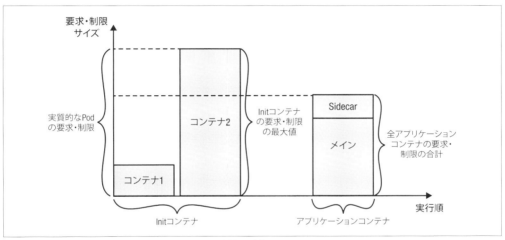

図 15-2　実質的な Pod のリソース要求とリソース制限の計算

この設定だとリソース効率がいいとは言えません。Init コンテナが短時間しか動作せず、ノードには大部分の時間で利用可能なリソースが残るにもかかわらず、他の Pod はそれを使用できません。

Init コンテナを使えば、関心の分離を実現し、コンテナの目的を 1 つに絞れるようになります。アプリケーションエンジニアはアプリケーションコンテナを作り、アプリケーションロジックにのみ集中できます。デプロイエンジニアは Init コンテナを作り、設定と初期化のタスクにのみ集中できます。ファイルを公開する HTTP サーバを動かすアプリケーションコンテナ 1 つを使った場合の例が、**例15-1** です。

[†2] 訳注：5 章の訳注でも書いたように、Kubernetes 1.29 で導入されたサイドカーコンテナ機能（https://bit.ly/3VFgK1f）を使うことで、この振る舞いを変更できます。またその際には、Init コンテナはサイドカーとして動作し続けることになるので、リソースの計算方法も変わることに注意して下さい。

[†3] 訳注：`pod.spec.overhead` を設定すると、その値も加算されます（https://bit.ly/4cqx9xP）。

例 15-1 Init コンテナ

```
apiVersion: v1
kind: Pod
metadata:
  name: www
  labels:
    app: www
spec:
  initContainers:
  - name: download
    image: bitnami/git
    command:                                    ❶
    - git
    - clone
    - https://github.com/mdn/beginner-html-site-scripted
    - /var/lib/data
    volumeMounts:                               ❷
    - mountPath: /var/lib/data
      name: source
  containers:
  - name: run
    image: centos/httpd
    ports:
    - containerPort: 80
    volumeMounts:                               ❷
    - mountPath: /var/www/html
      name: source
  volumes:                                      ❸
  - emptyDir: {}
    name: source
```

❶ マウントされたディレクトリに、外部の Git リポジトリをクローン。

❷ Init コンテナとアプリケーションコンテナの両方から使われる共有ボリューム。

❸ データ共有のためにノード上で使用される emptyDir。

ConfigMap や PersistentVolume を使えば同じことが実現できますが、ここでは Init コンテナの動作を説明するためにあえてこうしました。この例では、メインコンテナが Init コンテナとボリュームを共有するよくあるパターンを挙げました。

> Init コンテナの実行した結果をデバッグするには、アプリケーションコンテナのコマンドをダミーの `sleep` コマンドに置き換えられると、状況を調査する時間が稼げます。Init コンテナが実行に失敗し、その結果設定が不足していたり壊れているためアプリケーションが実行に失敗するといったケースで、この方法は特に便利です。Pod 定義内に次のコマンドを入れると、`kubectl exec -it <pod> sh` で Pod に入ることでマウントされたボリュームをデバッグする時間が 1 時間手に入ります。

```
      command:
      - /bin/sh
      - "-c"
      - "sleep 3600"
```

　同様の効果は、アプリケーションコンテナと一緒に HTTP サーバコンテナと Git コンテナを動かすサイドカー（16 章で説明します）でも実現できます。しかしサイドカーだと、コンテナが継続的に一緒に動作することを目的としており、どのコンテナが最初に実行されるかも知る術がありません[†4]。保証された初期化処理とデータの継続的な更新の両方が必要なら、サイドカーと Init コンテナの両方を使うことも可能です。

その他の初期化手法

　ここまで見てきたように Init コンテナは、Pod が開始した後に起動される Pod レベルの構成概念です。Kubernetes リソースを初期化するのに使われる他の手法はそれぞれ Init コンテナとは違っており、網羅するためここで取り上げておくべきでしょう。

アドミッションコントローラ（admission controller）
　このプラグインは、オブジェクトが永続化される前に Kubernetes の API サーバへの各リクエストを傍受し、変更を加えたり検証したりします。チェックを行ったり、制限を加えたり、デフォルト値を設定したりする多くのアドミッションコントローラが存在しますが、どれも `kube-apiserver` バイナリに組み込まれ、API サーバが起動する際にクラスタ管理者によって設定されます。このプラグインシステムはあまり柔軟性があるとは言えず、そのため Kubernetes にはアドミッション Webhook が導入されました。

アドミッション Webhook（admission webhook）
　このコンポーネントは、一致するリクエストに対して HTTP コールバックを実行する外部アドミッションコントローラです。アドミッション Webhook には 2 種類あります。カスタマイズしたデフォルト値を強制するためリソースに変更を加える **Mutating webhook** と、カスタマイズしたアドミッションポリシーを矯正するためリソースを拒否する **Validating webhook** です。外部コントローラを使うこの考え方によって、アドミッション Webhook は Kubernetes とは別に開発でき、実行時に設定を行えます。

　これ以外にも Initializer や PodPreset といった結果的には廃止されてすでに削除された

[†4] 訳注：サイドカーコンテナ機能を使うと、サイドカーコンテナがアプリケーションコンテナより先に実行されるよう制御できます（https://bit.ly/3VFgK1f）。

Kubernetes リソースの初期化手法もあります。今日では、Metacontroller や Kyverno といったプロジェクトが、Kubernetes リソースを変更したり初期化プロセスに介入したりするためアドミッション Webhook や **Operator** パターンを使っています。これらの手法は、リソースの作成時にリソースを検証したり変更を加えたりする点が Init コンテナとの違いです。

　一方でこの章で説明した **Init Container** パターンは、Pod の起動時に有効化され実行される仕組みです。例えば、Init コンテナがまだない Pod に対して Init コンテナを組み込むのにアドミッション Webhook を使うといったことが可能です。具体的な例として人気のあるサービスメッシュプロジェクトである Istio は、この章で取り上げた手法を組み合わせて、アプリケーション Pod にプロキシを組み込みます。Istio は Mutating アドミッション Webhook を使って、Pod 定義の作成時に Pod 定義に対して自動的にサイドカーと Init コンテナを組み込みます。この Pod が起動する時 Istio の Init コンテナは、送信と受信のトラフィックをアプリケーションから Envoy proxy サイドカーにリダイレクトするよう Pod 環境を設定します。この Init コンテナは他のコンテナよりも先に起動し、トラフィックがアプリケーションに到達する前にリクエストパスに Envoy proxy を挿入するよう iptables のルールを設定します。このようにコンテナを分けることで望ましいライフサイクル管理が実現できると共に、この場合の Init コンテナにはトラフィックのリダイレクトを行うために強い権限が必要なので、それによって引き起こされるセキュリティ上の脅威の範囲も限定できます。これは、アプリケーションコンテナが起動する前にさまざまな初期化処理が行えることを示す例と言えます。

　これらの方法の最大の違いは、Init コンテナは Kubernetes 上でデプロイを行う開発者が使用する一方で、アドミッション Webhook は管理者やフレームワークがコンテナ初期化プロセスを制御したり変更したりするために使うという点です。

15.3　議論

　Pod 内のコンテナを 2 つのグループに分けるのはなぜでしょうか。必要なら Pod 内での初期化を行うのにアプリケーションコンテナでちょっとしたスクリプトを使えばいいのでは、と思うかもしれません。その答えは、それぞれのグループのコンテナには違うライフサイクルと違う目的があり、さらには場合によっては違う開発者がいるからです。

　アプリケーションコンテナの前に実行される Init コンテナがあることで、さらに言うと現在の Init コンテナが正常終了した時に先に進むステージごとに Init コンテナがあることで、初期化の各ステップにおいて前のステップが確実に正常終了していると言え、次のステージに進めるようになります。その一方でアプリケーションコンテナは並列に実行されるので、Init コンテナと同じことは保証されません。この違いを認識しておけば、初期化あるいはアプリケーションに主眼を置いたそれぞれのコンテナを作成でき、それらをそれぞれのコンテキストにおいて事前に想定された保証を実現するように Pod 内で組み合わせることで、再利用できるようになります。

15.4　追加情報

- Init Container パターンのサンプルコード（https://oreil.ly/dtC_W）
- Init コンテナ（https://oreil.ly/AcBVc）
- Pod 初期化を設定する（https://oreil.ly/XJV9K）
- アドミッションコントローラリファレンス（https://oreil.ly/H1-va）
- 動的なアドミッションコントロール（https://oreil.ly/uOzBD）
- Metacontroller（https://oreil.ly/f-P_d）
- Kyverno（https://oreil.ly/VnbkZ）
- Demystifying Istio's Sidecar Injection Model（Istio のサイドカー組み込みモデルの解説、https://oreil.ly/a3kmy）
- Object Initialization in Swift（Swift におけるオブジェクト初期化、https://oreil.ly/Wy-ca）

16章
Sidecar（サイドカー）

サイドカーコンテナは、すでに存在しているコンテナを変更することなく拡張・強化するものです。**Sidecar**（サイドカー）パターンは、単一目的のコンテナが互いに密接に協力し合えるようにする、基本的なコンテナパターンの1つです。この章では、基本的なサイドカーの考え方について学びます。それに続く特化されたパターンである **Adapter** と **Ambassador** については、それぞれ17章と18章で学びます。

16.1　問題

コンテナとは、開発者やシステム管理者が統一された方法でアプリケーションをビルドし、リリースし、実行できるようにする人気のあるパッケージ技術です。コンテナは、明確なランタイム、リリースサイクル、API、それ自体を所有するチームといった機能の単位に対する自然な境界を表現するものです。正しく作られたコンテナは、単一の Linux プロセスのように、つまり1つの問題だけをうまく解決するよう振る舞います。また、置き換えと再利用が可能なように作られます。専用に作られた既存のコンテナを利用することによってアプリケーションをより早く作れるようになると言う点で、最後の部分は不可欠な性質です。

今日においては、HTTP の呼び出しを行うのにクライアントライブラリを書く必要はなく、既存のものを利用できます。それと同様に、Web サイトを公開するのに Web サーバを動かすコンテナを作る必要はなく、既存のものを利用できます。この方法によって開発者は、車輪の再発明を避け、メンテナンスするべき品質の高い少数のコンテナで構成されたエコシステムを作れるようになります。しかし、単一の目的を持つ再利用可能なコンテナを作るには、コンテナの機能を拡張する方法や、コンテナ同士で協調する手段が必要です。Sidecar パターンは、コンテナが別の既存のコンテナの機能を拡張するために行うこういった協調関係を表したものです。

16.2　解決策

1章において、Pod という構成要素を使うことで複数のコンテナを1つの単位にまとめる方法を説明しました。内部的には、実行時には Pod はコンテナでもあり、ただし Pod 内の全コンテナよ

りも先に、一時停止されたプロセス（文字どおり pause《一時停止》コマンドを使用）として起動します。Pod が動いている間中、アプリケーションコンテナがやり取りする Linux の名前空間を保持すること以外は行いません。このような実装の詳細はさておき興味深いのは、Pod による抽象化が提供するさまざまな特徴です。

　Pod は、多くのクラウドネイティブプラットフォームにおいて違う名前で表現されつつも常に似たような機能を備えている、基本的な構成要素なのです。デプロイ単位としての Pod は、Pod に属するコンテナに対して一定のランタイム制約をかけます。例えば、すべてのコンテナが同じノードにデプロイされ、同じ Pod ライフサイクルを共有するといったことです。さらに Pod によって、コンテナがボリュームを共有したり、ローカルネットワークやホスト IPC を通じてやり取りできるようにもなります。ユーザがコンテナのグループを Pod に入れるのはそういった理由からです。**Sidecar**（**Sidekick** と呼ばれる場合もあります）は、他のコンテナの振る舞いを拡張したり強化するために、コンテナが Pod に入れられるその状況を説明したものと言えます。

　このパターンを説明するため、HTTP サーバと Git による同期の仕組みを使った例がよく挙げられます。HTTP サーバコンテナは HTTP を通じてファイルを提供することに焦点を当て、ファイルがどのようにどこから来たのかは知りません。同様に、Git 同期コンテナの目的は Git サーバからローカルファイルシステムにファイルを同期することだけであり、ローカルフォルダをリモートの Git サーバと同期することが唯一の仕事です。**例16-1** は、ファイル共有にボリュームを使うよう設定したこれら 2 つのコンテナを含む Pod 定義です。

例16-1　サイドカー付きの Pod

```
apiVersion: v1
kind: Pod
metadata:
  name: web-app
spec:
  containers:
  - name: app
    image: centos/httpd           ❶
    volumeMounts:
    - mountPath: /var/www/html    ❸
      name: git
  - name: poll
    image: bitnami/git            ❷
    volumeMounts:
    - mountPath: /var/lib/data    ❸
      name: git
    env:
    - name: GIT_REPO
      value: https://github.com/mdn/beginner-html-site-scripted
    command: [ "sh", "-c" ]
    args:
    - |
      git clone $(GIT_REPO) .
      while true; do
```

```
      sleep 60
      git pull
    done
  workingDir: /var/lib/data
volumes:
- emptyDir: {}
  name: git
```

❶ HTTP 経由でファイルを提供するメインアプリケーションコンテナ。
❷ 並列に動作し、Git サーバからデータを取得するサイドカーコンテナ。
❸ サイドカーとメインアプリケーションコンテナ間でデータをやり取りするための共有場所。app と poll のそれぞれにマウントされます。

Git 同期機構がコンテンツを提供することで HTTP サーバの振る舞いを拡張し、同期し続ける様子をこの例は示しています。両方のコンテナが協力し合い、どちらも同様に重要であるとも言えますが、**Sidecar** パターンにおいては、メインコンテナとその全体的な振る舞いを拡張するヘルパーコンテナがあると考えます。通常、メインコンテナはコンテナの一覧の最初に書かれ、デフォルトコンテナとして扱われます（例えば kubectl exec を実行した時など）。

図 16-1 に表されたこのシンプルなパターンによって、コンテナのランタイムコラボレーションが可能になり、また同時にどちらのコンテナも関心の分離が実現できるので、それぞれのコンテナが別のチームに管理され、違ったプログラミング言語を使い、違ったリリースサイクルを持つこともできます。また、HTTP サーバと Git 同期の各コンテナは、Pod 内の単一のコンテナとして、あるいは他のコンテナと協調して、別のアプリケーションや別の設定で再利用できるので、コンテナの置き換え可能性と再利用性を促進することにもなります。

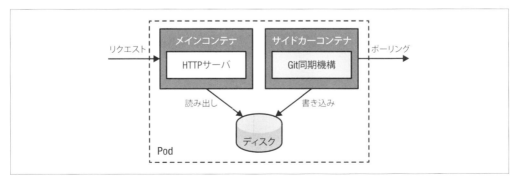

図 16-1　Sidecar パターン

16.3　議論

以前、コンテナイメージはオブジェクト指向プログラミングで言うクラスに似ており、コンテナ

はオブジェクトに似ていると言いました。この比喩をさらに続けてみると、コンテナを拡張することでその機能を広げるのは、オブジェクト指向プログラミングでの継承（inheritance）に似ており、Pod 内で協調する複数のコンテナがあることは同じく合成（composition）と似ています。どちらの方法もコードの再利用が可能ですが、継承はコンテナ間のより強い結合を伴い、コンテナ間の is-a 関係[†1]を表します。

一方で Pod における合成は、has-a 関係[†2]を表し、ビルド時にコンテナを結合しないので Pod 定義時にコンテナを入れ替えることもできることから、より柔軟性が高いと言えます。合成のアプローチだと、起動し、ヘルスチェックされ、再起動され、リソースを消費するといったメインアプリケーションが行うことを同じように行う複数のコンテナ（プロセス）を作れます。モダンなサイドカーコンテナは小さく、最低限のリソースしか消費しないものですが、それを別プロセスとして実行するか、メインコンテナに組み込んでしまうかは自分で決める必要があります。

サイドカーの利用には、重要な 2 つのアプローチがあります。1 つはアプリケーションからは見えない透過的サイドカー（transparent sidecar）であり、もう 1 つは正しく定義された API を通じてメインアプリケーションがやり取りを行う明示的サイドカー（explicit sidecar）です。Envoy proxy はメインコンテナと一緒に動き、TLS、ロードバランス、自動リトライ、サーキットブレーカ、グローバルなレートリミット、L7 トラフィックへのオブザーバビリティ、分散トレーシングなどの共通機能を提供することでネットワークを抽象化する、透過的サイドカーの一例です。これらの機能すべてはサイドカーコンテナを透過的に追加し、メインコンテナへの受信・送信トラフィックに介入することで、アプリケーションから使用可能になります。これは、コンテナを追加することで、メインコンテナに変更を加えずに Pod に独立した機能を導入できると言う点でアスペクト指向プログラミングとも似ています。

サイドカーのアーキテクチャを使った明示的プロキシの例として、Dapr があります。Dapr のサイドカーコンテナは、Pod に組み込まれ、信頼性の高いサービス呼び出し、Pub/Sub、外部システムへの紐付け、状態の抽象化、オブザーバビリティ、分散トレーシングなどの機能を提供します。Dapr と Envoy proxy の主な違いとして、Dapr はアプリケーションの受信・送信のトラフィックのすべてに介入するわけではありません。その代わり Dapr の機能は HTTP や gRPC API を通じて公開され、アプリケーションはそれらを呼び出したりサブスクライブします。

16.4　追加情報

- Sidecar パターンのサンプルコード（https://oreil.ly/bMAvz）
- Pod（https://oreil.ly/7cII-）
- Design Patterns for Container-Based Distributed Systems（コンテナベースの分散シス

[†1] 訳注：クラスが is-a 関係にあるとは、クラスが別のクラスのサブクラスであることを表します。詳しくは Wikipedia 記事（https://ja.wikipedia.org/wiki/Is-a）などを参照して下さい。

[†2] 訳注：オブジェクトが has-a 関係にあるとは、オブジェクトが別のオブジェクトに属していることを表します。詳しくは Wikipedia 記事（https://ja.wikipedia.org/wiki/Has-a）などを参照して下さい。

テムのデザインパターン、https://oreil.ly/1XqCg）
- Prana: A Sidecar for Your Netflix PaaS-Based Applications and Services（Prana: Netflix の PaaS ベースのアプリケーションとサービス向けのサイドカー、https://oreil.ly/1KMw1）
- Tin-Can Phone: Patterns to Add Authorization and Encryption to Legacy Applications（糸電話: レガシーアプリケーションに認証と暗号化を導入するパターン、https://oreil.ly/8Cq95）
- Envoy（https://oreil.ly/0FF-r）
- Dapr（https://dapr.io）
- The Almighty Pause Container（強力な Pause コンテナ、https://oreil.ly/kkhYD）
- サイドカーパターン（https://bit.ly/3VYfQP6）

17章
Adapter（アダプタ）

　Adapter（アダプタ）パターンは、コンテナ化された均一でないシステムを対象に、そのシステムが外部から利用できるよう標準化・正規化されたフォーマットを持つ一貫性があり統一されたインタフェイスに従うようにする方法です。**Adapter** パターンは **Sidecar** パターンの特徴のすべてを継承しますが、アプリケーションに合わせたアクセスを提供すると言う1つの目的に特化しています。

17.1　問題

　コンテナを使うことで、違うライブラリや言語を使って作られたアプリケーションを統一された方法でパッケージングしたり実行したりできるようになります。今日では、違った技術を使い、統一されていないコンポーネントを組み合わせて分散システムを作るチームが複数あるのもよくある光景です。このような不均一さは、他のシステムからそれぞれのコンポーネントが違った方法で扱われなければならない場合に問題を引き起こします。**Adapter** パターンは、システムの複雑性を隠し、システムに統一的なアクセス手段を提供することでこの問題を解決します。

17.2　解決策

　Adapter パターンは、実際の例を使って説明するのが最適です。分散システムを正しく実行しサポートするための主な必須条件は、詳細な監視とアラートの提供です。さらに、分散システムが監視したい複数のサービスから構成されている場合、各サービスからメトリクスをポーリングし、記録する外部ツールを使うことになるでしょう。

　しかし、違った言語で書かれたサービスであれば同じ機能があるとは限らず、監視ツールが期待するのと一致するフォーマットでメトリクスを公開しているとも限りません。このような違いによって、システム全体が統一的に見渡せることを期待した監視ソリューション1つからだと、均一でないアプリケーションを監視するには課題が生まれます。**Adapter** パターンを使うことで、さまざまなアプリケーションコンテナから1つの標準化されたフォーマットとプロトコルでメトリクスを公開し、統一的な監視インタフェイスが提供できるようになります。アダプタコンテナが、ロー

カルに保存されたメトリクス情報を監視サーバが理解できる外部フォーマットに変換することを示したのが**図17-1**です。

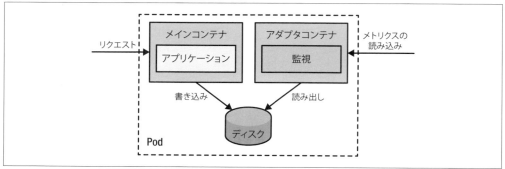

図17-1　Adapter パターン

このアプローチを採ると、Pod として表現される各サービスはメインのアプリケーションコンテナに加えて、アプリケーション特有のメトリクスを読み込み、監視ツールが理解できる汎用的なフォーマットで公開する方法を理解した別のコンテナを持つことになります。Java ベースのメトリクスを HTTP で公開する方法を知っているアダプタコンテナと、Python ベースのメトリクスを HTTP で公開する別の Pod の別のアダプタコンテナを作ることもできます。監視ツールから見ると、すべてのメトリクスは HTTP 経由で共通し正規化されたフォーマットで取得可能になります。

　このパターンの具体的な実装を考えるため、サンプルの乱数生成アプリケーションに**図17-1**に出てきたアダプタを追加してみましょう。正しく設定されていれば、乱数生成アプリケーションは乱数生成器でログファイルを書き出し、そこに乱数を生成するのにかかった時間を含めます。この時間を Prometheus で監視したいとしましょう。残念ながらログのフォーマットは Prometheus が期待したものではありません。また、Prometheus サーバが値を取得できるよう、HTTP エンドポイントを通じてこの情報を提供する必要があります。

　このようなユースケースにはアダプタが完璧な方法です。サイドカーコンテナが小さな HTTP サーバを起動し、各リクエストに応じてカスタムログファイルを読み込み、その内容を Prometheus が理解できるフォーマットに変換します。**例17-1**は、そのようなアダプタを含む Deployment の例です。この設定によって、メインアプリケーションは Prometheus について何も知る必要がないまま、分離された Prometheus 監視設定が可能になります。この本の GitHub リポジトリにある完全なサンプルコードには、Prometheus と組み合わせた構成が示されています。

例17-1　Prometheus 互換の出力を行うアダプタ

```
apiVersion: apps/v1
kind: Deployment
```

```
metadata:
  name: random-generator
spec:
  replicas: 1
  selector:
    matchLabels:
      app: random-generator
  template:
    metadata:
      labels:
        app: random-generator
    spec:
      containers:
      - image: k8spatterns/random-generator:1.0         ❶
        name: random-generator
        env:
        - name: LOG_FILE                                ❷
          value: /logs/random.log
        ports:
        - containerPort: 8080
          protocol: TCP
        volumeMounts:                                   ❸
        - mountPath: /logs
          name: log-volume
      # -------------------------------------------
      - image: k8spatterns/random-generator-exporter    ❹
        name: prometheus-adapter
        env:
        - name: LOG_FILE                                ❺
          value: /logs/random.log
        ports:
        - containerPort: 9889
          protocol: TCP
        volumeMounts:                                   ❻
        - mountPath: /logs
          name: log-volume
      volumes:
      - name: log-volume                                ❼
        emptyDir: {}
```

❶ 乱数生成サービスが 8080 で公開されたメインアプリケーションコンテナ。

❷ 乱数生成の時間情報が含まれたログファイルへのパス。

❸ Prometheus アダプタコンテナと共有されるディレクトリ。

❹ ポート 9889 で公開される Prometheus exporter のイメージ。

❺ メインアプリケーションがログを記録するのと同じログファイルへのパス。

❻ 共有ボリュームはアダプタコンテナからもマウントされます。

❼ ノードのファイルシステムの emptyDir ボリュームを通じてファイルが共有されます。

このパターンの別の利用方法が、ロギングです。コンテナが異なればログ情報のフォーマットや

詳細度も異なる可能性があります。アダプタはそういった情報を正規化し、整理し、14 章で説明した **Self Awareness** パターンを使ってコンテキスト情報を追加して情報量を増やし、集中化されたログアグリゲータが収集可能なようにします。

17.3 議論

Adapter は 16 章で説明した **Sidecar** パターンを専門化したものです。Adapter は、統一的なインタフェイスの後ろ側に複雑性を隠蔽することで、不均一なシステムへのリバースプロキシとして動作します。**Sidecar** パターンという総合的な名前とは別の個別の名前を使うことで、このパターンの目的をより正確に伝えることができるようになります。

次の章では、サイドカーのまた別なかたちであり、外部へのプロキシとして動作する **Ambassador** パターンについて見ていきます。

17.4 追加情報

- Adapter パターンのサンプルコード（https://oreil.ly/ABSfi）

18章
Ambassador（アンバサダ）

Ambassador（アンバサダ）パターンは、外部の複雑性を隠蔽し、Pod の外側のサービスへアクセスする際の統一的なインタフェイスを提供する役割に特化したサイドカーです。この章では、**Ambassador** パターンがプロキシとして動作し、外部の依存先への直接アクセスをメインコンテナから分離する仕組みを見ていきます。

18.1　問題

コンテナ化されたサービスは別々に存在するのではなく、場合によっては信頼性の高い方法で到達するのが難しい別サービスにアクセスせざるを得ないこともよくあります。他のサービスへのアクセスの難しさは、動的で変化するアドレス、クラスタ化されたサービスインスタンスへのロードバランシングの必要性、信頼性の低いプロトコル、難しいデータフォーマットなどの理由から発生します。コンテナは単一の目的を持ち、さまざまなコンテキストにおいて再利用可能であるのが理想的です。しかし何らかのビジネス機能を提供し、外部サービスを特別な方法で利用するコンテナがある場合、コンテナは 1 つ以上の責任を持つことになります。

外部サービスの利用には、コンテナに入れるのは避けたい特別なサービスディスカバリライブラリが必要な場合があります。あるいは、別々の種類のサービスディスカバリライブラリや手法を使うことで、サービスを切り替えたいかもしれません。外部の他サービスにアクセスするロジックを抽象化し分離する方法こそが、**Ambassador** パターンの目的です。

18.2　解決策

このパターンを実際に示す例として、アプリケーションのキャッシュがあります。開発環境においてローカルキャッシュにアクセスするなら設定は単純かもしれませんが、本番環境では、キャッシュの別シャードに接続できるクライアント設定が必要な場合もあるはずです。別の例として、レジストリからサービスを見つけ、クライアントサイドのサービスディスカバリを行うことでそのサービスを利用するケースがあります。また 3 つめの例としては、HTTP のような信頼性の低いプロトコルを通じてサービスを利用する際、アプリケーションを保護するためサーキットブレーカ

ロジックを使用したり、タイムアウトを設定したり、リトライを実行するなどの場合があります。

　これらの状況では、外部サービスへのアクセスの複雑性を隠蔽し、ローカルホストを通じてメインアプリケーションに単純化された見え方とアクセス方法を提供するアンバサダコンテナが使用できます。図18-1 と図18-2 は、ローカルポートをリッスンするアンバサダコンテナに接続することで、アンバサダ Pod がキーバリューストアへのアクセスを分離する仕組みを示しています。図18-1 では、etcd のような完全分散リモートストアにデータアクセスを任せる仕組みを示した図です。

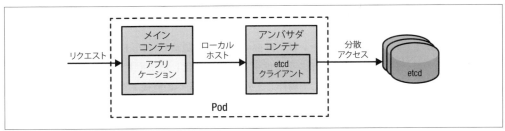

図18-1　分散リモートキャッシュへアクセスするためのアンバサダ

　開発用途では、このアンバサダコンテナは memcached のようなローカルで実行されるインメモリキーバリューストアと簡単に置き換えられます（図18-2）。

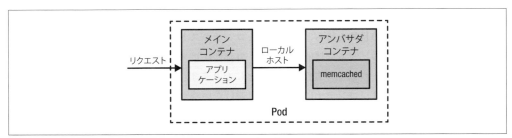

図18-2　ローカルキャッシュへアクセスするためのアンバサダ

　例18-1 は、REST サービスに対して並列に動くアンバサダです。レスポンスを返す前に REST サービスは固定された URL の http://localhost:9009 にデータを送ることで、生成されたデータをログに残します。アンバサダプロセスはこのポートでリッスンし、データを処理します。この例ではデータをコンソールに表示するだけですが、データを完全なログインフラに転送するなどより洗練されたことを実行してもよいでしょう。REST サービスにとってはログデータに何が起きたかは関係ないので、メインコンテナを変更せず Pod の設定を変更することでアンバサダを簡単に入れ替えられます。

例 18-1　ログ出力を処理するアンバサダ

```
apiVersion: v1
kind: Pod
metadata:
  name: random-generator
  labels:
    app: random-generator
spec:
  containers:
  - image: k8spatterns/random-generator:1.0          ❶
    name: main
    env:
    - name: LOG_URL                                   ❷
      value: http://localhost:9009
    ports:
    - containerPort: 8080
      protocol: TCP
  - image: k8spatterns/random-generator-log-ambassador  ❸
    name: ambassador
```

❶ 乱数を生成する REST サービスを提供するメインアプリケーションコンテナ。

❷ ローカルホストを通じてアンバサダと通信するための接続 URL。

❸ 並列に動作し、ポート 9009（Pod の外には公開されない）でリッスンするアンバサダ。

18.3　議論

　上位層では **Ambassador** パターンはすなわち **Sidecar** パターンです。アンバサダとサイドカーの主な違いは、アンバサダはメインアプリケーションに機能を追加して拡張しないところです。その代わり、外部に対する単なるスマートプロキシとして動作します（そのためこのパターンは場合によって **Proxy** パターンとも呼ばれます）。このパターンは、変更するのが難しかったり、監視、ログ、ルーティング、回復性のパターンといったモダンなネットワークの考え方で拡張するのが難しいレガシーアプリケーションにも便利です。

　Ambassador パターンの利点は、**Sidecar** パターンの利点と似ています。どちらもコンテナを単一目的化し、再利用可能に保てるようにしてくれます。このようなパターンを使えば、アプリケーションコンテナはビジネスロジックに集中し、外部サービスの利用に関する責任とその詳細は、別の特化したコンテナに任せられます。これにより、他のアプリケーションコンテナと一緒に使用できる再利用可能な特化したアンバサダコンテナを作れるようになります。

18.4　追加情報

- Ambassador パターンのサンプルコード（https://oreil.ly/m0KTi）
- How to Use the Ambassador Pattern to Dynamically Configure Services on CoreOS

（CoreOS で動的にサービスを設定するのに Ambassador パターンを使う方法、https://oreil.ly/TPQX5）
- Modifications to the CoreOS Ambassador Pattern（CoreOS の Ambassador パターンへの変更、https://oreil.ly/6bszq）

第IV部
設定パターン

あらゆるアプリケーションは設定が必要で、設定を行う最も簡単な方法が、ソースコード内にそれを保存することです。しかしこの方法には、コードと設定が一蓮托生になってしまうという副作用があります。アプリケーションを変更したり、コンテナイメージを再作成することなく設定を行う柔軟性が必要です。実際、アプリケーションが作られたら本番環境に到達するまでデプロイパイプラインの各ステージでは変更されないという継続的デリバリの手法においては、コードと設定を一緒にするのはアンチパターンとされています。コードと設定の分離を実現するには、環境ごとに異なる設定データを外部に保存する方法があります。この後の各章で取り上げるのはどれも、環境ごとに外部に保存した設定でアプリケーションをカスタマイズしたり適応させたりすることに関するパターンです。

- 「19 章　EnvVar Configuration（環境変数による設定）」では、設定データの保存に環境変数を使用します。
- 「20 章　Configuration Resource（設定リソース）」では、設定情報の保存に ConfigMap や Secret といった Kubernetes リソースを使用します。
- 「21 章　Immutable Configuration（イミュータブル設定）」では、アプリケーションに関連づけられたコンテナに対して実行時に設定を投入することで、大きな設定の集まりをイミュータブルにします。
- 「22 章　Configuration Template（設定テンプレート）」では、少しだけ違う複数の環境における巨大な設定ファイルを管理する場合に便利な方法を扱います。

19章
EnvVar Configuration
（環境変数による設定）

　この **EnvVar Configuration**（環境変数による設定）パターンでは、アプリケーションを設定する最も単純な方法を見ていきます。設定値の数が少ない場合、設定を外部化する最も簡単な方法は、広くサポートされている環境変数に設定を入れてしまうことです。Kubernetes において環境変数を宣言するさまざまな方法に加え、複雑な設定を管理するのに環境変数を使う際の限界についても見ていきます。

19.1　問題

　データソースや外部サービスにアクセスしたり、本番向けのチューニングを行ったりするため、重要度の高いアプリケーションでは常に何らかの設定が必要です。アプリケーション内に設定をハードコードするのを悪としている Twelve-Factor App マニフェスト（https://12factor.net/）についてはすでに学びました。ハードコードする代わりに設定は、アプリケーションが作られた後からでも変更が可能なように、**外部化**（externalize）するべきです。これにより、アプリケーションのイミュータブルな生成物が共有でき、その使用を促進するコンテナ化されたアプリケーションがさらなる価値を持ちます。では、コンテナ化された世界においてそれを最適な方法で行うにはどうしたらよいでしょうか。

19.2　解決策

　Twelve-Factor App マニフェストは、アプリケーションの設定の保存に環境変数を使うことを推奨しています。この方法は単純で、どんな環境やプラットフォームでも使えます。どんな OS でも環境変数の定義方法や環境変数をアプリケーションへ伝える方法は存在しており、どんなプログラミング言語でもこれらの環境変数に簡単にアクセスできます。環境変数はどこでも使えるといってもいいでしょう。環境変数を使う時のよくある方法としては、実行時に上書きできるよう、ビルド時にデフォルト値をハードコードすることです。Docker と Kubernetes においてこれをどのように行うのか具体的な例を見てみましょう。

　Docker イメージでは、Dockerfile 内の ENV ディレクティブで直接環境変数を定義できます。

例19-1 の例のように、1つずつ定義することも、複数をまとめて1行で定義することもできます。

例19-1　環境変数を含む Dockerfile の例

```
FROM openjdk:11
ENV PATTERN "EnvVar Configuration"
ENV LOG_FILE "/tmp/random.log"
ENV SEED "1349093094"

# 別の定義方法:
ENV PATTERN="EnvVar Configuration" LOG_FILE=/tmp/random.log SEED=1349093094
...
```

例19-2 のように、このコンテナで動作する Java アプリケーションからは、Java の標準ライブラリを呼び出すことで簡単に環境変数にアクセスできます。

例19-2　Java での環境変数の読み出し

```
public Random initRandom() {
  long seed = Long.parseLong(System.getenv("SEED"));
  return new Random(seed);       ❶
}
```

❶ 環境変数からのシードを使って乱数生成器を初期化。

　イメージを直接実行すると、ハードコードされたデフォルト値が使用されます。しかし多くの場合はイメージの外からこのパラメータを上書きしたいでしょう。

　例19-3 に示したように、Docker からこのイメージを直接実行する場合、Docker を呼び出す際のコマンドラインで環境変数を設定できます。

例19-3　Docker コンテナ起動時に環境変数を設定

```
docker run -e PATTERN="EnvVarConfiguration" \
           -e LOG_FILE="/tmp/random.log" \
           -e SEED="147110834325" \
           k8spatterns/random-generator:1.0
```

　Kubernetes では、例19-4 のようにこの種の環境変数は Deployment や ReplicaSet のようなコントローラの Pod 定義内で直接設定できます。

例19-4　環境変数が設定された Deployment

```
apiVersion: v1
kind: Pod
metadata:
  name: random-generator
```

```
spec:
  containers:
  - image: k8spatterns/random-generator:1.0
    name: random-generator
    env:
    - name: LOG_FILE
      value: /tmp/random.log                    ❶
    - name: PATTERN
      valueFrom:
        configMapKeyRef:                        ❷
          name: random-generator-config         ❸
          key: pattern                          ❹
    - name: SEED
      valueFrom:
        secretKeyRef:                           ❺
          name: random-generator-secret
          key: seed
```

❶ リテラル値を持つ環境変数。
❷ ConfigMap から設定する環境変数。
❸ ConfigMap 名。
❹ 環境変数の値として使用する ConfigMap 内のキー。
❺ Secret から設定する環境変数（検索の方法は ConfigMap と同様）。

このような Pod テンプレートでは、LOG_FILE のように環境変数に値を直接設定するだけでなく、Kubernetes の Secret や ConfigMap へ移譲することもできます。ConfigMap や Secret を間接的に使う利点は、環境変数を Pod 定義から独立して管理できるようになることです。Secret や ConfigMap、それらの利点と欠点は「20 章 Configuration Resource（設定リソース）」で詳しく説明します。

例19-4 では、SEED 変数が Secret リソースから設定されています。これは Secret の使用方法として完全に有効ではありますが、環境変数はセキュアでないことは指摘しておくべき重要な点です。機密性がありかつ可読性のある情報を環境変数に入れてしまうと、それは簡単に読み出せてしまい、ログにも記録できてしまいます。

デフォルト値

デフォルト値を使うと、存在するかもわからない設定パラメータの値を決める作業がなくなるので仕事が楽になります。また、**設定より規約**（convention over configuration）の考え方においても重要な意味があります。しかし、デフォルト値はいつでもよい考えだとは限りません。場合によっては、進化するアプリケーションにとってはアンチパターンにもなり得ます。

これは、過去に遡ってデフォルト値を**変更する**のが難しいタスクであることに起因します。まず、デフォルト値を変更するということはコード内のその値を置き換えることなので、ビル

ドし直しが必要になります。次に、（規約上そうしているか、意識的にそうしているかに関わらず）デフォルト値を信用して使っている人たちはデフォルト値の変更に常に驚かされます。変更に関して知らせる必要があり、さらにそのアプリケーションのユーザはおそらく呼び出されるコードを変更する必要もあるでしょう。

しかし、ごく初期の段階からデフォルト値を正しく設定するのは難しいという点で、デフォルト値の変更自体は理にかなっています。デフォルト値の変更を**重大な変更**であるとみなすのが重要です。セマンティックバージョニングを採用している場合は、このような変更はメジャーバージョン番号を増やす理由になります。デフォルト値に満足いかないなら、デフォルト値をすべて削除してしまい、ユーザが設定値を入れない場合はエラーを投げるようにしてしまうのがよいことが多いです。これによって少なくともアプリケーションは早い段階で明確に動かなくなるので、別の想定外に静かな方法で知らされるよりはよいでしょう。

これらの問題点を考えると、合理的なデフォルト値が長期間使われることに90%の確率で自信があるのでなければ、ごく初期の段階から**デフォルト値を使わない**のが最適な方法です。パスワードやデータベースの接続パラメータは、環境に大きく依存し、普通は信頼性高く予測できるものではないので、デフォルト値を設定しない方がいいことが多い例です。また、デフォルト値を使わない場合、設定情報は明示的に提供される必要があるので、それ自体がドキュメントとしての役割を果たします。

SecretやConfigMapから設定値を1つ1つ参照する代わりに、envFromを使うとSecretやConfigMapの**すべての**値をインポートできます。このフィールドについては、ConfigMapやSecretを詳しく説明する「20章 Configuration Resource（設定リソース）」で取り上げます。

これ以外に環境変数と使用できる価値ある機能として、Downward APIと**従属変数**（dependent variable）の2つがあります。Downward APIについては「14章 Self Awareness（セルフアウェアネス）」で学んだので、環境変数の値の定義の中で前に定義された値を参照できる従属変数の仕組みを**例19-5**で見てみましょう。

例19-5　従属環境変数

```
apiVersion: v1
kind: Pod
metadata:
  name: random-generator
spec:
  containers:
  - image: k8spatterns/random-generator:1.0
    name: random-generator
    env:
    - name: PORT
      value: "8181"
    - name: IP                              ❶
      valueFrom:
```

```
            fieldRef:
              fieldPath: status.podIP
        - name: MY_URL
          value: "https://$(IP):$(PORT)"    ❷
```

❶ Pod の IP を得るのに Downward API を使用します。Downward API は「14 章 Self Awareness（セルフアウェアネス）」で詳しく説明しました。

❷ URL を作るのに、前に定義済みの環境変数 IP と PORT を使用します。

$(...) の表記法を使うことで、env のリストで定義済みか、envFrom でインポート済みの環境変数を参照できます。Kubernetes は、コンテナの起動中にこれらの参照を解決します。ただし、順序には注意して下さい。リストの後で定義された変数を参照すると、その参照は解決されず、$(...) という参照はその表記どおりに引き継がれてしまいます。なお、**例19-6** のように Pod のコマンドでもこの文法で環境変数を参照できます。

例19-6　コンテナのコマンド定義で環境変数を使用

```
apiVersion: v1
kind: Pod
metadata:
  name: random-generator
spec:
  containers:
    - name: random-generator
      image: k8spatterns/random-generator:1.0
      command: [ "java", "RandomRunner", "$(OUTPUT_FILE)", "$(COUNT)" ]   ❶
      env:                                                                ❷
        - name: OUTPUT_FILE
          value: "/numbers.txt"
        - name: COUNT
          valueFrom:
            configMapKeyRef:
              name: random-config
              key: RANDOM_COUNT
```

❶ コンテナの起動コマンドで環境変数を参照。

❷ コマンド内で置き換えられる環境変数の定義。

19.3　議論

環境変数は使いやすく、誰でも知っている方法です。環境変数の考え方はスムーズにコンテナに適用でき、あらゆるランタイムプラットフォームが環境変数をサポートしています。しかし、環境変数はセキュアではなく、ある程度の数の設定値しかない場合にのみ便利です。設定が必要な多くの異なるパラメータが存在する場合、これらの環境変数すべてを管理するのは手に負えなくなります。

そういった場合、多くの人はもう 1 段階の間接層を導入し、環境ごとに 1 つの設定ファイルに設定を入れ、そのファイルを選択するのに環境変数を 1 つ使うようにします。Spring Boot の **Profile** がこの方法の 1 つの例です。このようなプロファイル情報の設定ファイルは通常アプリケーション自体の中、つまりコンテナ内に保存され、設定はアプリケーションに密結合されます。これによって、開発用と本番用の設定が同じ Docker イメージ内で並んで存在することになり、いずれかの環境での変更によってイメージのビルドし直しが発生することになります。私たちとしてはこの方法を推奨しません（設定は常にアプリケーションの離齬にあるべきです）が、この方法は環境変数が小規模から中規模の大きさの設定にのみ向いていることを意味しています。

この後の章で説明する **Configuration Resource** パターン、**Immutable Configuration** パターン、**Configuration Template** パターンは、設定に対するより複雑な要件がある時の代替策になります。

環境変数はどこでも利用可能で、それがゆえにさまざまなレベルで設定可能です。この特性によって、設定の定義があちこちに散らばり、ある環境変数がどこで設定されたものなのかを追跡するのが難しくなります。すべての環境変数を定義する統一的な場所がない場合、設定に関する問題のデバッグは困難になります。

環境変数の別な欠点として、環境変数はアプリケーションの起動より**前に**しか設定できず、後で変更できないことが挙げられます。つまり、アプリケーションをチューニングするために実行中に設定変更することはできないという問題です。しかし、これを長所であるとみなす人も多くいます。それは、その特性が設定に対しても**イミュータビリティ**（immutability）を促すためです。ここでのイミュータビリティとは、動作中のアプリケーションコンテナを捨て、変更された設定を持った新しいイメージを作り、しかもそれをローリングアップデートなどのデプロイ戦略でスムーズに行える可能性が非常に高いということです。これにより、定義済みかつ既知の設定状態が常に保たれます。

環境変数は使い方は単純ですが、単純なユースケースには広く適用でき、設定に対する複雑な要求に対しては限界があります。次のパターンでは、これらの限界を克服する方法を見ていきます。

19.4　追加情報

- EnvVar Configuration パターンのサンプルコード（https://oreil.ly/W25g0）
- The Twelve-Factor App（https://oreil.ly/DzBTm）
- 環境変数によりコンテナに Pod 情報を共有する（https://oreil.ly/KxFtr）
- 従属環境変数を定義する（https://oreil.ly/YoUVj）
- Spring Boot Profiles for Using Sets of Configuration Values（設定値の集まりを使う場合の Spring Boot Profile、https://oreil.ly/3XVe9）

20章
Configuration Resource（設定リソース）

　Kubernetes は、通常のデータあるいは機密データに対する設定を行うネイティブなリソースを提供し、アプリケーションライフサイクルから設定に関するライフサイクルを分離できるようにしています。**Configuration Resource**（設定リソース）パターンは、ConfigMap と Secret リソースの考え方、使い方、それらの制限について説明します。

20.1　問題

　19 章で議論した **EnvVar Configuration** パターンの大きな欠点の 1 つは、ある程度までの数の変数でかつ単純な設定にのみふさわしいということでした。別の欠点として、環境変数はさまざまな場所で定義できるので、変数の定義を見つけるのが大変なことが多い点もあります。さらにそれを見つけられたとしてもどこか別の場所でオーバーライドされていないとも限りません。例えば、OCI イメージ[†1]内で定義された環境変数は、Kubernetes の Deployment リソースの中で実行時に置き換えられる可能性があります。

　たいていの場合はすべての設定データを 1 箇所に置き、あちこちのリソースの定義ファイルにばらばらにしないようにするのがよいでしょう。とは言え、設定ファイルを丸ごとすべて環境変数に入れるのもよいとは言えません。そのため、Kubernetes の設定用リソースが提供する間接的な方法を使うことで、さらなる柔軟性が手に入ります。

20.2　解決策

　Kubernetes は純粋な環境変数よりもさらに柔軟な専用の設定リソースを提供しています。それが、汎用的な ConfigMap と、機密データ向けの Secret です。

　どちらも同じ方法で使用でき、どちらもキーバリューのペアを保存して管理できます。ConfigMap について説明する時、ほとんどが Secret にも適用できます。実際のデータエン

[†1] 訳注：OCI イメージとは、Open Container Initiative（OCI, https://opencontainers.org/）によって策定されたコンテナイメージの標準仕様に沿ったコンテナイメージのことです。

コーディング（Secret は原則 Base64 エンコーディング）を除けば、ConfigMap と Secret の使い方に技術的違いはありません。

ConfigMap が作成されてデータを持つようになったら、ConfigMap のキーは次の 2 つの方法で使用できます。

- **環境変数**への参照として。キーは環境変数の名前になります[†2]。
- Pod 内にマウントされるボリュームにマップされた**ファイル**として。キーはファイル名になります。

Kubernetes の API を通じて ConfigMap が更新されると、マウントされた ConfigMap ボリューム内のファイルも更新されます。したがって、アプリケーションが設定ファイルのホットリロードに対応していれば、変更があればすぐにそれを利用できます[†3]。しかし、ConfigMap のエントリが環境変数として使用されている場合、プロセスが起動した後には環境変数は変更されないので、更新は反映されません。

ConfigMap や Secret 以外の方法として、設定を外部ボリュームに直接保存し、それをマウントする方法もあります。

これ以降の例では ConfigMap の使い方に焦点を当てますが、Secret についても同じように使用できます。ただし、Secret の値は Base64 エンコードされる必要がある[†4]という大きな違いがあります。

例20-1 に示したとおり、ConfigMap リソースは data セクションにキーバリューのペアを持ちます。

例20-1　ConfigMap リソース

```
apiVersion: v1
kind: ConfigMap
metadata:
  name: random-generator-config
data:
  PATTERN: Configuration Resource    ❶
  application.properties: |
    # Random Generator config
    log.file=/tmp/generator.log
    server.port=7070
  EXTRA_OPTIONS: "high-secure,native"
  SEED: "432576345"
```

❶ ConfigMap は環境変数あるいはマウントされたファイルとしてアクセスできます。

[†2] 訳注：後に出て来る**例20-3** のように configMapKeyRef を使う場合、任意の環境変数名を指定して ConfigMap を参照できます。

[†3] 訳注：ただし、マウントする際に subpath を使用していると更新は反映されません（https://bit.ly/4ePMMAH）。

[†4] 訳注：data セクションの代わりに stringData を使用することで、Base64 エンコードしない文字列を使用できます（https://bit.ly/4eNjp1D）。

ConfigMapでは、環境変数として使う場合を考えて大文字のキーを使うこと、マウントされたファイルとして使う場合は正しいファイル名を使うことをおすすめします。

ConfigMapが、Spring Bootの`application.properties`のような完全な設定ファイルの中身も保持できることがわかります。本格的なユースケースでは、このセクションが大きくなりそうなことは想像できるでしょう。

ConfigMapとSecretの作成には、リソースの定義を手動で作成する代わりに`kubectl`も使えます。前の例と同じことを`kubectl`で実行したのが**例20-2**です。

例20-2　ファイルからConfigMapを作成

```
kubectl create cm spring-boot-config \
  --from-literal=PATTERN="Configuration Resource" \
  --from-literal=EXTRA_OPTIONS="high-secure,native" \
  --from-literal=SEED="432576345" \
  --from-file=application.properties
```

これで、このConfigMapはさまざまな場所から読み出し可能になります。**例20-3**のように、環境変数が定義されている場所ならどこからでもです。

例20-3　ConfigMapから設定した環境変数

```
apiVersion: v1
kind: Pod
metadata:
  name: random-generator
spec:
  containers:
  - env:
    - name: PATTERN
      valueFrom:
        configMapKeyRef:
          name: random-generator-config
          key: PATTERN
....
```

ConfigMapに、環境変数として利用したいエントリがたくさんあるなら、何らかの文法が使えればタイピング量が減らせます。各エントリを個別に設定するのではなく、前の例の`env`セクションのように`envFrom`を使えば、特定のキーを持つすべてのConfigMapのエントリを使えるようにし、有効な環境変数として使用できます。**例20-4**に示したとおり、プレフィックスをつけることもできます。環境変数として使用できないキー（例えば`illeg.al`）は無視されます。複数のConfigMapで重複したキーが使われている場合、`envFrom`の最後のエントリが優先されます。また、同じ名前の環境変数がある場合、`env`で直接設定された環境変数が優先されます。

例20-4　ConfigMap の全エントリを環境変数として設定

```
apiVersion: v1
kind: Pod
metadata:
  name: random-generator
spec:
  containers:
    envFrom:                                ❶
    - configMapRef:
        name: random-generator-config
      prefix: CONFIG_                       ❷
```

❶ ConfigMap random-generator-config で、環境変数名として使えるすべてのキーを選択。

❷ すべての適切な ConfigMap キーの先頭に CONFIG_ を追加。**例20-1** で定義された ConfigMap の場合、CONFIG_PATTERN、CONFIG_EXTRA_OPTIONS、CONFIG_SEED の3つの環境変数が利用可能になります。

　ConfigMap と同じく Secret も、エントリごとあるいは全エントリを環境変数として使用できます。ConfigMap ではなく Secret にアクセスするには、configMapKeyRef を secretKeyRef に置き換えます。
　ConfigMap をボリュームとして使う場合、キーがファイル名として使用された上で、中身全体がこのボリュームに反映されます（**例20-5** 参照）。

例20-5　ConfigMap をボリュームとしてマウント

```
apiVersion: v1
kind: Pod
metadata:
  name: random-generator
spec:
  containers:
  - image: k8spatterns/random-generator:1.0
    name: random-generator
    volumeMounts:
    - name: config-volume
      mountPath: /config
  volumes:
  - name: config-volume
    configMap:                              ❶
      name: random-generator-config
```

❶ ConfigMap のボリュームには、キーがファイル名、値がファイルの中身のファイルが、エントリの数だけ含まれます。

　ボリュームとしてマウントされた**例20-1** の設定では、/config フォルダ内に、ConfigMap で定義された中身を持つ application.properties ファイル、中身が1行だけの PATTERN ファイ

ル、EXTRA_OPTIONS、SEED の各ファイルができます。

　設定データのマッピングは、ボリュームの宣言時にパラメータを追加することで細かく設定できます。すべてのエントリをファイルとしてマッピングするのではなく、利用可能にするキー、ファイル名、パーミッションを個別に選択できます。

例20-6　ボリュームとしてConfigMapのエントリを選択的に公開

```
apiVersion: v1
kind: Pod
metadata:
  name: random-generator
spec:
  containers:
  - image: k8spatterns/random-generator:1.0
    name: random-generator
    volumeMounts:
    - name: config-volume
      mountPath: /config
  volumes:
  - name: config-volume
    configMap:
      name: random-generator-config
      items:                                ❶
      - key: application.properties         ❷
        path: spring/myapp.properties
        mode: 0400
```

❶ ボリュームとして利用可能にする ConfigMap の一覧。

❷ ConfigMap から application.properties のみをパス spring/myapp.properties、パーミッションモード 0400 で利用可能にします。

　前に説明したように、ConfigMap への変更は、ConfigMap の中身をファイルとして含んでいるボリュームにすぐに反映されます。アプリケーションがこのファイルを監視している場合は、直ちに変更を読み出せます。このようなホットリロードの仕組みは、サービスの停止を伴うアプリケーションのデプロイし直しを避けるには非常に便利です。ただし、このような稼働中の変更はどこでも追跡されず、再起動の際に失われてしまうことがよくあります。こういったその場しのぎの変更は、検知したり分析したりするのが難しい設定ドリフトを生む可能性があります。これこそが、デプロイされたら変更されることのない **Immutable configuration** を多くの人が好む理由の1つです。この考え方には「21章　Immutable Configuration（イミュータブル設定）」で説明する独立したパターンがありますが、手っ取り早くこれを実現する方法として、ConfigMap や Secret も利用できます。

> **Secret はどのくらいセキュアなのか**
>
> 　Secret は Base64 エンコードされたデータを保持し、環境変数あるいはマウントされたボリュームとして Pod に渡される前にデコードされます。これは、セキュリティ機能であると非常によく混同されます。Base64 エンコーディングは暗号化の方法ではなく、セキュリティの観点で見るとプレーンテキストと同じとみなされます。Secret で Base64 エンコーディングを使うのは、バイナリデータを保存できるからです。とすると、Secret が ConfigMap よりもセキュアだと考えられるのはどうしてでしょうか。Secret をセキュアにする仕組みには数々の細かい実装があります。この分野では継続的な改善が進められてはいますが、その実装の詳細とは現在のところ次のとおりです。
>
> - Secret は、その Secret にアクセスする必要のある Pod が動作しているノードにのみ配布されます。
> - そのノード上では、Secret は `tmpfs` のメモリ上に保存され、物理ストレージには書き込まれません。また、Pod が削除された時には Secret も削除されます。
> - Kubernetes の API のバックエンドストレージである etcd では、Secret は暗号化した上で保存できます（https://oreil.ly/idOot を参照）。
>
> 　これらの仕組みはあるものの、ルートユーザとして Secret へのアクセス権を得たり、Pod を作成して Secret をマウントすることでアクセスしたりする方法は残されています。ConfigMap やその他リソースに対して行うのと同じように Secret にロールベースアクセス制御（RBAC、role-based access control）を適用し、事前に定義したサービスアカウントを使って特定の Pod だけが読み出しを行えるようにできます。RBAC については「26 章 Access Control（アクセス制御）」で詳細に説明します。とは言え、Namespace 内に Pod を作成する権限があるユーザは、Pod を作成することでその Namespace 内で権限を昇格できてしまいます。こういったユーザは広い権限を持ったサービスアカウントを使って Pod を実行し、Secret を読み出せます。Namespace 内の Pod 作成権限を持つユーザあるいはコントローラは、その Namespace 内ではサービスアカウントになりすまし、あらゆる Secret や ConfigMap を読み出せるのです。したがって、アプリケーションレベルでも機密情報にさらなる暗号化を行うことがよく行われます。Secret をさらにセキュアにする方法、特に GitOps においてセキュアにする方法は、「25 章 Secure Configuration（セキュア設定）」で学びます。

　バージョン 1.21 から Kubernetes は ConfigMap と Secret で `immutable` フィールドをサポートしています。これを `true` に設定すると、作成されたリソースが更新されないようになります。望まない変更を防止するだけでなく、イミュータブルな ConfigMap と Secret を使うと Kubernetes の API サーバはこれらのイミュータブルなオブジェクトの変更を監視する必要がな

くなるので、クラスタのパフォーマンスは明らかに向上します。**例20-7** は、イミュータブルな Secret を宣言する方法を表しています。クラスタ上ですでに保存されているこのような Secret を変更する唯一の方法は、それを削除し、更新された Secret を再作成することです。この Secret を参照している実行中の Pod はすべて再起動する必要があります。

例20-7　イミュータブルな Secret

```
apiVersion: v1
kind: Secret
metadata:
  name: random-config
data:
  user: cm9sYW5k
immutable: true    ❶
```

❶ Secret をイミュータブルにするかを宣言する論理フラグ（デフォルトは false）。

20.3　議論

　ConfigMap と Secret を使うことで、Kubernetes の API を使って簡単に管理できる専用のリソースオブジェクトに設定情報を保存できるようになります。ConfigMap や Secret を使うことの最大の利点は、設定データの**定義**と**使用**を分離できることです。このような分離によって、設定の定義とは独立して、その設定を使うオブジェクトを管理できるようになります。ConfigMap と Secret の別の利点として、これらがプラットフォームにもともと備わっている機能であることも挙げられます。「21 章　Immutable Configuration（イミュータブル設定）」で紹介するような概念は必要ありません。

　とは言え、これらの設定リソースには限界もあります。Secret には 1MB のサイズ制限があり、大きなデータは保存できず、設定ではないアプリケーションのデータには適していません。Secret にはバイナリデータも保存できますが、Base64 エンコードされているので、700KB 前後のデータしか保存できません。実世界の Kubernetes クラスタでは、Namespace ごと、あるいはプロジェクトごとに ConfigMap の数に上限があるので、ConfigMap も何にでも使える金のハンマーというわけではありません。

　次の 2 つの章では、**Immutable Configuration** と **Configuration Template** パターンを使うことで、大きな設定データを扱う方法について見ていきます。

20.4　追加情報

- Configuration Resource パターンのサンプルコード（https://oreil.ly/-_jDa）
- Pod を構成して ConfigMap を使用する（https://oreil.ly/oRN9a）
- Secret（https://oreil.ly/mvoXO）

- 機密データの保存時の暗号化（https://oreil.ly/GrL0_）
- Secretsで安全にクレデンシャルを配布する（https://oreil.ly/Im-R9）
- Immutable Secrets（https://oreil.ly/9PvQ5）
- How to Create Immutable ConfigMaps and Secrets（イミュータブルなConfigMapとSecretの作り方、https://oreil.ly/ndYd0）
- Size Limit for a ConfigMap（https://oreil.ly/JUDZU）

21章
Immutable Configuration（イミュータブル設定）

Immutable Configuration（イミュータブル設定）パターンは、アプリケーションの設定が常に既知で、記録された状態にあるようにするため、設定データをイミュータブルにする方法を2つ提供します。このパターンでは、イミュータブルかつバージョンづけされた設定データを使えるだけでなく、環境変数やConfigMapに保存された設定データに存在するサイズ制限も克服できます。

21.1 問題

「19章 EnvVar Configuration（環境変数による設定）」で見たように環境変数は、コンテナベースのアプリケーションを設定するシンプルな方法を提供してくれます。環境変数は簡単に使える上にどこでもサポートされていますが、環境変数の数が一定数を超えると管理が大変になってしまいます。

ここで生まれる複雑さは、Kubernetes 1.21からイミュータブルであると宣言できるようになったConfigMapとSecret、つまり「20章 Configuration Resource（設定リソース）」で説明した**Configuration Resources**を使うことで、ある程度上手く扱えるようになります。しかし、ConfigMapには依然としてサイズ制限があるので、大きな設定データ（例えば機械学習における事前学習済みデータモデル）を扱う時には、イミュータブルにしたとしてもConfigMapは適しているとは言えません。

ここでの**イミュータブルにする**とは、設定データが常に既知の状態であるようにするため、アプリケーションが起動した後は設定を変更できないということです。さらに、イミュータブルな設定はバージョン管理でき、変更管理プロセスに従うこともできます。

21.2 解決策

設定をイミュータブルにする際の課題を解決するには、いくつかの方法があります。最も単純で望ましい方法は、宣言時にイミュータブルであるとしたConfigMapやSecretを使うことです。イミュータブルなConfigMapについては20章で学びました。設定がConfigMapに収まり、メンテナンスが合理的に行えるなら、ConfigMapが最初の選択肢になります。しか

し現実的には、設定データの量はすぐに増えてしまいます。WildFlyアプリケーションサーバ（https://www.wildfly.org/）の設定はConfigMapに収まるはずですが、かなりの大きさです。YAMLの中にXMLやYAMLを入れ子にしなければならないのは非常に不細工になってしまいます。つまり、設定がYAMLで書かれており、それをConfigMapのYAMLセクションに書かなければならない、といった場合です。このような場合のエディタのサポートは限定的なので、インデントには非常に注意しなければならず、それでもメチャクチャにしてしまうのは1度や2度ではないでしょう（間違いありません！）。アプリケーションに多数の違った設定ファイルが必要なため、1つのConfigMap内で大量のエントリを管理する必要があるといった悪夢も考えられます。これらのつらさはよいツールを使うことで多少緩和されるかもしれませんが、事前学習済みの機械学習モデルのような巨大な設定データは1MBのバックエンドサイズ制限があるため、ConfigMapに入れるのは不可能です。

　複雑な設定データに関する課題を解決するため、通常のコンテナイメージとして配布できるそれ自体は何も行わない1つのデータイメージに、環境依存のあらゆる設定データを入れてしまう方法があります。実行時には、アプリケーションがデータイメージから設定を取り出せるよう、アプリケーションとデータイメージは接続されます。この方法を使うと、環境ごとに違った設定データイメージを作るのも簡単です。これらのイメージは特定の環境に対するすべての設定情報をまとめ、他のコンテナイメージのようにバージョン管理できます。

　このようなデータイメージはデータだけを含む単純なコンテナイメージなので、作成は簡単です。ここでの課題は、起動時にコンテナを接続する方法です。これにもプラットフォームに応じていくつかの方法があります。

21.2.1　Dockerボリューム

　Kubernetesについてみる前に1歩下がり、手を加えていないDockerの例を見てみましょう。Dockerでは、コンテナが持っているデータが入った**ボリューム**を公開できます。Dockerfileの**VOLUME**ディレクティブを使って、後ほど共有するディレクトリを指定できます。起動中、コンテナ内にあるこのディレクトリの中身が共有ディレクトリにコピーされます。**図21-1**に示したとおり、設定専用のコンテナからアプリケーションコンテナに設定情報を共有するには、ボリュームを関連づけるのは素晴らしい方法と言えます。

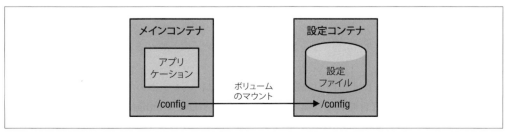

図21-1　Dockerボリュームを使ったイミュータブルな設定

では例を見てみましょう。開発環境では、開発用設定を入れた Docker イメージを作り、マウントポイントを/config としてボリュームを作成します。このようなイメージを作るため、中身が**例21-1**のファイル Dockerfile-config を作ります。

例21-1　設定イメージ用の Dockerfile

```
FROM scratch
ADD app-dev.properties /config/app.prcperties   ❶
VOLUME /config                                  ❷
```

❶ 指定したプロパティのファイルを追加します。
❷ ボリュームを作成し、プロパティのファイルをそこにコピーします。

これで、**例21-2**のように Docker CLI でイメージ自体と Docker コンテナを作成できます。

例21-2　設定 Docker イメージの作成

```
docker build -t k8spatterns/config-dev-image:1.0.1 -f Dockerfile-config .
docker create --name config-dev k8spatterns/config-dev-image:1.0.1 .
```

最後のステップは、**例21-3**のようにアプリケーションコンテナを起動し、この設定コンテナに接続することです。

例21-3　設定コンテナを紐づけてアプリケーションコンテナを起動

```
docker run --volumes-from config-dev <8spatterns/welcome-servlet:1.0
```

アプリケーションイメージは、設定コンテナによって提供されているボリュームである/configディレクトリに設定ファイルが存在することを期待しています。このアプリケーションを開発環境ではなく本番環境で使用するには、スタートアップコマンドを変更すればいいだけです。アプリケーションイメージ自体を変更する必要はありません。その代わり**例21-4**に示したとおり、アプリケーションコンテナに本番用設定コンテナのボリュームを紐づければいいわけです。

例21-4　本番環境では違う設定を使用

```
docker build -t k8spatterns/config-prod-image:1.0.1 -f Dockerfile-config .
docker create --name config-prod k8spatterns/config-prod-image:1.0.1 .
docker run --volumes-from config-prod k8spatterns/welcome-servlet:1.0
```

21.2.2　Kubernetes の Init コンテナ

Kubernetes では、設定コンテナとアプリケーションコンテナを紐づけるのに Pod とのボリューム共有が完璧な方法です。しかし、Docker のボリューム紐付けの方法を Kubernetes の世界へ

持ってこようとすると、Kubernetesでは現在、コンテナボリュームはサポートされていないことに気づきます。この機能に関する長年の議論と、実装の複雑性と得られる利点の限定性を考えると、コンテナボリュームがすぐにサポートされるのは考えにくいでしょう。

つまり、コンテナは（外部）ボリュームを共有することはできるけれど、コンテナ内のディレクトリを直接共有することはできない、というのが現状です。Kubernetesにおいてイミュータブルな設定コンテナを使うには、起動時に共有emptyDirを初期化できる**Init Container**パターン（15章）を利用できます。

Dockerの例では、設定Dockerイメージのベースとして OS のファイルが入っていない空のDockerイメージである`scratch`を使いました。Dockerボリュームを使って共有される設定データが欲しいだけだったので、他には何も必要なかったのです。しかしKubernetesのInitコンテナを使うなら、ベースイメージが設定データを共有Podボリュームにコピーする機能が必要です。ここでの適切な選択肢は、比較的小さい一方でコピーを行えるUnixの`cp`コマンドが使える`busybox`です。

では、共有ボリュームに設定データを入れて初期化する仕組みはどのようになるのでしょうか。例を見てみましょう。まずは**例21-5**のようにDockerfileで設定イメージを作成する必要があります。

例21-5 開発用設定イメージ

```
FROM busybox
ADD dev.properties /config-src/demo.properties
ENTRYPOINT [ "sh", "-c", "cp /config-src/* $1", "--" ]   ❶
```

❶ ワイルドカードの解決のためシェルを使います。

例21-1の手を加えていないDockerの例との違いは、違うベースイメージを使っているのと、コンテナイメージが起動する際に引数として与えたディレクトリに対して、プロパティのファイルをコピーするよう`ENTRYPOINT`を追加しているところです。このイメージは**例21-6**のように、Deploymentの`.template.spec`の中で、Initコンテナとして参照できるようになります。

例21-6 Initコンテナ内で設定ファイルをコピーするDeployment設定の一部

```
initContainers:
- image: k8spatterns/config-dev:1
  name: init
  args:
  - "/config"
  volumeMounts:
  - mountPath: "/config"
    name: config-directory
containers:
- image: k8spatterns/demo:1
  name: demo
```

```
  ports:
  - containerPort: 8080
    name: http
    protocol: TCP
  volumeMounts:
  - mountPath: "/var/config"
    name: config-directory
volumes:
- name: config-directory
  emptyDir: {}
```

この Deployment の Pod テンプレート設定には、ボリューム 1 つとコンテナ 2 つが含まれています。

- ボリューム config-directory の種類は emptyDir なので、この Pod をホストするノード上にからのディレクトリが作成されます。
- 起動時に Kubernetes が呼び出す Init コンテナは、今作ったばかりのイメージから作られます。引数 /config を指定しており、これがイメージの ENTRYPOINT で使われます。この引数は Init コンテナが内容を指定したディレクトリにコピーすることを指示するものです。ディレクトリ /config がボリューム config-directory からマウントされます。
- アプリケーションコンテナは、Init コンテナからコピーされた設定にアクセスするため、ボリューム config-directory をマウントします。

図 21-2 は、Init コンテナによって作られた設定データにアプリケーションコンテナが共有ボリュームを通じてアクセスする仕組みを示したものです。

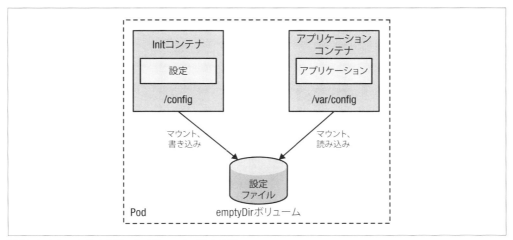

図 21-2　Init コンテナを使ったイミュータブルな設定

これで、開発環境用の設定から本番環境用の設定に切り替えたい時は、Init コンテナのイメージを切り替える必要があるだけです。YAML 定義を変更しても、`kubectl` を使って変更しても切り替えが可能です。しかし、環境ごとにリソース設定を変更するのは理想的とは言えません。Kubernetes のエンタープライズ向けディストリビューションである Red Hat OpenShift を使っているなら、**OpenShift Templates** がこの点を解決できます。OpenShift Templates は、1つのテンプレートから複数の環境向けのリソース設定を作成できます。

21.2.3　OpenShift Templates

OpenShift Templates は、パラメータ化された通常リソースの記述子です。**例21-7** のように、設定イメージを簡単にパラメータとして扱えるようになります。

例21-7　パラメータ化された設定イメージの OpenShift Template

```
apiVersion: v1
kind: Template
metadata:
  name: demo
parameters:
  - name: CONFIG_IMAGE                                    ❶
    description: Name of configuration image
    value: k8spatterns/config-dev:1
objects:
- apiVersion: apps/v1
  kind: Deployment
  // ....
    spec:
      template:
        metadata:
          // ....
        spec:
          initContainers:
          - name: init
            image: ${CONFIG_IMAGE}                        ❷
            args: [ "/config" ]
            volumeMounts:
            - mountPath: /config
              name: config-directory
          containers:
          - image: k8spatterns/demo:1
            // ...
            volumeMounts:
            - mountPath: /var/config
              name: config-directory
          volumes:
          - name: config-directory
            emptyDir: {}
```

❶ `CONFIG_IMAGE` を宣言するテンプレートパラメータ。

❷ テンプレートパラメータを使用。

ここでお見せしているのは記述子全体の一部ですが、Init コンテナの宣言で参照している CONFIG_IMAGE パラメータがどう使われているかはわかるでしょう。OpenShift クラスタにおいてこのテンプレートを作ると、**例21-8** のように oc コマンドを呼び出すことでパラメータをインスタンス化できます。

例21-8　新しいアプリケーション作成のため OpenShift Template を適用

```
oc new-app demo -p CONFIG_IMAGE=k8spatterns/config-prod:1
```

この例を実行する詳細な手順や Deployment 記述子の全体は、サンプル Git リポジトリを確認して下さい。

21.3　議論

Immutable Configuration パターンを実現するためにデータコンテナを使用するのは、少々複雑であることは認めざるを得ません。この方法は、ConfigMap や Secret がユースケースに合わない場合にのみ使用するようにして下さい。

データコンテナにはいくつかのユニークな利点があります。

- 環境特有の設定はコンテナ内に閉じ込められます。したがって、他のコンテナイメージと同じようにバージョン管理できます。
- この方法で作られた設定は、コンテナレジストリを通じて配布できます。つまり、クラスタにアクセスしなくても設定を試せます。
- 設定は、その設定を入れたコンテナイメージとして扱われるので、イミュータブルです。設定の変更にはバージョンアップと新しいコンテナイメージが必要です。
- 設定データのイメージには任意の大きさの設定データを入れられるので、設定データが複雑すぎて環境変数や ConfigMap に入れられない時に便利です。

お分かりのとおり、**Immutable Configuration** パターンには欠点もあります。

- 別のコンテナイメージをビルドし、レジストリを通じて配布する必要があるので、複雑度は高くなります。
- セキュリティ上の懸念や機密設定データをうまく扱えるようにするものではありません。
- Kubernetes のワークロードではイメージボリュームがサポートされているわけではないので、Init コンテナからローカルボリュームへデータをコピーするオーバヘッドが許容できるユースケースにのみ、この方法が使用できます。最終的には将来コンテナイメージが直接マウントできるようになることを望みますが、2023 年時点では実験的な CSI（Container Storage Interface）のサポートがあるのみです。

- Kubernetes の場合、追加で Init コンテナの処理が必要になり、そのため環境ごとに別の Deployment オブジェクトを管理する必要があります。

全体としてみると、このような複雑な方法が本当に必要なのかどうかは注意深く検討するべきです。

次の章では、環境ごとに少しずつ異なる大きな設定ファイルを扱う別の方法の 1 つである **Configuration Template** について説明します。

21.4　追加情報

- Immutable Configuration パターンのサンプルコード（https://oreil.ly/1bPZ2）
- How to Mimic `--volumes-from` in Kubernetes（`--volumes-from` を Kubernetes で真似する、https://oreil.ly/bTtty）
- イミュータブルな ConfigMap（https://oreil.ly/RfrwN）
- Feature Request: Image Volumes and Container Volumes（イメージボリュームとコンテナボリュームに対する機能リクエスト、https://oreil.ly/XQ54e）
- docker-flexvol: A Kubernetes Driver That Supports Docker Volumes[†1]（https://oreil.ly/vhCdH）
- Red Hat OpenShift: Using Templates（https://oreil.ly/QyX2y）
- Kubernetes CSI Driver for Mounting Images（イメージマウントのための Kubernetes の CSI ドライバ、https://oreil.ly/OMqRo）

[†1] 訳注：Kubernetes 1.23 で FlexVolume は非推奨となり、2023 年 12 月にこのリポジトリはアーカイブされました。

22章
Configuration Template（設定テンプレート）

Configuration Template（設定テンプレート）パターンを使うことで、アプリケーション起動時に巨大で複雑な設定を作ったり処理できるようになります。生成された設定は、設定テンプレートを処理する際に使われたパラメータによって、実行する環境ごとに特有のものになります。

22.1　問題

「20章　Configuration Resource（設定リソース）」において、Kubernetesネイティブなリソースオブジェクトである ConfigMap と Secret を使ってアプリケーションを設定する方法を見ました。しかし、設定ファイルは大きくなったり複雑になったりする場合もあります。設定ファイルを直接 ConfigMap に入れるのは、リソース定義に正確に挿入しなければならず、問題の種になる場合もあります。注意深く、クォートなどの特殊文字を使わないようにしながら、Kubernetesのリソース記述の文法に違反しないようにする必要があります。設定サイズの大きさも別の問題としてあり、ConfigMap や Secret の大きさの合計には 1MB という制限があります（この制限は内部で動くバックエンドストアの etcd によるものです）。

大きな設定ファイルは通常、実行環境によって少しだけ違います。各環境はほとんど同じデータを持っているので、ConfigMap にはたくさんの重複や冗長さが生まれてしまいます。この章で見ていく **Configuration Template** パターンは、このようなユースケースでの問題を扱うものです。

22.2　解決策

重複を減らすためには、データベース接続パラメータのような環境によって**異なる**値のみを ConfigMap や環境変数に直接保存するのが理にかなっています。コンテナの起動中、完全な設定ファイル（WildFly でいう standalone.xml など）を作成するために設定テンプレートから生成すればよいのです。アプリケーションの初期化中にテンプレート処理するには、**Tiller**（Ruby）や **Gomplate**（Go）など多くのツールがあります。図22-1 は、環境変数あるいはマウントされたボリューム（ConfigMap から値を取得している場合もあるでしょう）からデータを埋める処理を行う、設定テンプレートの例です。

アプリケーションが起動する前に、他の設定ファイルと同じように直接使用可能になる場所に、処理完了済みの設定ファイルが配置されます。

実行時にこのような処理を行うには、2つの方法があります。

- テンプレート処理がコンテナイメージの一部になるように、Dockerfile の `ENTRYPOINT` の一部としてテンプレート処理を追加。ここでのエントリポイントは、最初にテンプレート処理を行い、その後にアプリケーションを起動するスクリプトになることが一般的です。テンプレートのパラメータは環境変数から取得します。
- Kubernetes では、テンプレート処理を実行し、Pod 内のアプリケーションコンテナの設定を作成する Init コンテナを使うのが、初期化を行うよりよい方法です。**Init Container** パターンについては 15 章で説明しました。

Kubernetes では、テンプレートパラメータに ConfigMap を直接使えるので、Init コンテナを使う方法が魅力的です。この方法を図示したのが**図 22-1** です。

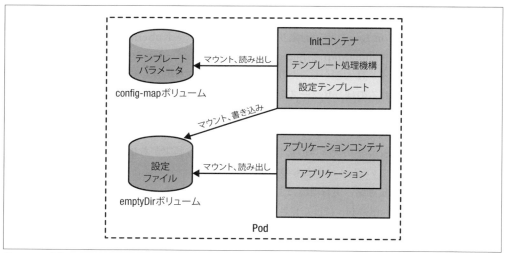

図 22-1　設定テンプレート

アプリケーションの Pod 定義は、最低でも 2 つのコンテナから構成されます。1 つがテンプレート処理を行う Init コンテナで、もう 1 つがアプリケーションコンテナです。Init コンテナはテンプレート処理機構を持つだけでなく、設定テンプレート自体も保持します。これらのコンテナに加えて、Pod にはボリュームも 2 つ定義されます。1 つが ConfigMap から作られるテンプレートパラメータ用のボリューム、もう 1 つが処理済みのテンプレートを Init コンテナとアプリケーションコンテナ間で共有するための `emptyDir` ボリュームです。

この構成で、Pod の起動中に次のステップが実行されます。

1. Init コンテナが起動し、テンプレート処理機構を実行します。この仕組みはイメージからテンプレートを、マウントされた ConfigMap ボリュームからテンプレートパラメータを取得し、処理結果を emptyDir ボリュームに保存します。
2. Init コンテナが完了したら、アプリケーションコンテナが起動し、emptyDir ボリュームから設定ファイルをロードします。

これから説明する例は、開発環境と本番環境の 2 つの環境に対して WildFly の完全な設定ファイルを生成する Init コンテナを作ります。どちらの環境に対する設定ファイルもよく似ており、ほんの少しだけ違います。今回の例で言うと、実際の違いはログがどう記録されるかのみです。ログの各行の先頭に開発環境では DEVELOPMENT: が、本番環境では PRODUCTION: が付加されます。

完全なサンプルコードとインストール手順は、この本の GitHub リポジトリ（https://oreil.ly/gzSdc）にあります。本文では主要部分だけを説明しますので、技術的詳細についてはリポジトリを参照して下さい。

例22-1 で設定するログパターンは、standalone.xml というファイルに保存します。この中身は Go のテンプレート文法を使ってパラメータ化されています。

例22-1　ログ設定テンプレート

```
....
<formatter name="COLOR-PATTERN">
  <pattern-formatter pattern="{{(datasource "config").logFormat}}"/>
</formatter>
....
```

テンプレート処理の仕組みとしてここでは Gomplate（https://gomplate.ca/）を使っています。Gomplate は、置き換えるべきテンプレートパラメータを参照するのに **datasource** という記法を使います。今回は、このデータソースは Init コンテナにマウントされた、ConfigMap を元にしたボリュームから来たものです。ここでは ConfigMap には logFormat というキー 1 つだけが含まれており、その値として実際のフォーマットが保存されています。

このテンプレートが準備できたら、Init コンテナ用の Docker イメージを作れます。そのイメージの Dockerfile である k8spatterns/example-configuration-template-init は、**例22-2** に示したとおり非常にシンプルです。

例22-2　テンプレートイメージ用のシンプルな Dockerfile

```
FROM k8spatterns/gomplate
COPY in /in
```

ベースイメージである k8spatterns/gomplate には、テンプレート処理の仕組みと、デフォルトでは次のディレクトリを使うエントリポイント用スクリプトが含まれています。

- /in には、パラメータ化された standalone.xml を含む設定テンプレートが置かれています。これらのファイルはイメージに直接追加されます。
- /params は、YAML ファイルである Gomplate のデータソースがある場所です。このディレクトリは、ConfigMap を元にした Pod ボリュームからマウントされます。
- /out は、処理されたファイルが保存されるディレクトリです。このディレクトリは、設定を取得するため WildFly アプリケーションコンテナからマウントされます。

もう1つこの例に必要なのが、パラメータを保持する ConfigMap です。**例22-3** に示したとおり、キーバリューペアを持つシンプルなファイルを使います。

例22-3　設定テンプレートに入れる値を持つ ConfigMap の作成

```
kubectl create configmap wildfly-cm \
    --from-literal='config.yml=logFormat: "DEVELOPMENT: %-5p %s%e%n'
```

最後に、**例22-4** のとおり WildFly サーバ向けの Deployment が必要です。

例22-4　Init コンテナのテンプレート処理の仕組みを持つ Deployment

```yaml
apiVersion: apps/v1
kind: Deployment
metadata:
  labels:
    example: cm-template
  name: wildfly-cm-template
spec:
  replicas: 1
  template:
    metadata:
      labels:
        example: cm-template
    spec:
      initContainers:
      - image: k8spatterns/example-config-cm-template-init    ❶
        name: init
        volumeMounts:
        - mountPath: "/params"                                ❷
          name: wildfly-parameters
        - mountPath: "/out"                                   ❸
          name: wildfly-config
      containers:
      - image: jboss/wildfly:10.1.0.Final
        name: server
        command:
        - "/opt/jboss/wildfly/bin/standalone.sh"
        - "-Djboss.server.config.dir=/config"
        volumeMounts:
        - mountPath: "/config"                                ❹
```

```
        name: wildfly-config
    volumes:                                          ❺
    - name: wildfly-parameters
      configMap:
        name: wildfly-cm
    - name: wildfly-config
      emptyDir: {}
```

❶ 例22-2で作成した、設定テンプレートを持っているイメージ。
❷ パラメータは、❺で宣言されるボリューム wildfly-parameters からマウントされます。
❸ 処理済みのテンプレートが書き出されるディレクトリ。emptyDir からマウントされたものです。
❹ 生成済みの完全な設定ファイルがあるディレクトリは、/config としてマウントされます。
❺ パラメータが含まれる ConfigMap のボリュームと、処理済みの設定を共有する emptyDir の宣言。

この宣言はそれなりの長さがありますので、詳細に説明しましょう。Deployment の定義には、Init コンテナ、アプリケーションコンテナ、Pod の内部で使用するボリューム2つを持つ Pod が含まれます。

- 最初のボリューム wildfly-parameters は、例22-3 で作成したパラメータの値を持つ ConfigMap である wildfly-cm を参照します。
- もう1つのボリュームは emptyDir で、Init コンテナと WildFly コンテナの間で共有されます。

この Deployment が動作すると、次のことが発生します。

- Init コンテナが作成されると、コマンドが実行されます。このコンテナは ConfigMap ボリュームから config.yml を取得し、Init コンテナの/in ディレクトリからテンプレートを取り出し、処理済みのファイルを/out ディレクトリに保存します。/out ディレクトリには、ボリューム wildfly-config がマウントされています。
- Init コンテナが完了すると、完成済みの設定を/config ディレクトリから見つけられるようオプションを付けた状態で WildFly サーバが起動します。ここで/config は、処理済みのテンプレートファイルを含む共有ボリューム wildfly-config です。

開発環境から本番環境に Deployment リソースを移す時にも、この Deployment のリソース記述は変更する必要が**ない**点が重要です。違うのは、テンプレートパラメータを持っている ConfigMap のみです。

この手法を使うことで、ほとんど重複した大きな設定ファイルをコピーしてメンテナンスする必

要がなく、DRY[†1]な設定を簡単に作れるようになります。例えば、環境ごとに WildFly の設定が変わるなら、Init コンテナに含まれるテンプレートファイル 1 つだけを変更すればよくなります。この方法だと、設定ドリフトが起きる可能性はないので、メンテナンス上の大きな利点があります。

このパターンにおいて Pod やボリュームを扱う時には、何らかの問題が発生した時にデバッグをする方法が分かりにくくなります。処理されたテンプレートを試してみたい時には、ノード上の/var/lib/kubelet/pods/{podid}/volumes/kubernetes.io~empty-dir/ディレクトリを確認して下さい。ここには `emptyDir` ボリュームの中身が含まれています。あるいは、Pod が実行中なら `kubectl exec` を実行し、作成されたファイルが含まれるマウントされたディレクトリ（前の例では/config）を確認しましょう。

22.3　議論

Configuration Template パターンは、**Configuration Resource** パターンを元にして作られており、複雑かつ似たような設定を持った複数の環境でアプリケーションを運用する必要がある時に向いています。しかし、設定テンプレートを使った仕組みは複雑さを増し、問題が発生する可能性のある部分が増えます。したがって、アプリケーションが巨大な設定データを必要とする時だけこのパターンを使いましょう。そのようなアプリケーションでは、巨大な設定データのうちのごく一部だけが環境に依存する場合がよくあります。最初は環境ごとの ConfigMap に設定全体を直接コピーしてしまう方法でうまくいったとしても、時が経つにつれて差分が増えていくものなので、メンテナンスは重荷になります。そのような場合にはこのテンプレートの方法が最適です。

　エンタープライズ向けの Kubernetes ディストリビューションである Red Hat OpenShift を使っているなら、パラメータ化されたリソース記述子を使える OpenShift Templates（https://red.ht/3xGNhMq）が代替策になります。この方法は大きな設定自体の課題は解決しませんが、少しずつ異なる各環境に同じ Deployment リソースを適用するには非常に便利です。

22.4　追加情報

- Configuration Template パターンのサンプルコード（https://oreil.ly/gzSdc）
- Tiller Template Engine（https://oreil.ly/0gPNC）
- Gomplate（https://oreil.ly/e-5mR）
- Go Template Syntax（https://oreil.ly/fHi0o）

[†1] DRY（https://ja.wikipedia.org/wiki/Don%27t_repeat_yourself）は、Don't Repeat Yourself の略で、重複を避けるべきだと言う考え方。

第Ⅴ部
セキュリティパターン

　セキュリティは、開発手法、ビルド時のイメージスキャン、デプロイ時のアドミッションコントローラの使用によるクラスタの堅牢化、実行時の脅威検知といったソフトウェア開発ライフサイクルの全ステージに密接なかかわりのある、幅広い内容を持つトピックです。またセキュリティは、クラウドネイティブセキュリティの4Cとも呼ばれる、クラウドインフラセキュリティ、クラスタセキュリティ、コンテナセキュリティ、コードセキュリティというソフトウェアスタックのすべてのレイヤに関係があります。**図V-1**に示した、セキュリティの観点から見てアプリケーションとKubernetesが交わるところに本書のこの部分では焦点を当てていきます。

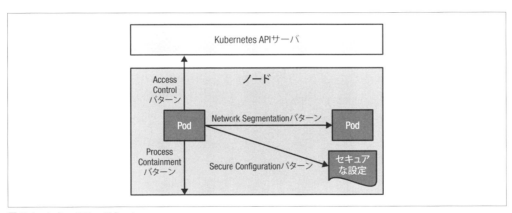

図 V-1　セキュリティパターン

　まず、アプリケーションが動いているノード上で実行を許可されているアクションを封じ込め、制限するためのパターンである **Process Containment** パターンの説明から始めます。それから **Network Segmentation** パターンで、Podが通信できる別のPodを制限する方法を見ていきます。**Secure Configuration** パターンでは、Pod内のアプリケーションがセキュアな方法で設定にアクセスしたり利用したりする方法について議論します。最後に、高度な状況においてアプリケーションがKubernetesのAPIサーバに対して認証し、通信し、やり取りする方法について説明します。

これらの章では、Kubernetes上で動くアプリケーションの主なセキュリティの特徴の概要を説明し、それを元にしたパターンについて議論します。

- 「23章 Process Containment（プロセス封じ込め）」では、プロセスが与えられた中で最小の権限のみを使えるよう封じ込める方法を説明します。
- 「24章 Network Segmentation（ネットワークセグメンテーション）」では、Podが許可されたトラフィックを制限するため、ネットワーク制御を適用する方法を解説します。
- 「25章 Secure Configuration（セキュア設定）」では、機密設定データをセキュアかつ安全に保ち、それを利用できるようにする方法を示します。
- 「26章 Access Control（アクセス制御）」では、ユーザワークロードとアプリケーションワークロードがKubernetesのAPIサーバに対して認証と通信を行えるようにする方法を学びます。

23章
Process Containment（プロセス封じ込め）

　この章では、プロセスの実行のために最低限必要な権限のみが強制され、最小権限の原則が適用できるようにする方法を説明します。**Process Containment**（プロセス封じ込め）パターンは、攻撃対象領域（attack surface）を限定し、防御線を作ることでアプリケーションをよりセキュアにするのに役立ちます。また、問題のあるプロセスが定められた境界を超えて実行されることがないようにもできます。

23.1　問題

　Kubernetes のワークロードへの主な攻撃ベクトルの 1 つは、アプリケーションコードを通じたものです。コードセキュリティを改善するのを助けるにはたくさんの方法があります。例として、静的コード解析ツールはセキュリティ欠陥がないかソースコードをチェックします。動的スキャンツールは、SQL インジェクション（SQLi）、クロスサイトリクエストフォージェリ（CSRF）、クロスサイトスクリプティング（XSS）などのよく知られたサービス攻撃手法を通じてシステムに侵入することをゴールとした悪意ある攻撃をシミュレーションします。また、セキュリティ脆弱性に関してアプリケーションの依存関係を定期的にスキャンするツールもあります。イメージビルドプロセスの一部として、コンテナの既知の脆弱性がスキャンされます。このスキャンは通常、脆弱性のあるパッケージを追うデータベースに対して、ベースイメージとその中の全パッケージをチェックすることで実行します。セキュアなアプリケーションを作り、悪意ある攻撃者、侵害されたユーザ、安全でないコンテナイメージ、脆弱性のある依存関係などから守るには、数ステップしかありません。

　いつチェックがあろうとも、新しいコードと新しい依存関係は新しい脆弱性を連れて来る可能性があり、リスクが全くないことを保証する方法はありません。実行時のプロセスレベルのセキュリティ制御がないと、悪意ある攻撃者はアプリケーションコードを破ってホストや Kubernetes クラスタ全体の制御権を握ろうとします。この章で見ていく仕組みは、コンテナが実行に必要なパーミッションのみを持つよう制限し、最小権限の原則を適用する方法を実現するものです。Kubernetes の設定は 1 つの防御線として振る舞い、問題のあるプロセスを封じ込め、そのようなプロセスが定められた境界を越えて実行されないようにします。

23.2 解決策

通常、Docker のようなコンテナランタイムは、コンテナが持つはずのデフォルトランタイム権限を割り当てます。コンテナが Kubernetes に管理されている場合、コンテナに割り当てられるセキュリティ設定は Kubernetes によって制御され、Pod およびコンテナスペックのセキュリティコンテキスト設定を通じてユーザに公開されます。Pod レベルの設定は Pod ボリュームと Pod 内の全コンテナに、コンテナレベルの設定は単一のコンテナに適用されます。同じ設定が Pod レベルとコンテナレベルの両方にある場合、コンテナの定義にある値が優先されます。

クラウドネイティブアプリケーションを作る開発者としては、通常は多くの詳細なセキュリティ設定を扱う必要はないはずですが、設定を確認し、グローバルポリシーとしてそれが強制されるようにしましょう。詳細なチューニングは、ビルドシステムやノードに対する広いアクセス権限が必要なプラグインなどの特別なインフラコンテナを作る時のみ必要になります。したがって、Kubernetes 上で動く普通のクラウドネイティブアプリケーションを動かすのに便利な一般的セキュリティ設定のみをレビューすればよいでしょう。

23.2.1 ルート以外のユーザでコンテナを動かす

コンテナイメージには、コンテナプロセスを動かすためのユーザがあり、オプションでグループも設定できます。ユーザとグループは、ファイル、ディレクトリ、ボリュームのマウントに対するアクセスを制御するのに使われます。コンテナによっては、ユーザが作成されず、デフォルトでルートユーザがコンテナイメージを動かすものもあります。また、コンテナイメージ内でユーザが作成される一方でそれが実行のデフォルトユーザとしては使われない場合もあります。これらの状況は、**例23-1** に示したように `securityContext` を使って実行時にユーザをオーバーライドする形で修正されます。

例23-1 Pod のコンテナにユーザとグループを設定

```
apiVersion: v1
kind: Pod
metadata:
  name: web-app
spec:
  securityContext:
    runAsUser: 1000     ❶
    runAsGroup: 2000    ❷
  containers:
  - name: app
    image: k8spatterns/random-generator:1.0
```

❶ コンテナプロセスを実行する UID。

❷ コンテナプロセスを実行する GID。

この設定は、Pod 内の全コンテナに対し、ユーザ ID 1000、グループ ID 2000 で実行するよう

強制するものです。これは、コンテナイメージ内で設定したユーザを差し替える際に便利なやり方です。しかし一方で、イメージを実行するユーザについて値を設定して実行時に変更するのは危険でもあります。コンテナイメージで指定されたIDによる所有権を持つファイルが含まれるディレクトリ構造との組み合わせでユーザが指定されることが多いからです。権限不足による実行時の失敗を避けるには、コンテナイメージファイルをチェックし、定義されたユーザIDとグループIDでコンテナを実行するべきです。これがコンテナがルートユーザで実行されるのを防ぎ、イメージで期待されるユーザと実行ユーザを一致させる方法の1つです。

コンテナがルートで実行されてしまわないようにするためにユーザIDを指定するのではなく、より踏み込んだのが`.spec.securityContext.runAsNonRoot`フラグを`true`に設定する方法です。これが設定されているとKubeletは実行時にコンテナをチェックし、ルートユーザ、すなわちユーザIDが0のユーザで実行されないようにします。この方法はユーザを変更せず、コンテナがルートでないユーザで実行されるようにするだけです。コンテナ内でファイルやボリュームにアクセスするためルートユーザで実行する必要があるなら、ルートユーザ以外でアプリケーションコンテナが起動する前に、ルートユーザで実行できるInitコンテナを短時間だけ実行してファイルアクセスモードを変更することで、ルートユーザの使用を限定できます。

コンテナがルートユーザで実行されない場合でも、権限昇格によってルートに近い能力を得られてしまう場合があります。これは、Linuxにおいて`sudo`コマンドを使い、ルート権限でコマンドを実行するのによく似ています。コンテナにおいてこれを防ぐには、`.spec.containers[].securityContext.allowPrivilegeEscalation`を`false`に設定します。アプリケーションがルート以外で動くよう設計されていれば実行中に権限昇格を必要としないはずなので、この設定には通常は副作用はありません。

ルートユーザはLinuxにおいて特別なパーミッションと権限を持っており、ルートユーザがコンテナプロセスを所有しないようにしたり、ルートになる権限昇格をしないようにしたり、Initコンテナを使ってルートユーザの生存期間を制限したりすることで、コンテナへの侵入攻撃を防止し、通常のセキュリティ手法の遵守を確実に行えます。

23.2.2　コンテナのケーパビリティを制限する

突き詰めるとコンテナとは、ノード上で実行されるプロセスであり、プロセスが持つのと同じ特権を持つはずです。そのプロセスがカーネルレベルの呼び出しを必要とするなら、処理を成功させるためにはそれが可能な特権を持つ必要があります。これを実現するには、コンテナをルートで実行する、つまりコンテナに対してすべての特権を与えるか、アプリケーションが機能するために必要な決まったケーパビリティ[1]を割り当てるかのいずれかを行うことになります[2]。

`.spec.containers[].securityContext.privileged`フラグが設定されたコンテナは、ホ

---

[1] 訳注：ルートユーザが持つ権限を細分化し、必要な権限のみを割り当てられるようにした仕組み。
[2] 訳注：Kubernetes 1.30でベータ機能となったUser Namespaces (https://bit.ly/4eNjp1D) を使うことで、コンテナ内ではルートユーザでプロセスを実行しつつ、ホスト上でのコンテナ実行にはルート以外のユーザを使用できるようになります。

スト上では基本的にはルートと同じ扱いになり、カーネルのパーミッションチェックを回避できます。セキュリティの観点からするとこのオプションはコンテナをホストシステムから分離するというよりは、紐づけてしまいます。したがってこのフラグは通常、ネットワークスタックを操作したりハードウェアデバイスにアクセスしたりといった管理機能を必要とするコンテナにのみ設定されます。特権コンテナを一緒に使うのは避けて、必要なコンテナには特定のカーネル機能のケーパビリティのみを与えるのがよいやり方です。Linuxにおいては、ルートユーザに伝統的に割り当てられる特権は明確にケーパビリティごとに分かれており、独立して有効にしたり無効にしたりできます。コンテナがどのケーパビリティを必要とするかを特定するのは簡単ではありません。ホワイトリスト方式を採用するなら、ケーパビリティがない状態でコンテナを起動し、コンテナの各ユースケースごとに必要になった時に少しずつケーパビリティを追加していきます。セキュリティチームの助けが必要かもしれませんし、SELinuxをPermissiveモードにし、どのケーパビリティが必要なのかを見つけるためにアプリケーションの監査ログをチェックするといった方法も可能です。

　コンテナをよりセキュアにするには、コンテナには実行に必要な最小限の特権を割り当てるべきです。コンテナランタイムは、コンテナに対してデフォルトの特権（ケーパビリティ）の集まりを割り当てます。あなたが期待するであろうことには反して、`.spec.containers[].securityContext.capabilities`が空のままの場合、コンテナランタイムが定義するデフォルトには、多くのプロセスが必要とするものよりもかなり多くのケーパビリティが含まれ、コンテナをセキュリティの脅威にさらしてしまいます。コンテナの攻撃対象領域を小さくするのによいセキュリティ上の習慣は、**例23-2**のようにすべての特権を剥奪して必要なものだけを割り当てることです。

例23-2　Podの権限設定

```
apiVersion: v1
kind: Pod
metadata:
  name: web-app
spec:
  containers:
  - name: app
    image: docker.io/centos/httpd
    securityContext:
      capabilities:
        drop: ['ALL']                    ❶
        add: ['NET_BIND_SERVICE']        ❷
```

❶ コンテナランタイムがコンテナに割り当てたデフォルトケーパビリティすべてを剥奪。
❷ `NET_BIND_SERVICE`ケーパビリティのみを付与。

　この例ではすべてのケーパビリティを剥奪し、ポート番号が1024以下の特権ポートへのバインドを許可する`NET_BIND_SERVICE`ケーパビリティのみを戻しています。これと同じ状況を別のやり方で扱うには、特権ポート以外のポートへのバインドを行うコンテナに差し替えてしまう方法が

あります。

Podは、セキュリティコンテキストが設定されていないか設定がゆるすぎる時に、侵入される可能性が高くなります。コンテナのケーパビリティを最小限に制限することが、既知の攻撃手法に対するもう1つの防御線になります。コンテナプロセスに特権がないか、ケーパビリティが厳格に制限されている時、アプリケーションに侵入する悪意ある攻撃者は難しい仕事を強いられることになるでしょう。

23.2.3　コンテナファイルシステムの変更を防止する

コンテナは短命なものであり再起動時にステート情報は消えてしまうので、通常、コンテナ化されたアプリケーションはファイルシステムに書き込みを行うべきではありません。「11章 Stateless Service（ステートレスサービス）」で説明したように、ステート情報はデータベースやファイルシステムなどの外部の永続化の手段に書き込まれるべきです。ログは標準出力に書き出すか、リモートのログ収集の仕組みに転送すべきです。このようなアプリケーションでは、コンテナのファイルシステムを読み出し専用にすることでコンテナへの攻撃対象範囲を制限できます。読み出し専用ファイルシステムを使うことで、悪意あるユーザがアプリケーション設定を改ざんしたり、さらなる侵入に使うための追加の実行ファイルをディスク上にインストールしたりすることを防げます。これを実現するには、コンテナのルートファイルシステムを読み出し専用でマウントするため`spec.containers[].securityContext.readOnlyRootFile`を`true`に設定します。これにより、実行時にコンテナのルートファイルシステムへの一切の書き込みができなくなり、イミュータブルインフラの原則が強制されます。

`securityContext`フィールドが取り得る値はもっとたくさんあり、Podの設定からコンテナの設定までさまざまです。これらすべてのセキュリティ設定を扱うのはこの本の範囲外です。必ず確認すべきセキュリティコンテキストの設定は、`seccompProfile`と`seLinuxOptions`の2つです。`seccompProfile`はLinuxカーネルの機能で、コンテナ内で動くプロセスが利用可能なシステムコールのうちの一部だけを呼び出せるよう制限するために使用します。これらのシステムコールはプロファイルとして設定し、コンテナあるいはPodに適用されます。

もう1つのオプション`seLinuxOptions`は、Pod内のすべてのコンテナやボリュームにカスタムなSELinuxのLabelを割り当てられます。SELinuxでは、システム内のどのプロセスが他のLabel付きオブジェクトにアクセスできるかを定義するポリシーを使います。Kubernetesにおいては通常、イメージ内のファイルのみにアクセスするようプロセスを制限するため、コンテナイメージにLabelを付けるという形で使用します。SELinuxがホスト環境でサポートされているなら、アクセス拒否を厳格に強制したり、ログアクセス違反を許可するように設定したりできます。

各Podや各コンテナに対してこれらのフィールドを設定していると、手動による間違いが発生します。ところが残念ながらこれらの設定を行うのは、組織内のセキュリティに関する専門家ではない人であることが一般的です。それが、Namespace内の全Podがセキュリティ標準に従っているようにするためにクラスタ管理者が定義できる、クラスタレベルかつポリシー駆動な手段が存在する理由です。その手段について見ていきましょう。

23.2.4　セキュリティポリシーを強制する

ここまで、Pod やコンテナの仕様の一部として securityContext 定義を使うことで、コンテナランタイムのセキュリティパラメータを設定する方法を見てきました。これらの仕様は Pod ごとに別々に作られ、Deployment、Job、CronJob といった上位の抽象化概念から間接的に継承してきました。しかし、クラスタ管理者やセキュリティ専門家は、どのようにして Pod の集まりが定められたセキュリティ標準に従うようにするのでしょうか。その答えが、Kubernetes Pod セキュリティ標準（Pod Security Standards（PSS））と Pod セキュリティアドミッション（Pod Security Admission（PSA））の各コントローラです。PSS はセキュリティポリシーに関する共通の理解と一貫性のある言語を定義したもので、PSA はそれを強制するのに役立ちます。この方法を使うことで、ポリシーはそれを強制する仕組みから独立し、PSS やその他のサードパーティツールを使って適用できるようになります。これらのポリシーは、それぞれは互いに重複し、開放的なものから制限の強いものまで次の 3 つのセキュリティプロファイルにグループ分けされています。

Privileged（特権）
　　可能な限り広く権限を与えた、制限されていないプロファイルです。これは意図して開放的になっており、信頼されたユーザやインフラワークロード向けのデフォルトで許可する仕組みを提供しています。

Baseline（ベースライン）
　　これは、よくある重要でないアプリケーションワークロード向けのプロファイルです。最低限の制限ポリシーがあり、採用の容易さと既知の権限昇格の防止のバランスを取ったものです。例えば、特権コンテナ、一部のセキュリティケーパビリティ、さらには securityContext フィールド以外の設定についても許可しません。

Restricted（制限）
　　これは、採用のコストと引き換えに最新のセキュリティハードニングのベストプラクティスに従った、最も制限の強いプロファイルです。セキュリティ上重要なアプリケーションや信頼度の低いユーザに対するものです。Baseline プロファイルに加え、ここまで見てきた allowPrivilegeEscalation、runAsNonRoot、runAsUser、その他のコンテナ設定等の制限も加えたものです。

PodSecurityPolicy はレガシーなセキュリティポリシー強制の仕組みであり、Kubernetes 1.25 で PSA に置き換えられました。今後は、サードパーティアドミッションプラグインやビルトインの PSA コントローラを使用して Namespace ごとにセキュリティ標準を強制できます。セキュリティ標準は前述のとおり標準レベルを定義した Label を使って Kubernetes の Namespace に適用され、違反の可能性がある時は 1 つ以上のアクションが実行されます。実行できるアクションは次のとおりです。

Warn（警告）
　ユーザに見える警告を出しつつ、ポリシー違反は許容されます。

Audit（監査）
　監査ログエントリが記録されつつ、ポリシー違反は許容されます。

Enforce（強制）
　あらゆるポリシー違反で Pod が拒否されます。

例 23-3 は、これらのオプションを定義して、**Baseline** 標準を満たさない Pod を拒否し、**Restricted** 標準の要求に合わない Pod に対して警告を発生させる Namespace を作る例です。

例 23-3　Namespace に対してセキュリティ標準を設定

```
apiVersion: v1
kind: Namespace
metadata:
  name: baseline-namespace
  labels:
    pod-security.kubernetes.io/enforce: baseline          ❶
    pod-security.kubernetes.io/enforce-version: v1.25     ❷
    pod-security.kubernetes.io/warn: restricted           ❸

    pod-security.kubernetes.io/warn-version: v1.25
```

❶ Baseline 標準に違反する Pod を拒否するよう PSA コントローラに伝える Label。
❷ 使用するセキュリティ標準要求のバージョン（オプション）。
❸ **Restricted** 標準に違反する Pod に付いて警告を出すよう PSA コントローラに伝える Label。

　この例は、新しい Namespace を作成し、Namespace 内で作成されるすべての Pod に対してセキュリティ標準を適用するよう設定します。また、Namespace の設定を変更し、1 つあるいはすべての既存 Namespace に対してポリシーを適用することも可能です。最新のディストリビューションに合わせてこれを行う方法の詳細については、「23.4　追加情報」を参照して下さい。

23.3　議論

　Kubernetes におけるよくあるセキュリティの課題の 1 つは、Kubernetes のセキュリティコントロールを念頭に置かずに実装されたりコンテナ化されたレガシーなアプリケーションを実行することです。特権コンテナの実行は、厳格なセキュリティポリシーを持った Kubernetes ディストリビューションや環境では難しい問題です。Kubernetes が実行時にプロセスの封じ込めをどのように行い、どのようにセキュリティ境界を設定するのかを示した **図 23-1** は、Kubernetes においてアプリケーションをよりセキュアに作る助けになるはずです。コンテナとは、パッケージのフォー

マットやリソース分離の仕組みであるだけでなく、正しく設定されていれば安全を守るフェンスにもなり得るのです。

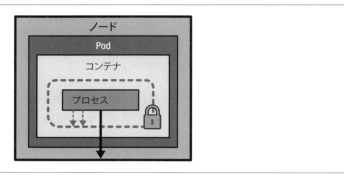

図 23-1　Process Containment パターン

本番環境の向けのセキュリティ標準を持った Kubernetes に対してデプロイを行うことを含め、セキュリティ上の懸念やテスト手法をシフトレフトするという傾向は強まるばかりです。このような手法は開発サイクルの早いうちにセキュリティ問題を特定し、取り組むのに役立ち、最後の最後に予期しないことが起こるのを防ぎます。

シフトレフト（Shifting left）は、あらゆることを後からではなく早めにやるということです。開発やデプロイプロセスを説明する時間軸の左側に行くことを意味します。この本の文脈におけるシフトレフトとは、開発者がアプリケーションを開発する時にすでに運用上のセキュリティについて考えていることを意味します。シフトレフトモデルについての詳細は、Devopedia（https://oreil.ly/cdw3f）を参照して下さい。

　この章では、セキュアなクラウドネイティブアプリケーションを作るために必要な材料を十分共有できたと私たちは考えています。この章で取り上げたガイドラインは、ローカルファイルシステムに書き込まず、ルート権限を必要とせず（例えばコンテナ化されたアプリケーションにおいてコンテナに専用のルート以外のユーザを作るなど）、セキュリティコンテキストを設定するアプリケーションを設計し、実装するのに役立ちます。あなたがアプリケーションが何を必要とするかを理解し、最小限の権限だけを与えられるようになったことを願います。また、コンテナ権限を制限し、侵害が発生した際にリソース仕様を制限するようランタイム環境を設定することでワークロードとホストの間に境界線を設けられるようにしました。これらを通じて **Process Containment** パターンは、あらゆるセキュリティ侵害を含むコンテナ内で起きたことは、すべてコンテナ内にとどまるようにすることを実現します。

23.4　追加情報

- Process Containment パターンのサンプルコード（https://oreil.ly/Seeg__）
- Pod とコンテナにセキュリティコンテキストを設定する（https://oreil.ly/e7lKN）
- Pod のセキュリティアドミッション（https://oreil.ly/S8ac9）
- Pod セキュリティの標準（https://oreil.ly/2xzlg）
- Namespace Label を使って Pod セキュリティ標準を強制する（https://oreil.ly/FnVMh）
- Admission Controllers Reference: PodSecurity（https://oreil.ly/QnhLj）
- Linux のケーパビリティの man ページ（https://oreil.ly/GkHt7）
- Introduction to Security Contexts and SCCs（セキュリティコンテキストと SCC 入門、https://oreil.ly/IkMnH）
- 10 Kubernetes Security Context Settings You Should Understand（理解するべき Kubernetes のセキュリティコンテキスト設定 10 選、https://oreil.ly/f04Xj）
- Kubernetes リソースに対するセキュリティリスク分析ツールの例（https://oreil.ly/pbAqs）

24章
Network Segmentation（ネットワークセグメンテーション）

　Kubernetes は、ネットワークを介して相互にやり取りする分散アプリケーションを動かす素晴らしいプラットフォームです。デフォルトでは Kubernetes のネットワーク領域はフラットであり、各 Pod はクラスタ内の他のどの Pod にも接続できます。この章では、セキュリティを改善し、軽量なマルチテナントモデルを実現するためにネットワークを構成する方法について見ていきます。

24.1　問題

　Namespace は Kubernetes の重要な部分であり、ワークロードをひとまとめにグループ化できます。しかし、Namespace はグループ化の考え方を提供し、特定の Namespace に関連付けられたコンテナに対して分離の制約を課しているだけです。Kubernetes では、Namespace とは関係なくどの Pod も別の Pod に対して通信できます。このデフォルトの動作にはセキュリティ上の影響があり、特にそれは、異なるチームが運用している複数の独立したアプリケーションが同じクラスタ内で動作している時に顕著になります。

　Pod からあるいは Pod に対するネットワークアクセスを制限すると、ingress 経由で誰でもアプリケーションにアクセスできるわけではなくなることから、アプリケーションのセキュリティ向上に重要な意味があります。Pod からの外向きの egress ネットワークトラフィックも、セキュリティ侵害の影響範囲を最小化するため、必要な範囲に限定するべきです。

　複数の組織が同じクラスタを共有するマルチテナントの構成において、ネットワークセグメンテーションは重要な役割を持ちます。例として次のコラムでは、アプリケーションのネットワーク境界を作るなど、Kubernetes でのマルチテナントにおけるいくつかの課題について取り上げます。

> **Kubernetes でのマルチテナント**
>
> **マルチテナント**（Multitenancy）[1]とは、分離されたユーザのグループ、すなわち**テナント**を複数持つことをサポートするプラットフォームの機能を表します。Kubernetes では、マルチテナントに対応した豊富な機能がすぐ利用できる形で提供されているわけではなく、マルチテナントの考え方自体も複雑で定義が難しいものです。マルチテナントに関するKubernetes のドキュメント（https://oreil.ly/T1cCG）では、Namespace やアクセス制御（26 章）、ノイジーネイバー問題を防ぐためのクォータ、ストレージやネットワークの分離、クラスタ全体の DNS や CustomResourceDefinition といった共有リソースの扱い方など、プラットフォームにおけるさまざまな観点やサポートについて説明しています。この章では、マルチテナントに対するソフトな方法を提供するネットワーク分離に焦点を当てます。より厳密な分離が必要な場合は、vcluster（https://oreil.ly/aVbiM）が提供するテナントごとの仮想コントロールプレーンのようなよりカプセル化された方法が必要になるかもしれません。

以前は、ネットワークトポロジを決めるのは主に、ファイアウォールや iptables のルールを決める管理者の責任でした。この方式の問題は、管理者がアプリケーションのネットワーク要件を理解する必要があることです。さらに、多くの依存関係があり、アプリケーションに関する深いドメイン知識を必要とするマイクロサービスの世界では、ネットワーク図は非常に複雑になりかねません。DevOps の取り組みはこの解決の助けにはなりますが、それでもネットワークトポロジの定義はアプリケーションとは遠いところにあり、時と共に動的に変わるものです。

それでは、Kubernetes の世界でのネットワークセグメンテーションはどのように定義し、構築することになるのでしょうか。

24.2　解決策

ここでのよいニュースは、Kubernetes を使う開発者がアプリケーションのネットワークトポロジを完全に定義できるよう、Kubernetes がこの種のネットワーク関連のタスクをシフトレフトしていることです。シフトレフトの考え方については、**Process Containment** パターンを取り上げた 23 章ですでに確認しました。

Network Segmentation パターンの本質とは、アプリケーションファイアウォールを作ることで私たち開発者がアプリケーションのネットワークセグメンテーションを定義できるその方法のことです。

相互に補完し合い、同時に適用できる形でこの機能を実装する方法は 2 つあります。1 つ

---

[1] 訳注：原文での単語は multitenancy なので、そのまま訳すならマルチテナンシーとするべきですが、同じ意味を表す語としてマルチテナントの方が一般的と思われるため、この本ではマルチテナントで統一します。

は、L3/L4 のネットワークレイヤでの操作ができるコア Kubernetes 機能[2]を使う方法です。NetworkPolicy タイプのリソースを定義することで、開発者はワークロード Pod に対する ingress と egress ファイアウォールルールを定義できます。

もう1つの方法は、サービスメッシュを使い、L7 プロトコル、特に HTTP ベースの通信に焦点を当てたものです。これによって、HTTP メソッドやその他の L7 プロトコルパラメータによるフィルタリングが可能になります。この章の後半で、Istio の AuthenticationPolicy について見ていきます。

まず始めに、アプリケーションに対するネットワーク境界を定義するためのネットワークポリシーの使い方を見ていきましょう。

24.2.1　ネットワークポリシー

ネットワークポリシー（Network policy）は、Pod に対する送信と受信のネットワーク接続のルールをユーザができようできるようにする Kubernetes のリソースタイプです。このルールは、カスタムファイアウォールのように動作し、どの Pod からアクセスでき、どの接続先なら接続できるのかを定義します。ユーザが定義したルールは、内部ネットワーク向けに Kubernetes が使用するコンテナネットワークインタフェイス（container network interface、CNI）によって使用されます。ただし、すべての CNI プラグインがネットワークポリシーをサポートしているわけではありません。例として、広く使われている Flannel CNI プラグインはネットワークポリシーをサポートしていませんが、Calico など他の多くのプラグインではサポートされています。マネージドな Kubernetes クラウドや Minikube などのディストリビューションはどれも（直接あるいはアドオン設定が必要かの違いはあれど）ネットワークポリシーをサポートしています。

ネットワークポリシーの定義には、Pod セレクタと、受信（ingress）送信（egress）ルールのリストが含まれます。

Pod セレクタは、ネットワークポリシーが適用されるべき Pod がどれかを一致させるのに使用します。この選択は、Pod に紐づけられたメタデータである Label を使って行われます。Label によって柔軟かつ動的な Pod のグループ化が可能になり、同じ Label を共有し、ネットワークポリシーと同じ Namespace で動作する複数の Pod に対して、同じネットワークポリシーが適用できるようになります。Pod セレクタの詳細については「1.2.4　Label」で説明しました。

Ingress と **Egress** ルールのリストは、Pod セレクタで一致した Pod に関して、どの送信と受信の接続が許可されるのかを定義するものです。これらのルールは、Pod からあるいは Pod に対する送信元と送信先を指定します。ルールの例としては、特定の IP アドレスまたはアドレス範囲からの接続を許可したり、特定の宛先に対する接続をブロックするといったものがあります。

バックエンド Pod のみからすべてのデータベース Pod へアクセスを許可するシンプルな例である**例24-1** を見てみましょう。

---

[2]　OSI 参照モデルのネットワークスタックでは、L3 は IP、L4 は TCP/UDP にほぼ対応します。

24章 Network Segmentation（ネットワークセグメンテーション）

例24-1 Ingress トラフィックを許可するシンプルなネットワークポリシー

```
apiVersion: networking.k8s.io/v1
kind: NetworkPolicy
metadata:
  name: allow-database
spec:
  podSelector:          ❶
    matchLabels:
      app: chili-shop
      id: database
  ingress:              ❷
  - from:
    - podSelector:      ❸
        matchLabels:
          app: chili-shop
          id: backend
```

❶ `id: database` と `app: chili-shop` の label を持つすべての Pod に一致するセレクタ。これらの Pod はすべて、この Network の影響を受けます。
❷ 受信トラフィックで許可される送信元のリスト。
❸ タイプ `backend` のすべての Pod が、一致するデータベース Pod へアクセスできるようにする Pod セレクタ。

図 24-1 は、データベース Pod へはバックエンド Pod はアクセスできるけれどフロントエンド Pod はアクセスできない様子を示したものです。

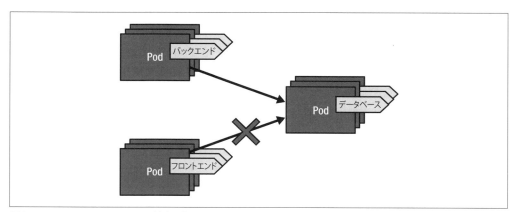

図24-1 Ingress トラフィックに対するネットワークポリシー

NetworkPolicy オブジェクトは、Namespace 内がスコープであり、NetworkPolicy の Namespace 内の Pod にのみマッチします。残念ながらすべての Namespace にまたがるクラスタ全体を対象とするデフォルトを定義する方法はありません。しかし、Calico など CNI プラグ

24.2.1.1　Labelを使ったネットワークセグメントの定義

　例 24-1 では、Pod のグループを動的に定義するのに Label セレクタを使用する方法を見ました。これは、明確なネットワークセグメントをユーザが簡単に作れるようにする、Kubernetes の強力な仕組みです。

　どの Pod がどのアプリケーションに属しており、それぞれがどのように通信するのかを知っているのは、通常は開発者たちです。注意深く Pod に Label を付けることで、ユーザは分散アプリケーションの依存関係グラフをネットワークポリシーに直接変換できます。これらのポリシーはその後、明確に定義された通信の入り口と出口を持つ、アプリケーションに対するネットワーク境界を定義するのに使用できます。Label を使ったネットワークのセグメントを作るには、アプリケーション内のすべての Pod に対して一意な app という Label を付けるのが一般的です。app という Label は、アプリケーションに紐づいているすべての Pod がポリシーで確実にカバーされるよう、ネットワークポリシーのセレクタとして使用されます。例 24-1 で言うとネットワークセグメントは、`chili-shop` という値を持つ app という Label で定義されています。

　一貫性を持ってワークロードに Label を付けるには、次の 2 つの方法が一般的です。

- ワークロードごとに一意な Label を付け、マイクロサービスやデータベースと言ったアプリケーションコンポーネント間の依存関係グラフを直接モデル化します。ここでのワークロードは、例えば高可用性のためにデプロイされた複数 Pod から構成されます。この方法は例 24-1 で権限グラフをモデル化するのに使われており、type という Label をアプリケーションコンポーネントの識別に使っています。1 種類のワークロード（Deployment や StatefulSet）のみが `type: database` という Label を持つ前提になっています。
- より結合が弱い方法としては、何らかの役割を担う各ワークロードに紐づける必要のある `role` や `permissions` といった Label を定義します。例 24-2 はこの方法を例にしたものです。この方法はより柔軟性が高く、ネットワークポリシーを更新せずに新しいワークロードを導入できます。ただし、ワークロードを直接接続する単純な方法の方が、role が適用されたワークロードすべてを調べる必要がなく、ネットワークポリシーを見るだけで理解できるので、通常はより簡単だと言えます。

例 24-2　ロールベースのネットワークセグメンテーションの定義

```
kind: Pod
metadata:
  label:
    app: chili-shop
    id: backend
    role-database-client: 'true'         ❶
    role-cache-client: 'true'
  ....
```

```
---
apiVersion: networking.k8s.io/v1
kind: NetworkPolicy
metadata:
  name: allow-database-client
spec:
  podSelector:
    matchLabels:
      app: chili-shop
      id: database              ❷
  ingress:
  - from:
    - podSelector:
        matchLabels:
          app: chili-shop
          role-database-client: 'true'  ❸
```

❶ このバックエンド Pod が要求するサービスにアクセスできるよう、すべてのロールを追加します。

❷ データベース Pod、つまり `id: database` という Label が付いた Pod に一致するセレクタ。

❸ データベースクライアントの各 Pod (`role-database-client: 'true'`) は、バックエンド Pod にトラフィックを送信できます。

24.2.1.2　デフォルトポリシーとしての deny-all

例24-1 と**例24-2** では、選択した Pod の集合に対する受信の接続許可を個別に設定する方法を見ました。この方法は Pod の設定を忘れない限りは問題ありませんが、ネットワークポリシーが Namespace に対して設定されていないというデフォルトの状態だと、受信と送信のどちらのトラフィックにも制限はありません（allow-all《全許可》）。また、将来的に作る Pod に対しても対応する NetworkPolicy を追加するのを忘れないようにする必要があるのも問題です。

したがって、**例24-3** のように deny-all（全拒否）の設定からはじめることを強くおすすめします。

例24-3　受信トラフィックに対する deny － all ポリシー

```
apiVersion: networking.k8s.io/v1
kind: NetworkPolicy
metadata:
  name: deny-all
spec:
  podSelector: {}        ❶
  ingress: []            ❷
```

❶ 全 Pod に一致する空のセレクタ。

❷ ingress ルールのリストが空なのは、すべての受信トラフィックは破棄されることを意味します。

許可する ingress のリストは空リスト（[]）に設定されており、つまり受信トラフィックを許可する ingress ルールがないことを表しています。空のリスト [] は、空要素を持つリスト [{}] とは違うのに注意してドさい。空要素を持つリストは、空要素がすべてに一致することから全く逆の意味になります。

24.2.1.3　Ingress

例 24-1 は、受信トラフィックをカバーするポリシーに関する最も重要なユースケースです。podSelector フィールドに関して説明し、設定対象の Pod に対してトラフィックを遅れる Pod に一致する ingress のリストの例を提示しました。リスト内の ingress ルールのいずれかに一致すれば、選択した Pod はトラフィックを受け取れます。

Pod を選択するのに加えて、ingress ルールを設定する追加オプションも存在します。podSelector を含む ingress ルールが、そのルールを渡す Pod を選択するための from フィールドについてはすでに見ました。さらに、トラフィックを送る Pod を特定するため podSelector が適用されるべき Namespace を選択する namespaceSelector を渡すこともできます。

表 24-1 は、podSelector と nameSelector のさまざまな組み合わせとその効果を示したものです。2 つのフィールドを組み合わせることで、非常に柔軟な設定が行えます。

表 24-1　podSelector と namespaceSelector の組み合わせ

podSelector	namespaceSelector	振る舞い
{}	{}	全 Namespace の全 Pod
{}	{...}	一致する Namespace 内の全 Pod
{...}	{}	全 Namespace の一致する Pod
{...}	{...}	一致する Namespace 内の一致する Pod
---	{}	一致する Namespace 内の全 Pod
---	{...}	全 Namespace の全 Pod
{}	---	NetworkPolicy の Namespace 内の全 Pod
{...}	---	NetworkPolicy の Namespace 内の一致する Pod

ipBlock フィールドには、クラスタから Pod を選択するのではなく IP アドレスの範囲を指定できます。IP 範囲については**例 24-5** で説明します。

これ以外にも、選択した Pod の特定ポートへのトラフィックを制限する方法もあります。ports フィールドに許可するポートをすべて入れたリストを指定します。

24.2.1.4　Egress

受信トラフィックを制限するだけでなく、Pod が外部へ送信するリクエストについても制限できます。egress ルールは ingress ルールと同じオプションを使って詳細に設定できます。ingress ルールと同じく、非常に制限の強いポリシーから始めるのをおすすめします。とは言え、すべての送信トラフィックを拒否するのは現実的ではありません。各 Pod は、DNS ルックアップのためにシステム Namespace の Pod とやり取りする必要があります。また、受信トラフィックの制限に

ingress ルールを使う場合、送信元の Pod にはそれと逆の egress ルールを設定する必要があるはずです。したがってここではより現実的に考えて、クラスタ内ではすべての egress を許可し、クラスタ外への egress はすべて拒否して、ingress ルールにネットワーク境界を定義させましょう。

例 24-4 は、そういったルールの例を表しています。

例 24-4　内部の egress トラフィックに対する allow-all（全許可）

```
apiVersion: networking.k8s.io/v1
kind: NetworkPolicy
metadata:
  name: egress-allow-internal-only
spec:
  policyTypes:             ❶
  - Egress
  podSelector: {}          ❷
  egress:
  - to:
    - namespaceSelector: {} ❸
```

❶ policyType として Egress のみを追加します。そうでないと Kubernetes は、ingress と egress の両方を指定する前提で動作します。

❷ NetworkPolicy の Namespace 内の全 Pod にネットワークポリシーを適用します。

❸ 全 Namespace の全 Pod に egress を許可します。

図 24-2 はこのネットワークポリシーの効果と、Pod が外部サービスに接続できないようにする仕組みを図にしたものです。

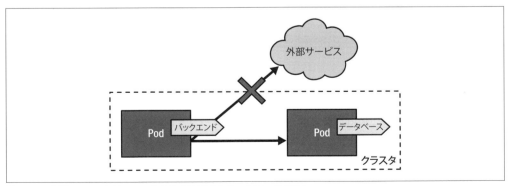

図 24-2　内部 egress トラフィックのみを許可するネットワークポリシー

NetworkPolicy の `policyTypes` フィールドは、ポリシーが影響を及ぼすトラフィックの種類を指定します。このフィールドは `Egress` と `Ingress` のどちらかあるいは両方を含むリストで、ポリシー内にどちらが含まれるかを決めます。このフィールドが省略されると、デフォルト値は

ingress と egress のルールセクションが存在しているかによって決まります。

- ingress セクションが存在しているなら、policyTypes のデフォルト値は [Ingress]。
- egress セクションが存在しているなら、ingress ルールが提供されているかどうかに関わらず policyTypes のデフォルト値に [Ingress, Egress]。

このデフォルト動作は、egress のみのポリシーを定義する場合には**例24-4** にあるように明示的に policyType を [Egress] としないといけないことを意味しています。これを忘れてしまうと、ingress ルールが空に設定されていることになってしまい、すべての受信トラフィックを拒否してしまいます。

このようなクラスタ内での egress トラフィックの制限が存在していると、クラスタ外部へのネットワークアクセスが必要な Pod に対して、外部 IP アドレスへのアクセスを選択的に許可することになります。**例24-5** では、そのような外部アクセスを許可する IP 範囲のブロックを定義しています。

例24-5　一部例外を除きすべての IP アドレスに対してアクセスを許可するネットワークポリシー

```
apiVersion: networking.k8s.io/v1
kind: NetworkPolicy
metadata:
  name: allow-external-ips
spec:
  podSelector: {}
  egress:
  - to:
    - ipBlock:
        cidr: 0.0.0.0/0        ❶
        except:
        - 192.168.0.0/16       ❷
        - 172.23.42.0/24
```

❶ すべての IP アドレスに対してアクセスを許可。
❷ ただし、これらのサブネットに属する IP アドレス以外。

さらに厳しい egress ルールを使い、クラスタの内部 egress トラフィックも制限したいなら、注意が必要です。まず、kube-system の Namespace 内の DNS サーバに対するアクセスは常に許可するのが必要不可欠です。この設定は、system の Namespace への UDP ポート 53 と、TCP の全ポートに対するアクセスを許可します。

Kubernetes の API サーバは、オペレータやコントローラからアクセスできる必要があります。残念ながら kube-system の Namespace 内の API サーバには一位に識別できる Label は付いていないので、API サーバの IP アドレスでフィルタすることになります。この IP アドレスは default の Namespace 内の Kubernetes エンドポイントから、次のコマンドで取得できます。

```
kubectl get endpoints -n default kubernetes
```

24.2.1.5　ツール

　NetworkPolicy リソースをたくさん作る必要が出てきてしまうことから、ネットワークポリシーによるネットワークトポロジの設定はすぐに複雑化してしまいます。限られた要件のみに合わせたシンプルなユースケースから始めるべきです。Kubernetes Network Policy Recipes（https://oreil.ly/NvQFm）を参照するところから始めるのがよいでしょう。

　一般的にネットワークポリシーは、アプリケーションのアーキテクチャと同時に定義します。しかし、既存の仕組みに合わせてポリシーのスキーマを更新する必要がある場合もあるでしょう。そのような時には、ポリシーアドバイザツールが役に立ちます。これらのツールは、よくあるユースケースを実行する際にネットワークの動きをレコーディングします。高いテストカバレッジを持った総合的な統合テストスイートは、ネットワーク接続に関する稀な問題をすべて発見できる点で、導入の価値があります。2023 年時点では、ネットワークポリシーを作成するのにトラフィックを監査するのに役立つツールがいくつか存在します。

　Inspektor Gadget（https://oreil.ly/nlVOx）は Kubernetes リソースのデバッグと調査のための素晴らしいツールスイートです。カーネルレベルのオブザーバビリティが有効になり、カーネルの機能と高度な Kubernetes リソースの間の橋渡しをしてくれる eBPF をベースにしています。Inspektor Gadget には、Kubernetes のネットワークポリシーを生成するためにネットワークの動きを監視し、UDP と TCP のトラフィックをレコーディングする機能があります。この仕組みはうまくはたらくものの、使用するユースケースの品質と深さにも依存します。

> **eBPF とは何か**
>
> 　eBPF[3]は、カーネルスペースにおいてサンドボックス化されたプログラムを実行できる Linux の技術です。この仕組みによって、カーネルのケーパビリティを安全に拡張でき、そのインタフェイス上でよりすばやくイノベーションを起こせるようになります。
>
> 　ある意味では、eBPF は Linux カーネルに対する次世代のプラグインアーキテクチャであるとも言えます。この API の柔軟性によって、オブザーバビリティやセキュリティを含む幅広いユースケースをカバーするたくさんの eBPF プロジェクトの進化が促進されてきました。

　もう 1 つ別の eBPF ベースの素晴らしいプラットフォームとして、すべてあるいは指定したネットワークポリシーに一致するネットワークトラフィックを追跡する専用の監査モードを持つ Cilium（https://cilium.io/）があります。監査モードを有効にして deny-all ポリシーを設定する

---

[3]　eBPF は以前は extended Berkeley Packet Filter（拡張バークレイパケットフィルタ）の略でしたが、現在では関係ない独立した語であるとされています。

ところから始めることで、Ciliumはすべてのポリシー違反を記録しつつ、トラフィックはブロックしないようにできます。監査レポートは、観測されたトラフィックパターンに合う正しいネットワークポリシーを作成するのに役立ちます。

これら2つのツールは、ポリシーの推奨、シミュレーション、監査のための機能が豊富で成長を続けるツールのごく一部の例でしかありません。

ここまで、TCP/UDPあるいはIPレベルでのアプリケーションに対するネットワーク境界をモデル化する方法を見てきたので、次はOSI参照モデルの上のレイヤに移っていきます。

24.2.2　認証ポリシー

ここまで、TCP/IPレベルでPod間のネットワークトラフィックを制御する方法について見てきました。しかし、さらに高いレベルのプロトコルのパラメータでフィルタリングするネットワーク制約を基準とする方がよい場合もあるでしょう。このような高度なネットワーク制御には、HTTPのようなハイレベルなプロトコルの知識と、受信と送信のトラフィックを調査できる能力が必要です。Kubernetesではこれらがすぐにできるわけではありません。しかし幸いなことにアドオンがKubernetesにこれらの機能を与えてくれます。それが、サービスメッシュです。

サービスメッシュ

セキュリティ、オブザーバビリティ、信頼性といった運用上の要件は、すべてのアプリケーションに影響します。サービスメッシュにこれらの観点を包括的に処理し、アプリケーションがビジネスロジックに集中できるようにします。サービスメッシュは通常、アンバサダ（18章）やアダプタ（17章）として振る舞うサイドカーコンテナをワークロードのPodに入れ、L7の受信と送信のトラフィックを傍受することで動作します。ネットワークトラフィックを傍受する手法には、ノード単位のプロキシ（node-wide proxy）やメッシュデータプレーンといった新しい方法もあります。

サービスメッシュの有名な例としては、Istio、Gloo Mesh、Linkerdがあります。これ以外にも多数の例がCNCF Cloud Native Interactive Landscape（https://oreil.ly/x_2rg）に挙げられています。

ここではサービスメッシュの例としてIstioを取り上げますが、他のサービスメッシュでも似たような機能を見つけられるでしょう。ここではサービスメッシュやIstioの詳細については触れません。その代わり、HTTPのプロトコルレベルでネットワークセグメントを作れるようにしてくれるIstioのカスタムリソースに焦点を当てます。

Istioは、認証、mTLSを使ったトランスポートセキュリティ、証明書のローテーションを使ったアイデンティティ管理、認可などの豊富な機能を持っています。

他のKubernetes拡張と同じように、Istioは「28章　Operator（オペレータ）」で詳細に説明

する CustomResourceDefinitions（CRD）を作ることで、Kubernetes の API の仕組みを利用しています。Istio における認可の仕組みは、AuthorizationPolicy リソースによって設定されます。AuthorizationPolicy は Istio のセキュリティモデルのコンポーネントの 1 つでしかありませんが、独立して使うことも可能で、HTTP を元にネットワーク範囲を分割できるようにしてくれます。

AuthorizationPolicy のスキーマは NetworkPolicy によく似ていますが、さらに柔軟性が高く、HTTP 特有のフィルタも含まれています。NetworkPolicy と AuthorizationPolicy は一緒に使用するべきです。ただしこれによって 2 つを並行して確認し調査する必要がある時は、デバッグがやりにくくなる場合があります。NetworkPolicy と AuthorizationPolicy の両方にまたがってユーザが定義した 2 つのファイアウォールが許可した時だけ、Pod に対するトラフィックが通過できます。

AuthorizationPolicy は Namespace 範囲内で有効なリソースであり、Kubernetes クラスタ内の特定の Pod 集合に対してトラフィックを許可するのか拒否するのかを制御するルールが含まれます。ポリシーは次の 3 つの部分から構成されています。

セレクタ（selector）
  どの Pod にポリシーが適用されるかを指定します。セレクタが指定されていない時、ポリシーはそのポリシーが存在する Namespace 内のすべての Pod に適用されます。ポリシーが Istio のルート Namespace（`istio-system`）内で作成された時には、全 Namespace 内の一致するすべての Pod に適用されます。

アクション（action）
  ルールに一致するトラフィックに何をすべきかを定義します。取り得るアクションは、`ALLOW`、`DENY`、`AUDIT`（ログ記録のみ）、`CUSTOM`（ユーザ定義アクション）です。

ルール一覧（rules）
  受信トラフィックに対して評価が行われます。アクションに対してすべてのルールが満たされる必要があります。各ルールには、リクエストの送信元を指定する `from` フィールド、リクエストが一致する必要のある HTTP の操作を指定する `to` フィールド、追加条件（例えば、リクエストに紐づけられたアイデンティティがある値に一致する、など）を指定するオプションのフィールドである `when` という 3 つのコンポーネントがあります。

例 24-6 は、監視用オペレータがメトリクスのデータ収集のためにアプリケーションのエンドポイントにアクセスできるようにするというよくある例です。

例 24-6　Prometheus に対する認可

```
apiVersion: security.istio.io/v1beta1
kind: AuthorizationPolicy
```

```
metadata:
  name: prometheus-scraper
  namespace: istio-system         ❶
spec:
  selector:                       ❷
    matchLabels:
      has-metrics: "true"
  action: ALLOW                   ❸
  rules:
  - from:                         ❹
    - source:
        namespaces: ["prometheus"]
    to:
    - operation:                  ❺
        methods: [ "GET" ]
        paths: ["/metrics/*"]
```

❶ istio-system という Namespace にポリシーが作成された時は、そのポリシーは全 Namespace の一致する全 Pod に適用されます。

❷ ポリシーは、has-metrics が true の Pod すべてに適用されます。

❸ このアクションは、ルールに一致するリクエストを許可します。

❹ prometheus という Namespace の Pod から来るすべてのリクエストは、(❺に続く)

❺ /metrics エンドポイントへの GET リクエストが実行できます。

例24-6 では、has-metrics: "true" という Label が付けられた Pod はすべて、prometheus という Namespace の Pod から、自身の /metrics というエンドポイントへのアクセスを許可しています。

このポリシーは、デフォルトですべてのリクエストが拒否される時にだけ意味を持ちます。ネットワークポリシーと同じく、例24-7 に示したように deny-all（全拒否）ポリシーを定義するところから始め、必要なルートを許可していくことでネットワークトポロジを選択的に作っていくのがよいでしょう。

例24-7　デフォルトとしての deny-all ポリシー

```
apiVersion: security.istio.io/v1beta1
kind: AuthorizationPolicy
metadata:
  name: deny-all
  namespace: istio-system   ❶
spec: {}                    ❷
```

❶ istio-system という Namespace に作成されているので、このポリシーは全 Namespace に適用されます。

❷ 空の spec セクションを持つポリシーは、すべてのリクエストを拒否します。

適切な Label 付けのスキーマを持つことで、お互いに独立し分離されたアプリケーションのネットワークセグメントを AuthorizationPolicy を使って定義できるようになります。「24.2.1.1 Label を使ったネットワークセグメントの定義」で説明したことはすべて、ここでも当てはまります。

なお、ルールにアイデンティティのチェックを追加すれば、AuthorizationPolicy はアプリケーションレベルでの認可にも使用できます。「26 章 Access Control（アクセス制御）」で説明する認可との決定的な違いは、AuthorizationPolicy は**アプリケーションの認可**であり、26 章で説明する Kubernetes の RBAC モデルは Kubernetes の API サーバへのアクセスを保護するものであるという点です。アクセス制御は主に、カスタムリソースを監視するオペレータにとって便利な仕組みです。

24.3　議論

コンピュータの世界の初期には、ネットワークトポロジは物理的な結線と、スイッチのようなデバイスで定義されていました。この方法はセキュアではありましたが、柔軟性が高いとは言えませんでした。仮想化の登場によって、これらのデバイスはネットワークセキュリティを高めるためにソフトウェアベースの要素によって置き換えられました。**ソフトウェア定義ネットワーク**（software-defined networking、SDN）とは、ネットワーク管理者が低レイヤな機能を抽象化することでネットワークサービスを管理できるようにする、コンピュータネットワークのアーキテクチャの一種です。この抽象化は通常、実際にデータを送るデータプレーンから、データがどのように送信されるかを決定するコントロールプレーンを分離することで実現されます。とは言え SDN を使ったとしても、管理者は引き続き、効率的にネットワークを管理するためのネットワーク境界を設定し、整理する必要があります。

Kubernetes は Kubernetes API を通じて、クラスタ内部のフラットなネットワークにユーザによって定義されたネットワークセグメントを重ね合わせる能力を持っています。これは、ネットワークユーザインタフェイスの進化の中での次の 1 歩です。これにより、アプリケーションのセキュリティ要件を知っている開発者に、ネットワークの責任が移ります。このシフトレフト的な方法は、多数の分散依存関係と複雑なネットワーク接続を持つマイクロサービスの世界において有益になります。L3 や L4 のネットワークセグメンテーションと、ネットワーク境界をより細かく制御する AuthenticationPolicy は、**Network Segmentation** パターンを実装するには欠かせないものです。

Kubernetes 上の eBPF ベースのプラットフォームの登場によって、最適なネットワークモデルを見つける新たな方法が手に入りました。Cilium は L3、L4、L7 のファイアウォールを 1 つの API にまとめ、今後の Kubernetes バージョンにおいてこの章で説明したパターンを容易に構築できるようにしたプラットフォームの一例です。

24.4　追加情報

- Network Segmentation パターンのサンプルコード（https://oreil.ly/gwU-y）
- ネットワークポリシー（https://oreil.ly/P5r0X）
- Kubernetes のネットワークモデル（https://oreil.ly/qR0O9）
- Kubernetes Network Policy Recipes（https://oreil.ly/NhrWK）
- Using Network Policies（ネットワークポリシーの使用、https://oreil.ly/BzlSd）
- Why You Should Test Your Kubernetes Network Policies（Kubernetes のネットワークポリシーをテストすべき理由、https://oreil.ly/r-dn7）
- Using the eBPF Superpowers to Generate Kubernetes Security Policies（Kubernetes のセキュリティポリシー生成に eBPF の巨大な力を利用する、https://oreil.ly/_5cWc）
- Using Advise Network-Policy（Advice ネットワークポリシーの使用、https://bit.ly/45FbHTb）Inspektor Gadget より
- You and Your Security Profiles: Generating Security Policies with the Help of eBPF（あなたとあなたのセキュリティプロファイル：eBPF の助けを借りたセキュリティポリシーの生成、https://oreil.ly/-jKvO）
- kube-iptables-tailer（https://oreil.ly/r-4pI）
- Creating Policies from Verdicts（判定内容からのポリシーの作成、https://oreil.ly/9lqlu）
- Istio: Authorization Policy（https://oreil.ly/69M7s）
- Istio: Authentication Policies（https://oreil.ly/bLq35）
- SIG Multitenancy Working Group（https://bit.ly/3VufgHe）[†4]

[†4]　訳注：SIG Multitenancy ワーキンググループは、設立の目的を達成したとして 2023 年 6 月に活動を終了し、リポジトリもアーカイブされました（https://bit.ly/3RBzCx9）。

25章
Secure Configuration（セキュア設定）

　現実世界のアプリケーションは、それぞれが孤立しているわけではありません。それぞれが外部システムと繋がってやり取りをしています。この場合の外部システムには、巨大クラウドプロバイダが提供する付加価値サービス、あなたのサービスが接続する別のマイクロサービス、データベースなどがあります。アプリケーションがどのリモートサービスに接続するかによらず、ユーザ名とパスワード、あるいは他のセキュリティトークンといった認証情報を送る必要のある認証プロセスを避けては通れないでしょう。このような機密情報は、アプリケーションに近いところでセキュアかつ安全に保存される必要があります。この章で取り上げるのは、Kubernetes 上でアプリケーションを動かす際に認証情報を可能な限りセキュアに保存する最適な方法に関する **Secure Configuration**（セキュア設定）パターンです。

25.1　問題

　「20 章　Configuration Resource（設定リソース）」で学んだように、その名前に反して Secret リソースの中身は暗号化されておらず、Base64 エンコードされています。とは言え Kubernetes は、Secret の中身に対しては最大限のアクセス制限を行っており、その手法については 20 章のコラム「Secret はどのくらいセキュアなのか」で取り上げました。

　ところが、ひとたび Secret リソースがクラスタの外に保存されてしまうと、その値は丸裸で脆弱になってしまいます。サーバサイドアプリケーションをデプロイし、メンテナンスする方法として普及している考え方である GitOps の登場により、こういったセキュリティ上の課題の解決は急を要す事態になっています。Secret はリモートの Git リポジトリに保存するべきでしょうか。そうだとすると、暗号化しないで保存するわけには行きません。しかし Git のようなソースコード管理システムに暗号化した状態でコミットしてしまったら、どこでどのように復号して Kubernetes クラスタに入れればいいのでしょうか。

　認証情報が暗号化された状態でクラスタに保存されていても、機密情報に誰もアクセスできないことが保証されたわけではありません。RBAC ルール[1]を使えば Kubernetes リソースへのアク

---

[1] RBAC ルールについては「26 章　Access Control（アクセス制御）」で詳細に説明します。

セスを細かく制御できますが、最低でも1人、すなわちクラスタ管理者はクラスタ内に保存された全データにアクセスできる必要があります。すべてはあなたが運用しているアプリケーション次第で決まります。あなたは、誰か別の人が運用しているクラウド上でKubernetesクラスタを動かしているでしょうか。あるいはアプリケーションは企業内の巨大Kubernetesプラットフォーム上にデプロイされており、誰がクラスタを動かしているのかを知る必要があるでしょうか。信頼境界線（trust boundary）と機密性の要件によって、違った解決策が必要になります。

Secretは、機密設定用のクラスタ内ストレージに対するKubernetesの解決策です。Secretについては「20章 Configuration Resource（設定リソース）」で詳しく取り上げましたが、ここではさまざまな手法を用いてSecretの各種セキュリティ観点を改善する方法を見ていきましょう。

25.2　解決策

設定をセキュアに保つ最も単純な方法が、アプリケーション内で暗号化された情報を復号することです。この方法はいつでも使用でき、Kubernetesの上だけで使用可能というわけでもありません。しかし、これをコード内で実装するにはかなりの作業が必要で、かつ設定をセキュアにするための仕組みがビジネスロジックに結合されてしまいます。Kubernetes上でこの仕組みをより透過的に実現するよりよい方法がいくつか存在します。

Kubernetes上でのセキュアな設定をサポートする仕組みは、大まかに次の2つのカテゴリに分けられます。

クラスタ外での暗号化
　この方法では暗号化された設定情報を、認可されていない人でも読み込めるKubernetes外の場所に保存します。復号は、クラスタに入る直前（APIサーバを通じてリソースを適用する時など）あるいは永続的に動作しているオペレータプロセスによって行われます。

集中型のシークレット管理
　この方法では、クラウドプロバイダからすでに提供されているか（AWS Secrets ManagerやAzure Key Vaultなど）、組織内に用意されたVaultサービス（HashiCorp Vaultなど）のような、機密設定データを保存する専門のサービスを利用します。

クラスタ外での暗号化の手法だと、アプリケーションが使用しているクラスタ内に最終的には常にSecretを作成することになりますが、Kubernetesのアドオンが提供する外部シークレット管理システム（secret management system、SMS）はさまざまな手法を使って機密情報をデプロイ済みのワークロードに提供します。

25.2.1　クラスタ外での暗号化

クラスタ外での手法の大枠はシンプルなものです。シークレットと機密データをクラスタ外から取得し、それをKubernetesのSecretに変換します。この手法を実装した多くのプロジェクトが

成長してきました。この章では、Sealed Secret、External Secret、sops という最も有名な3つのプロジェクトを見ていきます。

25.2.1.1 Sealed Secret

暗号化されたシークレットの扱いを助ける Kubernetes のアドオンとして最も古いものの1つが、2017年に Bitnami によって導入された **Sealed Secret** です。このアイディアは、CustomResourceDefinition（CRD）の一種である SealedSecret に Secret の暗号化データを保存するというものです。裏側では、オペレータがこのリソースを監視し、各 SealedSecret から復号した内容を入れた Kubernetes の Secret を作成しています。CRD やオペレータについての一般的情報を知るには、このパターンについても詳細に説明している「28章 Operator（オペレータ）」を参照して下さい。復号はクラスタ内で発生しますが、**暗号化**は kubeseal と呼ばれる CLI ツールによってクラスタ外で行われます。このツールは Secret を受け取り、それを Git のようなソースコード管理ツールに安全に保存できる SealedSecret に変換します。

図 25-1 は Sealed Secret の構成を示したものです。

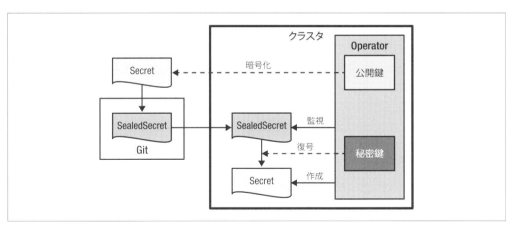

図 25-1　Sealed Secret

Secret はセッションキーとして AES-256-GCM で共通鍵暗号化され、セッションキーは TLS と同じ仕組みである RSA-OAEP で公開鍵暗号化されます。

暗号鍵は SealedSecret Operator によって自動的に作成され、クラスタ内に保存されます。この鍵をバックアップしたり必要な際にローテートするのは管理者に任せられています。kubeseal が使用する公開鍵は、クラスタから直接取得するか、ファイルから直接取得されます。あるいはこの公開鍵は SealedSecret と一緒に Git に保存しても構いません。

SealedSecret は、Secret からの作成時に選択できる以下の3つのスコープをサポートしています。

Strict

Namespace と SealedSecret の名前は変更できません。このモードでは、対象となるクラスタ内では元の Secret と同じ Namespace、同じ名前でしか SealedSecret を作成できないということです。

Namespace-wide

元の Secret と違う名前の SealedSecret が作れるようになりますが、同じ Namespace にのみ作成可能です。

Cluster-wide

違う Namespace に SealedSecret を作れ、名前も変更できます。

これらのスコープは、`kubeseal` で SealedSecret を作成する際に選択します。また、暗号化される前の元の Secret あるいは直接 SealedSecret に**表 25-1** にある Annotation を付けることで、Strict 以外のスコープを追加できます。

表 25-1　SealedSecret のスコープ指定に使える Annotation

Annotation	値	説明
`sealedsecrets.bitnami.com/namespace-wide`	true	Namespace-wide スコープを有効化。異なる名前を許可、Namespace は変更不可
`sealedsecrets.bitnami.com/cluster-wide`	true	Cluster-wide スコープを有効化。暗号化後、SealedSecret の名前と Namespace を変更可

例 25-1 は、Git に直接保存できる SealedSecret を `kubeseal` で作成する例を示しています。

例 25-1　kubeseal での SealedSecret の作成

```
# この SealedSecret を作成するコマンド:
# kubeseal --scope cluster-wide -f mysecret.yaml    ❶
apiVersion: bitnami.com/v1alpha1
kind: SealedSecret
metadata:
  annotations:
    sealedsecrets.bitnami.com/cluster-wide: "true"  ❷
  name: DB-credentials
spec:
  encryptedData:
    password: AgCrKIIF2gA7tSR/gqw+FH6cEV..wPWWkHJbo=  ❸
    user: AgAmvgFQBBNPlt9Gmx..0DNHJpDIMUGgwaQroXT+o=
```

❶ mysecret.yaml に保存されたシークレットから SealedSecret を作成するコマンド。

❷ この SealedSecret は名前を変更でき、どの Namespace にも作成できることを表す Annotation。

❸ このシークレットの値は個別に暗号化されます（ここでは例として短い文字列に置き換えてあ

ります)。

Sealed Secret は、GitHub リポジトリのようなパブリックに公開された場所に暗号化されたシークレットを保存できるようにするツールです。秘密鍵をなくしてしまうと Operator がアンインストールされた時点でシークレットを復号できなくなるので、秘密鍵は正しく暗号化しておくのが大事です。Sealed Secret の欠点になりうることの 1 つは、復号を行うためにクラスタ内に継続的に動作するサーバサイドの Operator が必要になる点です。

25.2.1.2　External Secret

External Secrets Operator (https://oreil.ly/4kC1b) は、拡大し続ける多くの外部 SMS を統合する Kubernetes のオペレータです。External Secret と Sealed Secret の主な違いは、暗号化、復号、セキュアな永続化といった暗号化データの保存にまつわる仕事を自分で行うか、外部 SMS に依存するかです。つまりその利点は、鍵のローテーションや専用のユーザインタフェイスなどクラウド SMS の機能から得られるものです。SMS は関心の分離の素晴らしい方法でもあり、それによって役割の違う人々がアプリケーションデプロイやシークレットを別々に管理できるようになります。

図25-2 は External Secret のアーキテクチャを示したものです。

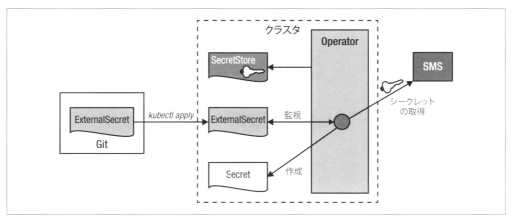

図25-2　External Secret

中心的な Operator は次の 2 つのカスタムリソースを調整します。

- SecretStore は、アクセス先の外部 SMS の種類とその設定を保持するためのリソースです。**例25-2** は、AWS Secret Manager に接続する SecretStore の例です。
- ExternalSecret は SecretStore を参照します。Operator は、外部 SMS から取得したデータを入れるための Kubernetes Secret を作成します。**例25-3** は、AWS Secret Manager

に保存されたシークレットを参照し、対応するSecretでその値を利用可能にする例です。

例25-2　AWS Secret Managerに接続するSecretStore

```
apiVersion: external-secrets.io/v1beta1
kind: SecretStore
metadata:
  name: secret-store-aws
spec:
  provider:
    aws:
      service: SecretsManager        ❶
      region: us-east-1
      auth:
        secretRef:
          accessKeyIDSecretRef:      ❷
            name: awssm-secret
            key: access-key
          secretAccessKeySecretRef:
            name: awssm-secret
            key: secret-access-key
```

❶ プロバイダawsが、AWS Secret Managerを使えるよう設定します。

❷ AWS Secret Managerと接続するためのアクセスキーを持っているSecretへの参照です。awssm-secretという名前のSecretが、AWS Secret Managerに対する認証で使用するaccess-keyとsecret-access-keyを持っています。

例25-3　Secretに変換されるExternalSecret

```
apiVersion: external-secrets.io/v1beta1
kind: ExternalSecret
metadata:
  name: db-credentials
spec:
  refreshInterval: 1h
  secretStoreRef:                    ❶
    name: secret-store-aws
    kind: SecretStore
  target:
    name: db-credentials-secrets     ❷
    creationPolicy: Owner
  data:
    - key: cluster/db-username       ❸
      name: username
    - key: cluster/db-password
      name: password
```

❶ AWS Secret Managerへの接続パラメータを保持するSecretStoreオブジェクトへの参照。

❷ 作成するSecretの名前。

❸ AWS Secret Managerのcluster/DB-username以下で見つかるはずのユーザ名。作成さ

れる Secret に、キー `username` の下に保存されます。

外部シークレットデータを、対応する Secret の中身にマッピングする定義に関しては、大きな柔軟性があります。例えば、一定の構造を持つ設定を作るテンプレートを使用できます。詳細に関しては External Secret のドキュメント（https://oreil.ly/Oj4Qq）を参照して下さい。クライアントサイドの方法と比べた時のこの方法の大きな強みは、サーバサイドの Operator のみが外部 SMS への認証情報を知っていることです。

External Secrets Operator プロジェクトは、他のいくつかの Secret 同期プロジェクトを統合しています。2023 年時点では、外部で定義されたシークレットを Kubernetes の Secret にマップして同期するというユースケースにおいては、すでに支配的な方法になっています。ただし、常に動作するサーバサイドコンポーネントと同じコストがかかります。

25.2.1.3　sops

あらゆるリソースが Git リポジトリに保存される GitOps の世界において、Secret を扱うサーバサイドコンポーネントは必要なのでしょうか。幸いなことに、完全に Kubernetes 外で動作する方法も存在しています。純粋にクライアントサイドの方法として、Mozilla が作った sops（https://oreil.ly/HH9GE、Secret OPerationS の略）があります。sops は Kubernetes 専用というわけではありませんが、YAML や JSON ファイルがソースコードリポジトリに安全に保管できるよう、暗号化や復号を行うツールです。YAML や JSON の、値は暗号化するけれどキーはそのままにすることでこれを実現します。

sops で暗号化を行うにはさまざまな方法が利用できます。

- キーをローカルに保存する age（https://oreil.ly/DH4RE）を使ったローカルでの非対称暗号化。
- シークレットの暗号化キーを集中型のキー管理システム（KMS）に保存する方法。外部クラウドプロバイダの AWS KMS、Google KMS、Azure Key Vault、自分でホストする SMS として HashiCorp Vault がサポートされています。これらのプラットフォームの ID 管理によって、暗号化キーへの細かいアクセス制御が可能です。

SMS と KMS

前のセクションでは、シークレット管理を行うクラウドサービスとして**シークレット管理システム**（SMS）を取り上げました。SMS は、細かく設定可能なアクセス制御の仕組みを持つ、シークレットの保存とアクセスを行う API を提供します。このシークレットはユーザから見ると透過的に暗号化され、そのプロセスに対してあなたは気にする必要がありません。**キー管理システム**（KMS）は、API を通じてアクセスできるクラウドサービスです。しかし SMS

とは違い、KMS はセキュアデータのデータベースではなく、暗号化キーのディスカバリと保存を行い、KMS 外でデータの暗号化を行えるようにする仕組みです。GnuPG のキーサーバは KMS のよい一例です。有名どころの各クラウドプロバイダは SMS と KMS のどちらも提供しています。ビッグクラウドのどれかを使っているなら、SMS や KMS が管理するデータにアクセスするルールを定義したり割り当てたりするための ID 管理の仕組みとの使いやすいインテグレーションが利用可能です。

sops はあなたのマシン上あるいはクラスタ内（CI パイプラインの一部としてなど）でローカルに動作する CLI ツールです。特に後者のクラスタ内で動かすユースケース、あるいはビッグクラウド内で動かす場合は、それらが提供する KMS を利用すればスムーズな統合ができます。

図 25-3 は、クライアントサイドで sops が暗号化と復号をどのように行うのかを示したものです。

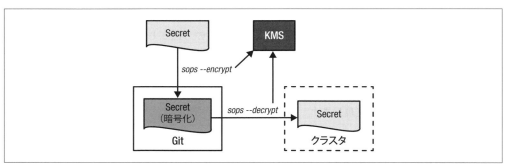

図 25-3　sops がリソースファイルを暗号化・復号する仕組み

例 25-4 は、暗号化された ConfigMap を作成するのに sops を使う方法の例です[†2]。この例は、暗号化のために age と、新しく生成され、それ自体も安全に保存できるキーペアを使用しています。

例 25-4　暗号化された Secret を作成する sops

```
$ age-keygen -o keys.txt        ❶
Public key: age1j49ugcg2rzyye07ksyvj5688m6hmv

$ cat configmap.yaml            ❷
apiVersion: v1
kind: ConfigMap
metadata:
```

[†2] 実際にはこういった機密情報には Secret を使うべきですが、ここでは sops が**どんな**リソースにも使えることを示すために ConfigMap を使っています。

```
      name_unencrypted: db-auth       ❸
data:
  # User and Password
  USER: "batman"
  PASSWORD: "r0b1n"

$ sops --encrypt \                    ❹
    --age age1j49ugcg2rzyye07ksyvj5688m6hmv \
    configmap.yaml > configmap_encrypted.yaml

$ cat configmap_encrypted.yaml
apiVersion: ENC[AES256_GCM,data:...,iv:...,tag:...,type:str]  ❺
kind: ENC[AES256_GCM,data:...,iv:...,tag:...,type:str]
metadata:
    name_unencrypted: db-auth   ❻
data:
    #ENC[AES256_GCM,data:...,iv:...,tag:...,type:comment]
    USER: ENC[AES256_GCM,data:...,iv:...,tag:...=,type:str]
    PASSWORD: ENC[AES256_GCM,data:...,iv:...,tag:...,type:str]
sops:                           ❼
    age:
        - recipient: age1j49ugcg2rzyye07ksyvj5688m6hmv
          enc: |                ❽
            -----BEGIN AGE ENCRYPTED FILE-----
            YWdlLWVuY3J5cHRpb24ub3JnL3YxCi0+IFgyNTUxOSBqems3QkU4aXRyQWxaNER1
            TTdqcUZTeXFXNWhSY0E1T05XMJhVUzFjR1FnCmdMZmhlSlZCRHlqTzlNM0E1Z280
            Y0tqQ2VKYXdxdDZIZHpDbmxTYzhQSTgKLS0tIHlBYmloL2laZlA4Q05DTmRwQ0ls
            bURoU2xITHNzSXp5US9mUUV0Z3RackkKFtH+uNNe3A13pzSvHjT6n3q9av0pN7Nb
            i3AULtKvAGs6oAnH8qYbnwoj3qt/LFfnbqfeFk1zC2uqNONWkKxa2Q==
            -----END AGE ENCRYPTED FILE-----
    last modified: "2022-09-20T09:56:49Z"
    mac: ENC[AES256_GCM,data:...,iv:...,tag:...,type:str]
    unencrypted_suffix: _unencrypted
```

❶ age でシークレットキーを作成し、keys.txt に保存します。

❷ 暗号化する ConfigMap。

❸ name フィールドが暗号化されてしまわないよう、名前を name_unencrypted に変更します。

❹ age で作成したキーの公開鍵部分を sops から呼び出し、結果を config-map_encrypted.yml に保存します。

❺ 各値は ENC[...] の中に入った暗号化されたバージョンで置き換えられます（出力は短くするため編集してあります）。

❻ ConfigMap の name は変更されていません。

❼ 復号に必要なメタデータが含まれた sops というセクションが追加されています。

❽ 共通鍵復号に使用する暗号化セッションキー。このキー自体は age によって非対称暗号化されています。

この例から分かるように、ConfigMap リソースの各値はリソースタイプやリソース名など機密

情報でないものも含めて暗号化されています。キーに`_unencrypted`という接尾辞を追加（後で復号の際には削除されます）することで、その値に対する暗号化をスキップできます。

ここで生成された configmap_encrypted.yml は Git などのソースコード管理ツールに安全に保存できます。ConfigMap をクラスタに適用する時は、**例 25-5** のように暗号化された ConfigMap を復号する必要があります。

例 25-5　sops で暗号化したリソースを復号し、Kubernetes に適用

```
$ export SOPS_AGE_KEY_FILE=keys.txt   ❶
$ sops --decrypt configmap_encrypted.yaml | kubectl apply -f -   ❷
configmap/db-auth created
```

❶ セッションキーを復号するための秘密鍵へのパスを sops に伝えます。

❷ 復号し、Kubernetes に適用します。リソースキーの`_unencrypted`接尾辞は、sops による復号の際に削除されます。

sops は、Kubernetes のアドオンをインストールしたりメンテナンスする必要なく Secret を GitOps スタイルに統合できる素晴らしい方法です。ただし、設定をセキュアに Git に保存できるようになったとは言え、設定がクラスタに渡された瞬間から、高度なアクセス権限を持った人なら誰でも Kubernetes の API 経由でそのデータに直接アクセスできるのを理解しておくことが重要です。

この点が許容できない場合には、他の選択肢、すなわち集中型の SMS を改めて検討する必要があります。

25.2.2　集中型のシークレット管理

20 章のコラム「Secret はどのくらいセキュアなのか」で説明したように、Secret は可能な限りセキュアに保たれています。しかし、クラスタ全体に対する読み出し権限を持っている管理者なら誰でも、すべての Secret を暗号化されていない状態で閲覧できてしまいます。クラスタ管理者との信頼関係やセキュリティ要件によって、これは問題になる場合もならない場合もあるでしょう。

個別のシークレットの扱いをアプリケーションコードに入れてしまうかどうかはともかく、これに対する解決策の 1 つは、機密情報を外部 SMS などクラスタ外に置き、セキュアな経路通じて機密情報を必要な時に要求することです。

このような SMS の数はどんどん増えており、各クラウドプロバイダもその類似サービスを提供しています。個々のサービスについては個々では詳細には深入りしませんが、こういったシステムがどのように Kubernetes と統合されるのかの仕組みについてここでは焦点を当てます。2023 年時点での関連プロダクトについては、「25.4　追加情報」を参照して下さい。

25.2.2.1　Secrets Store CSI Driver

Container Storage Interface（CSI）は、ストレージシステムをコンテナ化されたアプリケー

ションから使用可能にするKubernetes APIです。CSIは、Kubernetesにおいてボリュームとしてマウントできる新しいストレージをプラグイン化できるよう、サードパーティのストレージプロバイダに方法を提供します。このパターンにとって特に興味深いのは、Secrets Store CSI Driver（https://oreil.ly/vm0F3）です。Kubernetesコミュニティによって開発されメンテナンスされているこのドライバを使うと、さまざまな集中型のSMSにアクセスでき、それらをKubernetesの通常のボリュームとしてマウントできます。「20章 Configuration Resource（設定リソース）」で説明したSecretボリュームのマウントとの違いは、Kubernetesのetcdデータベースには何も保存されず、データはクラスタ外に保存されることです。

Secrets Store CSI Driverは、主要なクラウドベンダ（AWS、Azure、GCP）のSMSとHashiCorp Vaultをサポートしています。

CSI Driverを使ったシークレットマネージャへの接続の仕組みでは、次の2つの管理タスクが関係します。

- Secrets Store CSI Driverと、SMSへアクセスするための設定をインストールします。インストールのプロセスにはクラスタ管理者の権限が必要です。
- アクセスルールとポリシーの設定を行います。プロバイダ固有のステップをいくつか実行する必要があり、その結果シークレットにアクセスできるシークレットマネージャ固有のロールがKubernetesのサービスアカウントにマップされます。

図25-4はHashiCorp VaultをバックエンドとするSecrets Store CSI Driverを有効にするのに必要なものの全体像を表したものです。

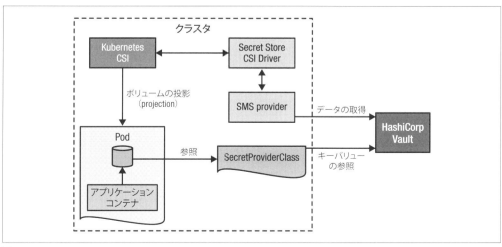

図25-4　Secrets Store CSI Driver

設定が済んでしまえば、Secretボリュームの使い方は簡単です。まず、**例25-6**のように

SecretProviderClass を定義します。このリソースでは、シークレットマネージャのバックエンドプロバイダを指定します。この例では、HashiCorp の Vault を選択しています。`parameters` セクションでは、Vault への接続パラメータ、使用する（なりすます）ロール、Kubernetes が Pod にマウントするシークレット情報へのポインタといったプロバイダ固有の設定を追加します。

例25-6　シークレットマネージャへの接続方法の設定

```
apiVersion: secrets-store.csi.x-k8s.io/v1
kind: SecretProviderClass
metadata:
  name: vault-database
spec:
  provider: vault                                ❶
  parameters:
    vaultAddress: "http://vault.default:8200"    ❷
    roleName: "database"                         ❸
    objects: |
      - objectName: "database-password"          ❹
        secretPath: "secret/data/database-creds" ❺
        secretKey: "password"                    ❻
```

❶ 使用するプロバイダの種類（2023 年時点では `azure`、`gcp`、`aws`、`vault`）[†3]。
❷ Vault サービスインスタンスへの接続 URL。
❸ Vault 固有の認証ロールに、接続が許可された Kubernetes のサービスアカウントが含まれています。
❹ マウントされるボリュームにマップされるべきファイルの名前。
❺ Vault に保存されているシークレットへのパス。
❻ Vault から取得するシークレットへのキー。

このシークレットマネージャの設定は、Pod ボリュームとして使用する際に名前で参照されます。**例25-7** は、**例25-6** で設定したシークレットをマウントする Pod の例です。この Pod を動かす `vault-access-sa` というサービスアカウントに注意して下さい。このサービスアカウントは、SecretProviderClass で参照されている `database` というロールに加わるよう、Vault 側で設定されている必要があります。

完全な Vault 設定と、これを含んだ例、およびセットアップ手順は GitHub（https://oreil.ly/7w89_）を参照して下さい。

例25-7　Vault からの CSI ボリュームをマウントする Pod

```
kind: Pod
apiVersion: v1
metadata:
```

[†3] 訳注：2024 年に入ってから akeyless も正式にプロバイダとして指定できるようになりました。

```
    name: shell-pod
spec:
  serviceAccountName: vault-access-sa    ❶
  containers:
  - image: k8spatterns/random
    volumeMounts:
    - name: secrets-store
      mountPath: "/secrets-store"        ❷
  volumes:
    - name: secrets-store
      csi:                               ❸
        driver: secrets-store.csi.k8s.io
        readOnly: true
        volumeAttributes:
          secretProviderClass: "vault-database"  ❹
```

❶ Vaultに対して認証する際に使用するサービスアカウント。

❷ シークレットをマウントするディレクトリ。

❸ CSIドライバの宣言。Secret Store CSI Driverを指定しています。

❹ Vaultサービスへの接続を提供するSecretProviderClassへの参照。

CSI Secret Store Driverの設定はやや複雑ですが、使用方法は単純で、Kubernetes内に機密データを保存しなくて済むようになります。ただし、Secretだけを使用するのと比べると使用する仕組みは増えるので、何らかの問題が発生した場合のトラブルシューティングは難しくなります。

それでは、よく知られたKubernetesの抽象化概念を使った、アプリケーションへのシークレットの提供方法の最後の1つを見ていきましょう。

25.2.2.2　Podの組み込み（injection）

前述したように、アプリケーションはプロプライエタリなクライアントライブラリを使っていつでも外部SMSにアクセスできます。この方法の弱点は、SMSへアクセスするための認証情報をアプリケーションと一緒に保存する必要があり、特定のSMSに対してコードが強い依存関係を持たざるを得ないことです。デプロイされるアプリケーションに対して、ファイルとしてアクセスできるボリュームにシークレット情報を投影するかたちを取るCSIの抽象化は、ずっと結合度が低い仕組みです。

この本で説明したよく知られたパターンを利用するなら、次の方法があります。

- **Init Container**（15章参照）は、SMSから機密データを取得し、それをアプリケーションコンテナがマウントした共有ローカルボリュームにコピーします。シークレットデータは、メインコンテナが起動する直前に1度だけ取得されます。
- **Sidecar**（16章参照）は、アプリケーションがアクセスできるローカルのエフェメラルボリュームに、SMSからシークレットデータを同期します。サイドカーを使う方法の利点は、SMSがシークレットをローテートした際にシークレットをローカルで更新できることです。

これらのパターンを自分のアプリケーションで利用することも可能ですが、それはそれで面倒です。アプリケーションに対して Init コンテナやサイドカーを組み込むよう外部コントローラに任せてしまう方がずっとよいでしょう。

そのような組み込みを行う素晴らしい例が、HashiCorp Vault Sidecar Agent Injector（https://oreil.ly/T1y41）です。この Injector は、**Mutating webhook** と呼ばれる、作成時にリソースの変更が許された一種のコントローラ（「27 章 Controller（コントローラ）」参照）として実装されています。Pod の仕様が Vault 特有の Annotation を含んでいる時、Vault のコントローラは Vault と同期するためのコンテナを追加し、シークレットデータのボリュームをマウントするため、Pod の仕様を変更します。

図25-5 は、ユーザからは完全に透過的に見えるこの手法を図にしたものです。

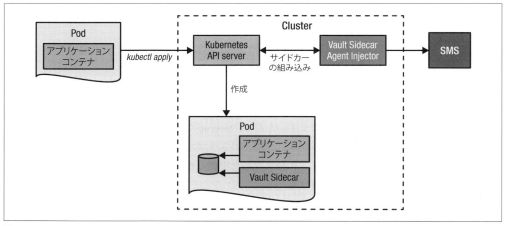

図 25-5　Vault Injector

Vault Injector コントローラはインストールする必要があるものの、特定の SMS プロダクトに対するプロバイダをデプロイして CSI シークレットストレージボリュームを呼び出すよりは使用する仕組みの数は少なくなります。それでも、プロプライエタリなクライアントライブラリを使わずに、ファイルを読み込むだけですべてのシークレットにアクセスできるようになります。

25.3　議論

ここまで、機密情報によりセキュアにアクセスできるたくさんの方法を見てきました。それでは、どれが最適なのでしょうか。

これまでと同じく、それは状況によります。

- リモート Git リポジトリのような誰でもアクセスできる場所に暗号化されたシークレット

を保存するシンプルな方法を得ることが最大のゴールなら、**sops** が提供する**クライアントサイド**暗号化がぴったりです。
- リモート SMS からの認証情報の取得とその使用を分離するのが不可欠なら、**External Secrets Operator** が実現するシークレットの同期がよい選択と言えます。
- 外部 SMS へのアクセスに必要なアクセストークン以外の機密情報をクラスタ内に永久に保存しないようにしたいなら、**Secret Storage CSI Provider** が提供する機密情報のエフェメラルボリュームへの投影の仕組みがよい選択です。
- **Vault Sidecar Agent Injector** のようなサイドカーの組み込みは、SMS への直接アクセスから保護できるという利点があります。セキュリティに関する Annotation がアプリケーションのデプロイに現れてしまうので開発者と管理者の境界があいまいになることを許容できるのであれば、始めやすい方法です。

ここまで取り上げてきたプロジェクトは、執筆時である 2023 年時点での最も著名なものです。状況は常に進み続けており、あなたがこの本を読む時までには新しい競合製品が出ている（あるいは既存プロジェクトが更新を停止している）かもしれません。しかし、取り上げた手法（クライアントサイドの暗号化、Secret の同期、ボリュームの投影、サイドカーの組み込み）は一般的なものであり、将来的にも解決方法の一部となるでしょう。

最後に明確に注意をしておきます。機密設定にいかにセキュアで安全にアクセスできるとしても、悪意を持った誰かがクラスタとコンテナに対する完全なルートアクセスを取得してしまったら、機密設定へのアクセス方法は常にそこに存在してしまいます。この章のパターンは、Kubernetes の Secret という抽象化概念の上にレイヤを 1 つ重ねることでセキュリティの弱点を突くことをできるだけ難しくするものなのです。

25.4　追加情報

- Secure Configuration パターンのサンプルコード（https://oreil.ly/-ROVS）
- Alex Soto Bueno、Andrew Block による書籍『Kubernetes Secrets Management』（Manning）
- Kubernetes: Sealed Secrets（https://oreil.ly/sLSSI）
- Sealed Secrets（https://oreil.ly/XRkqy）
- External Secrets Operator（https://oreil.ly/2VdMM）
- Kubernetes External Secrets（https://oreil.ly/VLVi8）
- sops（https://oreil.ly/HH9GE）
- Kubernetes Secrets Store CSI Driver（https://oreil.ly/2_27G）
- Retrieve HashiCorp Vault Secrets with Kubernetes CSI（Kubernetes CSI を使った HashiCorp Vault Secret の取得、https://oreil.ly/NFU1g）
- HashiCorp Vault（https://oreil.ly/JUjiP）

- シークレット管理システム
    - Azure Key Vault（https://oreil.ly/LWLvX）
    - AWS Secrets Manager（https://oreil.ly/eJ-dk）
    - AWS Systems Manager Parameter Store（https://oreil.ly/nYaCF）
    - GCP Secret Manager（https://oreil.ly/caLls）

26章
Access Control（アクセス制御）

世界がクラウドインフラとコンテナ化にどんどん依存していく中で、セキュリティの重要性は軽視できません。2022年にセキュリティ研究者たちは、100万に近いKubernetesインスタンスが設定ミスのためインターネットに公開された状態になっているという厄介な発見を報告[†1]しました。専門のセキュリティスキャナを使うことで、研究者たちは脆弱性のあるノードに簡単にアクセスでき、Kubernetesのコントロールプレーンを保護するためには厳しいアクセス制御の手法が必要であることを明らかにしました。一方で開発者たちは、アプリケーションレベルの認可に焦点を当てる中で、28章で紹介する**Operator**パターンを使用してKubernetesの能力を拡張する必要がある場合もあります。このような場合、Kubernetesプラットフォームでのアクセス制御は重大問題になります。この章では、**Access Control**（アクセス制御）パターンについて掘り下げ、Kubernetesの認可の考え方を見ていきます。考え得るリスクとその結果を考えれば、Kubernetesの仕組みのセキュリティを確実にしておくこと以上に重要なことはありません。

26.1　問題

セキュリティは、アプリケーションを運用するにあたって非常に重要な問題です。セキュリティの根幹には、認証（authentication）と認可（authorization）という2つの必要不可欠な考え方があります。

認証は、ある操作のサブジェクト（subject、主体）あるいは**誰**（who）による操作なのかを明らかにし、認可されていない者からのアクセスを防止することに焦点があります。一方で**認可**は、あるリソースに対して**何**（what）のアクションが許可されているかの権限の決定に関わることです。

この章では、さまざまなID管理の手法をKubernetesに統合することに関する管理上の話である、認証について短く取り上げます。通常、開発者はクラスタ内で誰がどんな操作が可能なのか、誰がアプリケーションのどの部分にアクセスできるかという認可の方に興味があることが多いでしょう。

[†1] 詳しくはブログ記事「Exposed Kubernetes Clusters」（公開されたKubernetesクラスタ、https://oreil.ly/uGzr__）を参照して下さい。

Kubernetes 上で動作するアプリケーションに対するアクセスを安全に行うには、単純な Web ベースの認証から、ID やアクセス管理について外部プロバイダを使用するより洗練されたシングルサインオンの仕組みまで、開発者は幅広いセキュリティ戦略を考慮する必要があります。同時に、Kubernetes の API サーバへのアクセス制御も、Kubernetes 上で動作するアプリケーションにとっては欠かせない考慮事項です。

　誤って設定されたアクセス権は、権限昇格やデプロイの失敗に繋がります。強い権限で行われるデプロイは他のデプロイの設定やリソースに対してもアクセスや変更ができ、クラスタへの侵入のリスクが高まります[†2]。管理者によって設定された認可ルールを開発者も理解し、Kubernetes クラスタの組織全体のポリシーに合致するよう、設定を変更したり新しいワークロードをデプロイするときにはセキュリティも考えるのが重要です。

　さらに、28 章の「28.2.2 コントローラとオペレータの分類」で説明する CustomResource Definition（CRD）を使って Kubernetes ネイティブなアプリケーションが Kubernetes API を拡張し、ユーザに独自のサービスを提供するにつれて、アクセス制御は更に重要さを増しています。「27 章 Controller（コントローラ）」や「28 章 Operator（オペレータ）」のような Kubernetes パターンは、クラスタ全体のリソースの状態を監視するために強い権限が必要であり、起こり得るセキュリティ侵害事案の影響を抑えるため、細かいアクセス管理と制限の有効は欠かせないものになっています。

26.2　解決策

　図26-1 に示したとおり、Kubernetes の API サーバへの各リクエストは、認証、認可、アドミッションコントロールという 3 つのステージを通過する必要があります。

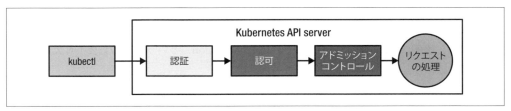

図26-1　Kubernetes API サーバへのリクエストは各ステージを通過する必要がある

　リクエストが認証と認可のステージをとおり過ぎると、リクエストが最終的に処理される前にアドミッションコントロールによる最終チェックが行われます。これらのステージをそれぞれ別々に見ていきましょう。

[†2]　ノード上で権限昇格した攻撃者は、Kubernetes クラスタ全体に不正侵入できてしまいます。脆弱性の報告（https://oreil.ly/h1YGJ）を参照。

26.2.1　認証

前述したとおり、認証は主に管理にまつわることなので詳細には深入りしません。しかし、どのような操作が可能なのかを見ておく意味はあります。では、Kubernetes が提供し、管理者が設定できるプラガブルな認証戦略を見てみましょう。

OIDC Authenticator と Bearer Tokens（OpenID Connect）の組み合わせ

　OpenID Connect（OIDC）Bearer Token は、クライアントを認証し、API サーバへのアクセス権を付与します。OIDC は、OIDC をサポートする OAuth2 プロバイダでクライアントが認証できるようにする、標準プロトコルです。クライアントはリクエストの Authorization ヘッダに OIDC トークンを入れて送り、API サーバはアクセス許可のためにそのトークンを検証します。フロー全体については Kubernetes の OpenID Connect Tokens ドキュメント（https://oreil.ly/ZWXVD）を参照して下さい。

クライアント証明書（X.509）

　クライアント証明書を使うことで、クライアントは API サーバに対して TLS 証明書を提示でき、API サーバはそれを検証し、アクセスを許可します。

認証プロキシ

　この設定オプションは、API サーバへのアクセスを許可する前に、クライアントのアイデンティティを検証するカスタムな認証プロキシを使用します。このプロキシはクライアントと API サーバの仲介者の役割を果たし、アクセスを許可する前に認証と認可を行います。

静的トークンファイル

　トークンが標準的なファイルとして保存され、認証に使用されます。この方法では、クライアントは API サーバに対しトークンを提示し、API サーバはそのトークンに一致するエントリをファイルから検索して見つけ出します。

Webhook Token Authentication

　Webhook がクライアントを認証し、API サーバへのアクセスを許可します。この方法では、クライアントはリクエストの Authorization ヘッダにトークンを入れて送り、API サーバはそのトークンを検証するため、設定された Webhook へ転送します。Webhook が正常なレスポンスを返したら、API サーバへのアクセスがクライアントに許可されます。この方法は、トークンの検証を実行するために外部のカスタムサービスを使う点を除いて、Bearer Tokens と似ています。

　Kubernetes を使うことで、Bearer Tokens とクライアント証明書といったように複数の認証プラグインを同時に使えるようになります。Bearer Token 戦略でリクエストが認証されると、Kubernetes はクライアント証明書はチェックしません。その逆も同様です。しかし残念ながら、どちらが先に検証されるかを知ることはできません。認証戦略を確認する時は、片方が成功すれば

片方の処理は停止され、Kubernetes はリクエストを次のステージに転送してしまいます。

認証が終わると、認可プロセスが始まります。

26.2.2　認可

　　Kubernetes は、システムへのアクセス管理の標準的方法として RBAC（Role-Based Access Control、ロールベースアクセス制御）を提供しています。RBAC を使うことで開発者はきめ細かくアクションを制御して実行できるようになります。Kubernetes における認可プラグインは切り替えも容易で、ユーザはデフォルトの RBAC と、属性ベースのアクセス制御（ABAC、Attribute-Based Access Control）、Webhook、カスタムな認証の仕組みへの移譲など、他の仕組みとの間を切り替えられます。

　　ABAC ベースの方法（https://oreil.ly/xNBK8）には、行ごとに分けられた JSON フォーマットに従ったポリシーが書かれたファイルが必要です。また、この方法では変更が加えられる毎にサーバがリロードされる必要があり、これは欠点であるとも言えます。この静的な仕組みが、ABAC ベースの認可が特定の場合にのみしか使われていない理由の 1 つです。

　　一方でほとんどすべての Kubernetes クラスタは、「26.2.5　ロールベースアクセス制御（RBAC）」で詳細に説明するデフォルトの RBAC ベースのアクセス制御を使っています。

　　この章の残りの部分で認可の話をする前に、アドミッションコントローラによって行われる最後のステージについて手短に見ておきましょう。

26.2.3　アドミッションコントローラ

　　アドミッションコントローラ（admission controller）は、API サーバへのリクエストを傍受し、リクエストの内容によって追加アクションを実行できるようにする Kubernetes API サーバの機能です。この仕組みを使って、例えばポリシーを強制したり、検証を行ったり、使用予定のリソースを変更したりできます。

　　Kubernetes は、さまざまな機能を実装するのにアドミッションコントローラプラグインを使っています。これらの機能は、外部 Webhook を呼び出して行われ、リソースに対してデフォルト値を設定（永続化ボリュームに対するデフォルトストレージクラスの設定など）したり、検証（Pod に対するリソース制限のチェックなど）を行ったりと、多岐にわたります。

　　この外部 Webhook は専用のリソースを使って設定し、API リソースの検証（ValidatingWebhookConfiguration）や変更（MutatingWebhookConfiguration）に使用されます。このような Webhook の設定に関しては、Kubernetes のドキュメント Dynamic Admission Control のページ（https://oreil.ly/JEBu6）で詳細に説明されています。

　　アドミッションコントローラは主に管理にまつわる考え方なのでここではこれ以上詳細には触れませんが、多くの良質なリソースで、アドミッションコントローラが言及されています（「26.4　追加情報」にいくつかの参考情報があります）。

　　この章の残りの部分では、認可と、Kubernetes API サーバに対するアクセスをセキュアにするためのきめ細かなパーミッションモデルを設定する方法に焦点を当てていきます。

前述のとおり、認証と認可には 2 つの基本的な部分があります。1 つが**誰**、つまり人間あるいはワークロードのアイデンティティとなるサブジェクトを表すもの、もう 1 つが**何**、つまりそのサブジェクトが Kubernetes API サーバで実行できることを表すものです。次のセクションでは、**何**の詳細を見る前に**誰**について議論します。

26.2.4　サブジェクト（誰）

サブジェクトとはつまり**誰**、すなわち Kubernetes API サーバに対するリクエストに紐づいたアイデンティティです。Kubernetes では、**図 26-2** に示したように人間の**ユーザ**と、Pod のワークロードのアイデンティティを表す**サービスアカウント**の 2 つの種類のサブジェクトがあります。

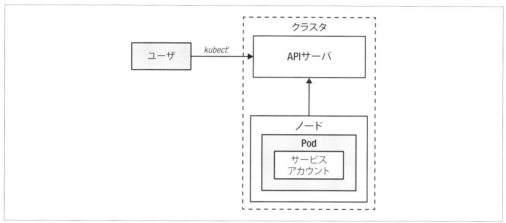

図 26-2　API サーバにリクエストするサブジェクト（ユーザあるいはサービスアカウント）

人間のユーザとサービスアカウントは**ユーザグループ**と**サービスアカウントグループ**にグループ分けされます。これらのグループは、グループ内のメンバーが同じ権限モデルを共有するサブジェクトとしても振る舞います。この章の後でグループについても説明しますが、まずは Kubernetes API において人間のユーザがどのように表されているかを見ていきましょう。

26.2.4.1　ユーザ

Kubernetes における他のものとは違って、人間のユーザは Kubernetes の API において明示的なリソースとしては定義されていません。このような設計上の決断から、API コールを通じてユーザを管理することはできません。認証とユーザサブジェクトに対するマッピングは、Kubernetes の API の仕組みの外で、外部のユーザ管理の仕組みによって行われます。

ここまで見てきたように Kubernetes は外部ユーザを認証する多くの方法をサポートしています。各コンポーネントは認証が完了した後、サブジェクトの情報を取り出す方法を知っています。この仕組みは認証を行うコンポーネントごとに違いますが、最終的には同じユーザを作成し、

例26-1に示したように後のステージによる検証のためにユーザをAPIリクエストに追加します。

例26-1　認証完了後の外部ユーザの表現

```
alice,4bc01e30-406b-4514,"system:authenticated,developers","scopes:openid"
```

このコンマ区切りのリストは、ユーザを表現したものであり、次の部分から構成されています。

- ユーザ名（alice）
- 一意なユーザID（UID、4bc01e30-406b-4514）
- このユーザが所属するグループのリスト（system:authenticated,developers）
- コンマ区切りのキーバリューペアで表現される追加情報（scopes:openid）

この情報を使って、ユーザに紐づけられた、あるいは所属するユーザグループに紐づけられた認可ルールに対して認可プラグインが評価します。**例26-1**では、ユーザ名aliceのユーザが、グループsystem:authenticatedとグループdevelopersに紐づけられたデフォルトのアクセス権を持っています。追加情報であるscope:openidは、ユーザのアイデンティティの検証にはOIDCが使われることを表しています。

いくつかのユーザ名は、Kubernetesの内部仕様のために予約されており、特別な接頭辞system:で区別できるようになっています。例えば、ユーザ名system:anonymousはKubernetes APIサーバに対する匿名（anonymous）リクエストを表しています。衝突を避けるため、自分のユーザやグループの名前にsystem:の接頭辞を付けるのはやめましょう。**表26-1**は、Kubernetesの内部コンポーネントがお互いにやり取りする際に使用されるデフォルトユーザ名の一覧です。

表26-1　Kubernetesにおけるデフォルトユーザ名

ユーザ名	目的（何を表しているか）
system:anonymous	Kubernetes APIサーバへの匿名リクエスト
system:apiserver	APIサーバ自身
system:kube-proxy	kube-proxyサービスのプロセスアイデンティティ
system:kube-controller-manager	コントローラマネージャのユーザエージェント
system:kube-scheduler	スケジューラのユーザ

外部ユーザの管理と認証はKubernetesクラスタの構成によってさまざまですが、Podのワークロードのアイデンティティ管理は、Kubernetes APIの標準化された部分であり、クラスタ全体で一貫しています。

26.2.4.2　サービスアカウント

Kubernetesにおけるサービスアカウントとは、クラスタ内の人間以外の動作主体を表しており、ワークロードのアイデンティティとして使われます。サービスアカウントはPodに紐づけられ、

Kubernetes API サーバとやり取りするために Pod の中でプロセスを実行できるようにします。Kubernetes が人間のユーザを認証する方法の多くと比較して、サービスアカウントは OpenID Connect ハンドシェイク（https://oreil.ly/0fhR8）と JSON Web Tokens を常に使用します。

Kubernetes におけるサービスアカウントは、`system:serviceaccount:<namespace>:<name>`というフォーマットのユーザ名を使って API によって認証されます。例えば、default の Namespace 内の `random-sa` というサービスアカウントの場合、サービスアカウントのユーザ名は `system:serviceaccount:default:random-sa` になります。

> **Kubernetes における JSON Web Tokens**
>
> JSON Web Tokens（JWT）は、ペイロードを持ち、デジタル署名されたトークンです。JWT はヘッダ、ペイロード、署名から構成され、ピリオドで区切られた Base64 URL エンコードされた文字列として表現されます。jwt.io（https://jwt.io/）のようなツールを使ってデコード、検証、調査ができます。
>
> Kubernetes の中では JWT は、リクエストを行うワークロードのアイデンティティと有効期限や発行者などの追加情報を指定するため、API リクエストの HTTP ヘッダの `Authentication` に入れられる Bearer Token として使われます。Kubernetes API サーバは、JSON Web Key Set（JWKS）で公開される公開鍵と比較することで JWT の署名を検証します。このプロセスは、検証プロセスで使われる暗号化アルゴリズムを RFC 7517（https://oreil.ly/jz0Aj）で定義している、JSON Web Key（JWK）によって管理されています。
>
> Kubernetes が発行したトークンには、トークンの発行者、有効期限、**例26-1** に含まれていたユーザ情報、（存在する場合は）紐付けられたサービスアカウントといった有益な情報が、JWT のペイロードに含まれています。

例26-2 に示したとおり、ServiceAccount は Kubernetes の標準リソースです。

例26-2　ServiceAccount の定義

```
apiVersion: v1
kind: ServiceAccount
metadata:
  name: random-sa                         ①
  namespace: default
automountServiceAccountToken: false       ②
...
```

① サービスアカウントの名前。
② サービスアカウントのトークンがデフォルトで Pod にマウントされるべきかを示すフラグ。

デフォルトは true に設定されています。

　ServiceAccount は単純な構造をしており、Kubernetes API サーバとやり取りする際に Pod が必要とするすべてのアイデンティティ関連情報を提供します。各 Namespace はデフォルトの ServiceAccount を default という名前で持っており、紐付けられた ServiceAccount を定義していないすべての Pod の識別に使用します。

　各 ServiceAccount は、Kubernetes のバックエンドに完全に管理された JWT を持っています。Pod に紐付けられた ServiceAccount のトークンは、各 Pod のファイルシステムに自動的にマウントされます。**例26-3** は、作成される各 Pod に自動的に Kubernetes が追加する Pod 定義の部分を示したものです。

例26-3　Pod にファイルとしてマウントされる ServiceAccount

```
apiVersion: v1
kind: Pod
metadata:
  name: random
spec:
  serviceAccountName: default          ❶
  containers:
    volumeMounts:
    - mountPath: /var/run/secrets/kubernetes.io/serviceaccount  ❷
      name: kube-api-access-vzfp7      ❸
      readOnly: true
...
  volumes:
  - name: kube-api-access-vzfp7
    projected:                         ❹
      defaultMode: 420
      sources:
      - serviceAccountToken:
          expirationSeconds: 3600      ❺
          path: token                  ❻
...
```

❶ サービスアカウントの名前を設定（serviceAccount は、serviceAccountName のエイリアスであり、廃止予定です）。

❷ サービスアカウントトークンがマウントされるディレクトリ。

❸ Kubernetes は、自動生成されたボリュームに対し、Pod ごとに一意でランダムな名前を割り当てます。

❹ 投影ボリュームがファイルシステムに ServiceAccount トークンを組み込みます。

❺ 秒で表したトークンの期限切れまでの時間。この時間の経過後、トークンの有効期限が切れ、マウントされたトークンファイルは新しいトークンで更新されます。

❻ トークンを含んだファイルの名前。

マウントされたトークンを見るには、**例 26-4** のように動作中の Pod 内のマウントされたファイルに対して cat を実行します。

例 26-4　サービスアカウントの JWT を表示（出力部分は省略されています）

```
$ kubectl exec random -- \
    cat /var/run/secrets/kubernetes.io/serviceaccount/token
eyJhbGciOiJSUzI1NiIsImtpZCI6InVHYV9NZΞVYOEZteUNUZFl...
```

例 26-3 では、トークンは投影ボリュームとして Pod にマウントされています。投影ボリュームを使うことで、Secret と ConfigMap ボリュームのような複数のボリュームソースを 1 つのディレクトリに統合できます。このボリュームタイプを使うことで、ServiceAccount のトークンは serviceAccountToken サブタイプを使って Pod のファイルシステムに直接マップできるようになります。この方法には、トークンの中間表現が必要なくなることで攻撃対象領域を狭めることができることや、トークンに有効期限を設定できるようになることで Kubernetes のトークンコントローラが有効期限切れ後にローテーションできるようになるといった、いくつかの利点があります。さらに、Pod に組み込まれたトークンは Pod が存在している間だけ有効なので、サービスアカウントのトークンが認可されていないアクセスを受けるリスクも低減できます。

Kubernetes 1.24 以前では、Secret がこのようなトークンを表現するのに使われ、secret ボリュームタイプとして直接マウントされていました。しかしこれには、寿命が必要以上に長く、ローテーションができないという欠点がありました。新しく登場した投影ボリュームのおかげで、トークンは使用する Pod でのみアクセス可能で、それ以外のリソースには公開されなくなり、攻撃対象領域は狭まりました。ただし**例 26-5** のように、ServiceAccount のトークンを含む Secret は引き続き手動で作成できます。

例 26-5　ServiceAccount random-sa の Secret を作成

```
apiVersion: v1
kind: Secret
type: kubernetes.io/service-account-token        ❶
metadata:
  name: random-sa
  annotations:
    kubernetes.io/service-account.name: "random-sa"  ❷
```

❶ この Secret が ServiceAccount を保持していることを表す特別なタイプ。
❷ トークンが追加されるべき ServiceAccount への参照。

トークンと検証のための公開鍵を Kubernetes が Secret に入れます。また、この Secret の寿命は ServiceAccount 自体の寿命と同じになりました。ServiceAccount を削除すれば、Kubernetes はこの Secret も削除します。

ServiceAccount リソースには、コンテナイメージを取得するための認証情報を指定するためと、

マウントされるべきシークレットを定義するための、2つの追加フィールドがあります。

Image pull secret
    Image pull secret を使うと、ワークロードがイメージを取得する時、プライベートレジストリに認証できるようになります。通常は、Podスペックの`.spec.imagePullSecrets`フィールドで Pull secret を指定する必要があります。しかし、Kubernetes は ServiceAccount の最上位のフィールド`imagePullSecrets`に直接 Pull Secret を追加して、この仕組みをショートカットできるようにしています。この ServiceAccount が紐付けられた Pod には、作成されると同時に自動的に Pull secret が投影されます。この自動化の仕組みによって、新しい Pod が Namespace 内に作られるたびに Image pull secret を Pod のスペックに手動で含める必要がなくなり、必要な手動作業が削減できます。

Mountable secret
    ServiceAccount リソースの`secrets`フィールドを使うことで、ServiceAccount がマウントできる、Pod が紐付けられたシークレットを指定できます。ServiceAccount に`kubernetes.io/enforce-mountable-secrets`という Annotation を追加することで、この制限を有効にできます。この Annotation が`true`に設定されていると、リストに入っている Secret のみが、ServiceAccount に紐付けられた Pod によってマウントできるようになります。

26.2.4.3 グループ

Kubernetes におけるユーザとサービスアカウントは、1つ以上のグループに所属できます。グループは認証システムによってリクエストに紐付けられ、すべてのグループメンバーに対して権限を付与するのに使用されます。**例26-1**で見たように、グループ名は通常の文字列で表されます。

前述したようにグループは自由に定義でき、同じ権限モデルを持つサブジェクトのグループを構成するため、ID プロバイダによって管理されます。Kubernetes での事前定義済みのグループは、グループ名に`system:`という接頭辞を持って明示的に定義されます。これら事前定義済みのグループをまとめたのが**表26-2**です。

表26-2 Kubernetes におけるシステムグループ

グループ	目的
`system:unauthenticated`	すべての未認証リクエスト
`system:authenticated`	認証済みユーザ
`system:masters`	Kubernetes API サーバへの無制限アクセス権限を持つメンバー
`system:serviceaccounts`	クラスタの全 ServiceAccount
`system:serviceaccounts:<namespace>`	この Namespace の全 ServiceAccount

すべてのグループメンバーに対して権限を割り当てる際に RoleBinding でどのようにグループ

名を使うのかについては、「26.2.5.2 RoleBinding」で説明します。

26.2.5　ロールベースアクセス制御（RBAC）

KubernetesにおけるRoleは、サブジェクトが特定のリソースに対して行える何らかのアクションを定義するものです。それからそのRoleを、「26.2.4　サブジェクト（誰）」で説明したユーザやサービスアカウントといったサブジェクトに、RoleBindingを使って紐付けます。RoleとRoleBindingは、他のリソースと同じように作成したり管理できるKubernetesのリソースです。これらのリソースは特定のNamespaceに関連付けられ、リソースに適用されます。

図26-3は、サブジェクト、Role、RoleBindingの関係性を図にしたものです。

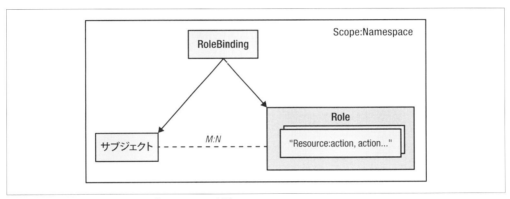

図26-3　Role、RoleBinding、サブジェクトの関係性

KubernetesのRBACでは、サブジェクトとRoleの間に多対多の関係があることを理解しておくのが重要です。これは、ある1つのサブジェクトが複数のRoleを持ったり、1つのRoleが複数のサブジェクトに適用されたりできるということです。サブジェクトとRoleの間の関係は、サブジェクトとRoleの一覧を持ったRoleBindingを使って成り立っています。

RBACの考え方は、現実的な例で説明するのが最もわかりやすいでしょう。例26-6は、KubernetesでのRoleの定義を示したものです。

例26-6　コアリソースに対するアクセスを許可するRole

```
apiVersion: rbac.authorization.k8s.io/v1
kind: Role
metadata:
  name: developer-ro    ❶
  namespace: default    ❷
rules:
- apiGroups:
  - ""                  ❸
  resources:            ❹
```

```
    - pods
    - services
  verbs:                  ❺
    - get
    - list
    - watch
```

❶ Role を参照する際に使われる Role 名。
❷ この Role が適用される Namespace。Role は常に Namespace に紐付けられます。
❸ 空の文字列は、コア API グループを意味します。
❹ ルールを適用する Kubernetes コアリソースのリスト。
❺ API アクションは、この Role に関連付けられたサブジェクトによって実行可能な動詞（verb）によって表されます。

例26-6 で定義された Role は、この Role に関連付けられたユーザやサービスアカウントは、Pod と Service に対して読み出しのみの操作が可能であることを規定しています。

この Role は、ユーザ alice とサービスアカウント contractor の両方に権限を付与するため、**例26-7** に示した RoleBinding によって参照されます。

例26-7　RoleBinding のスペック

```
apiVersion: rbac.authorization.k8s.io/v1
kind: RoleBinding
metadata:
  name: dev-rolebinding
subjects:                           ❶
- kind: User                        ❷
  name: alice
  apiGroup: "rbac.authorization.k8s.io"
- kind: ServiceAccount              ❸
  name: contractor
  apiGroup: ""
roleRef:
  kind: Role                        ❹
  name: developer-ro
  apiGroup: rbac.authorization.k8s.io
```

❶ Role に関連付けるサブジェクトのリスト。
❷ alice という名前の人間のユーザへの参照。
❸ contractor という名前のサービスアカウント。
❹ 例26-6 で定義されたロール developer-ro への参照。

これでサブジェクト、Role、RoleBinding の間の関係性について基本的理解ができたので、次は Role と RoleBinding の詳細について見ていきましょう。

26.2.5.1　Role

KubernetesでRoleを使うと、Kubernetesのリソースやサブリソースのグループに対し、許可されたアクションの集まりを定義できます。Kubernetesリソースに対するよくあるアクションには次のようなものがあります。

- Podの取得
- Secretの削除
- ConfigMapの更新
- ServiceAccountの作成

Roleについては**例26-6**ですでに見ました。名前やNamespaceといったメタデータは別として、Roleの定義はどのリソースにアクセス可能かを記述するルールのリストから構成されています。

アクセスを許可するには、このRoleに対して、1つのルールのみがリクエストに一致する必要があります。各ruleには次の3つのフィールドがあります。

apiGroups
> ワイルドカードを使って複数のAPIグループのすべてのリソースを指定できるので、このリストは1つの値しか持っていません。例えば、空の文字列（""）は、PodやServiceといった重要Kubernetesリソースを含むコアAPIグループを表します。ワイルドカード（*）は、クラスタが認識しているすべてのAPIグループにマッチします。

resources
> このリストでは、Kubernetesがアクセスを許可するべきリソースを指定します。各エントリは1つ以上のapigGroupsに所属する必要があります。ワイルドカード*は、設定されたすべてのapiGroupsのすべてのリソースが許可されるという意味です。

verbs
> システム上で許可されたアクションが、HTTPメソッドに似た動詞（verb）で表されます。これらの動詞には、リソースに対するCRUD操作[3]と、listやdeletecollectionといった集合に対する操作へのアクションが含まれます。また、動詞watchはリソースの変更イベントへアクセスできる権限で、getでのリソースの直接の読み出しとは別になっています。この動詞watchは、オペレータが管理するリソースの現在のステータスに関する通知を受け取るために、オペレータにとって不可欠なものです。これについては、「27章 Controller（コントローラ）」と「28章 Operator（オペレータ）」で詳しく取り上げます。
> **表26-3**は、よく使われる動詞のリストです。あるルールに対して、設定されたリソースへ

---
[3]　訳注：CRUDはCreate-Read-Update-Deleteの略で、永続化された要素に対して実行できる通常の読み書きの操作を表します。

の全操作が可能なことを表す目的で、ワイルドカード文字「*」の使用も可能です。

表26-3　CRUD 操作に対する Kubernetes の動詞と、HTTP リクエストメソッドへのマップ

動詞	HTTP リクエストメソッド
get、watch、list	GET
create	POST
patch	PATCH
update	PUT
delete、delete collection	DELETE

　ワイルドカードでの権限付与は、各オプションを個別に指定する必要がないので、全操作を定義するのが簡単になります。Role の rules の要素の全プロパティで、すべてに一致するという意味のワイルドカード「*」が使えます。**例26-8** は、コアと networking.k8s.io の API グループにおいて、全リソースに対する全操作を可能にする例です。ワイルドカードを使う際には、リストにはワイルドカードのみが入ることになります。

例26-8　リソースと操作に対するワイルドカードでの権限付与

```
rules:
- apiGroups:
  - ""
  - "networking.k8s.io"
  resources:
  - "*"   ❶
  verbs:
  - "*"   ❷
```

❶ リストされた API グループ、ここではコアと networking.k8s.io の全リソース。
❷ そのリソースには全アクションが許可されます。

　ワイルドカードは、開発者がルールをすばやく設定するのに役立ちます。しかし、それによって権限昇格のセキュリティリスクも高まります。広い範囲に権限を与えることは、セキュリティ上の欠陥になる可能性があり、Kubernetes クラスタへの不正侵入が可能な操作や、望まない変更をユーザが実行できてしまいます。

　ここまでで、Kubernetes の RBAC モデルの**何**（Role）と**誰**（サブジェクト）を見てきましたので、次は RoleBinding を使ってこの 2 つを結び付ける方法について見ていきましょう。

26.2.5.2　RoleBinding

　例26-7 で、ある Role に対して RoleBinding が 1 つ以上のサブジェクトを紐付ける様子を見ました。

　RoleBinding は、サブジェクトのリストを Role に紐付けます。subject リストのフィールドには、要素としてリソースへの参照が入ります。このリソースへの参照には、name フィールドに加え、参照するリソースタイプを定義する kind と apiGroup フィールドがあります。

RoleBinding のサブジェクトは、次のいずれかのタイプになります。

ユーザ（User）
　ユーザは、「26.2.4.1 ユーザ」で説明したように、API サーバによって認証される人間あるいはシステムです。ユーザのエントリでは、apiGroup は rbac.authorization.k8s.io に固定されます。

グループ（Group）
　グループは、「26.2.4.3 グループ」で説明したように、ユーザの集まりです。ユーザと同じく、グループのエントリでは apiGroup は rbac.authorization.k8s.io に固定されます。

サービスアカウント（ServiceAccount）
　サービスアカウントについては「26.2.4.2 サービスアカウント」で詳細に説明しました。サービスアカウントは、空文字列で表されるコア API グループに属しています。サービスアカウントのユニークな点の 1 つが、namespace フィールドのみを持てるサブジェクトタイプであることです。これによって、他の Namespace の Pod に権限を付与できます。

表 26-4 は、RoleBinding の subjects のリストのエントリに使用できる値をまとめたものです。

表26-4　RoleBinding の subjects のリストの要素として使用できるタイプ

kind	apiGroup	namespace	説明
User	rbac.authorization.k8s.io	なし	name はユーザへの参照
Group	rbac.authorization.k8s.io	なし	name はユーザのグループへの参照
ServiceAccount	""	オプション	name は指定された Namespace での ServiceAccount への参照

RoleBinding で、サブジェクトと反対側には Role があります。この Role は、同じ Namespace 内の Role リソースか、クラスタ内で複数のバインディングに共有される RoleBinding あるいは ClusterRole になります。ClusterRole については「26.2.5.3 ClusterRole」で詳しく説明します。

サブジェクトのリストと同じように、Role への参照は name、kind、apiGroup を使って指定します。表 26-5 は、roleRef フィールドが取りうる値をまとめたものです。

表26-5　RoleBinding の roleRef として使用できるタイプ

kind	apiGroup	説明
Role	rbac.authorization.k8s.io	name は同じ Namespace 内の Role への参照
ClusterRole	rbac.authorization.k8s.io	name はクラスタ全体に対する ClusterRole への参照

> ### 権限昇格の防止
>
> RBAC サブシステムは、Role と RoleBinding（さらに ClusterRole と ClusterRoleBinding）を管理する役目を担っています。権限昇格、すなわち RBAC リソースを制御できる権限を持つユーザが自分の権限を昇格させてしまうことを防止するには、次の制限を適用します。
>
> - ユーザが Role を更新できるのは、その Role に対する全権限をすでに持っているか、API グループ `rbac.authorization.k8s.io` の全リソースに対して動詞 `escalate` の権限を持っている時のみ。
> - RoleBinding でも似たような制限を適用。すなわち、ユーザは参照先の Role での全権限を持っているか、RBAC リソースに対して動詞 `bind` を持っていなければならない。
>
> これらの制限と、権限昇格の防止にどのように役に立つのかについては、Kubernetes のドキュメント「特権昇格の防止とブートストラップ」(https://bit.ly/3xVirjg) に詳しく書かれています。

26.2.5.3　ClusterRole

Kubernetes における ClusterRole は、通常の Role と似ていますが、特定の Namespace ではなくクラスタ全体に適用されます。主な使用場面は 2 つあります。

- CustomResourceDefinition や StorageClass のようなクラスタ全体のリソースをセキュアにします。これらのリソースは通常、`cluster-admin` レベルで管理され、他のリソースより強いアクセス制御を行う必要があります。例えば、開発者はこれらのリソースに読み出しアクセスはできる一方で、書き込みは管理者の手助けが必要とする、といったようにです。ClusterRoleBinding は、クラスタ全体のリソースへのアクセスをサブジェクトに許可する際に使用します。
- Namespace をまたいで共有する通常の Role を定義します。「26.2.5.2　RoleBinding」で見たように、RoleBinding は同じ Namespace 内で定義された Role のみを参照できます。ClusterRole を使うと、複数の RoleBinding で使用される Role への汎用的なアクセス制御のルール（例えば、全リソースへの読み出しのみのアクセス）を定義できます。

例26-9 は、複数の RoleBinding で再利用可能な ClusterRole の例です。`.metadata.namespace` フィールドが無視される他は、Role と同じスキーマです。

例 26-9　ClusterRole

```
apiVersion: rbac.authorization.k8s.io/v1
kind: ClusterRole
metadata:
  name: view-pod ❶
rules:
- apiGroups:      ❷
  - ""
  resources:
  - pods
  verbs:
  - get
  - list
```

❶ ClusterRole の名前は指定しますが、Namespace は宣言しません。
❷ 全 Pod に対する読み出し操作を許可するルール。

図 26-4 は、ClusterRole が異なる Namespace で複数の RoleBinding に共有される様子を示したものです。この例では、ClusterRole は `test` という Namespace 内のサービスアカウントによる、`dev-1` と `dev-2` の Pod に対する読み出しを許可しています。

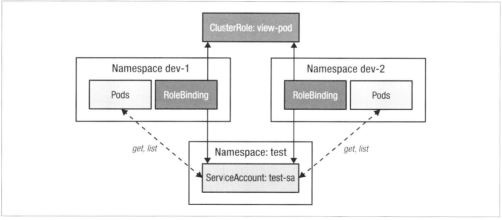

図 26-4　ClusterRole の複数 Namespace での共有

複数の RoleBinding から ClusterRole を使うことで、簡単に再利用できる標準的アクセス制御スキームを作れます。**表 26-6** は、ユーザがすぐに使えるよう Kubernetes が用意している、便利な ClusterRole の一覧です。Kubernetes クラスタ内で使用できる ClusterRole の完全な一覧は、`kubectl get clusterroles` コマンドを使うか、Kubernetes ドキュメントのデフォルト ClusterRole 一覧（https://oreil.ly/QklvQ）で確認できます。

表26-6 ユーザが利用可能な標準的 ClusterRole

ClusterRole	目的
view	Role、RoleBinding、Secret を除き、Namespace 内のほとんどのリソースの読み出しを許可
edit	Role、RoleBinding を除き、Namespace 内のほとんどのリソースの読み出しと変更を許可
admin	Role、RoleBinding を含む、Namespace 内のすべてのリソースの完全な制御を許可
cluster-admin	クラスタ全体のリソースを含む、全 Namespace 内の全リソースの完全な制御を許可

2つの ClusterRole で定義された権限を統合する必要がある場合もあるでしょう。これを行う方法の1つは、両方の ClusterRole を参照する複数の RoleBinding を作ることです。しかし、このような権限の統合を行うには、より洗練された方法があります。

権限を統合するには、rules フィールドが空で、Label セレクタのリストが入った aggregationRule フィールドを持った統合用の ClusterRole を定義します。すると、セレクタに一致する Label を持った各 ClusterRole によって定義されたルールは統合され、統合用の ClusterRole の rules フィールドを埋めるために使われます。

aggregationRule フィールドを設定すると、rules フィールドの所有権は Kubernetes に移るので、Kubernetes が rules フィールドの管理を行うようになります。そのため、rules フィールドに手動で加えた変更は、aggregationRule で選択された各 ClusterRole から統合したルールで常に上書きされてしまいます。

この統合の手法を使うと、小さく、スコープが限定された ClusterRole を組み合わせることで大きなルールセットを動的かつ洗練したかたちで作れるようになります。

例26-10 は、rbac.authorization.k8s.io/aggregate-to-view という Label の付いた、よりスコープの狭い複数の ClusterRole を使って、デフォルトの view という Role を作る例を示したものです。view 自体にも rbac.authorization.k8s.io/aggregate-toedit という Label が付いており、これは ClusterRole view から統合されたルールを利用する際に Role edit によって使用されます。

例26-10 統合用の ClusterRole

```
apiVersion: rbac.authorization.k8s.io/v1
kind: ClusterRole
metadata:
  name: view
  labels:
    rbac.authorization.k8s.io/aggregate-to-edit: "true"    ❶
aggregationRule:
  clusterRoleSelectors:
  - matchLabels:
      rbac.authorization.k8s.io/aggregate-to-view: "true"  ❷
rules: []  ❸
```

- ❶ この ClusterRole が edit という Role に含まれ得ることを示す Label。
- ❷ このセレクタに一致するすべての ClusterRole は、ClusterRole view に選択されます。ClusterRole view に権限を追加したいときにも、この ClusterRole の宣言を変更する必要がない点に注意して下さい。この Label が付いた新しい ClusterRole を作ればよいだけです。
- ❸ rules フィールドは Kubernetes によって管理され、統合されたルールが入ります。

この方法を使うことで、基本的な ClusterRole を統合して専門の ClusterRole をすばやく作れます。例 26-10 は、権限のルールセットを継承するチェーンを作るのに、統合の仕組みを入れ子にする方法を示した例でもあります。

ユーザが利用可能なデフォルトの ClusterRole はどれもこの統合の手法を使っているので、標準の ClusterRole（view、edit、admin など）の統合が行われる対象になる Label を追加するだけで、カスタムリソース（「28 章 Operator（オペレータ）」）の権限モデルをすばやく作れます。

ここまで、ClusterRole と RoleBinding を使って柔軟性が高く、再利用可能な権限モデルを作る方法を見てきました。パズルの最後のピースは、ClusterRoleBinding を使って、クラスタ全体に渡るアクセスルールを作ることです。

26.2.5.4 ClusterRoleBinding

ClusterRoleBinding のスキーマは、namespace フィールドが無視される他は RoleBinding と同じです。ClusterRoleBinding で定義されたルールは、クラスタ内のすべての Namespace に適用されます。

例 26-11 は、例 26-9 で定義した view-pod という ClusterRole を、test-sa という Service Account と接続する ClusterRoleBinding です。

例 26-11 ClusterRoleBinding

```
apiVersion: rbac.authorization.k8s.io/v1
kind: ClusterRoleBinding
metadata:
  name: test-sa-crb
subjects:                ❶
- kind: ServiceAccount
  name: test-sa
  namespace: test
roleRef:                 ❷
  kind: ClusterRole
  name: view-pod
  apiGroup: rbac.authorization.k8s.io
```

- ❶ test という Namespace の test-sa という ServiceAccount に接続。
- ❷ 全 Namespace において、view-pod という ClusterRole からのルールを許可。

view-pod という ClusterRole で定義されたルールは、クラスタ内のすべての Namespace に

適用され、**図26-5** に図で示したように、ServiceAccount `test-sa` が関連付けられた全 Pod は、全 Namespace の全 Pod を読み取りできるようになります。ただし、ClusterRoleBinding はクラスタ全体に渡る広い範囲の権限を付与するものなので、注意して使うことが不可欠です。ClusterRoleBinding の使用が必須なのかを注意深く考えることをおすすめします。

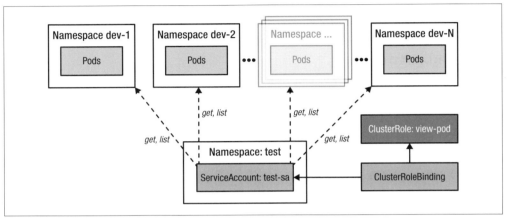

図26-5　全 Pod を読み取り可能な ClusterBinding

　ClusterRoleBinding は、新しく作られた Namespace にも自動的に権限を付与する点でも便利な場合があります。しかし、Namespace ごとに別の RoleBinding を使う方が、権限に関するきめ細かい制御をする点では通常はよい選択です。この手間をかけることで、例えば `kube-system` のような Namespace に対する認可を経ないアクセスを防ぐことができます。

　ClusterRoleBinding は、ノード、Namespace、CustomResourceDefinition、ClusterRoleBinding などクラスタ全体に渡るリソースの管理など、管理上のタスクのみに使用するべきです。

　これが、Kubernetes の RBAC の世界の旅を終えるにあたって最後の警告です。この仕組みは強力ですが、それと同時に理解するのが難しく、デバッグもより難しい場合があります。次のコラムでは、RBAC の仕組みについてより理解するためのヒントをお伝えします。

RBAC ルールのデバッグ

　Kubernetes クラスタでは、API サーバへのアクセスに関する全体的なセキュリティモデルが、多くの RBAC オブジェクトを使って定義されます。Kubernetes API サーバによって行われる認証関連の判断を理解するのはなかなか難しいですが、Access Review API を使うと、認可サブシステムに権限を問い合わせられるようになるので、理解の役に立ちます。

　この API を使う方法の1つが、`kubectl auth can-i` コマンドです。例えば、`test` とい

う Namespace 内の `test-sa` という ServiceAccount が、`dev-1` という Namespace 内の全 Pod の一覧を取得する権限を持っているかをチェックするといった時に使用できます。そのコマンドは**例 26-12** になります。このコマンドは、ServiceAccount がその権限を持っているかどうかに合わせて、単純に `yes` か `no` を返します。

例 26-12　kubectl でアクセス権限を確認

```
kubectl auth can-i \
    list pods --namespace dev-1 --as system:serviceaccount:test:test-sa
```

内部的には、SubjectAccessReview というリソースが作られ、Kubernetes の認可コントローラが認証チェックの結果をこのリソースの `status` セクションに入れる動作をします。この API についての詳細は、Kubernetes の RBAC のドキュメント（https://oreil.ly/ZyONK）を参照して下さい。

`kubectl auth can-i` は何らかのパーミッションのチェックに役に立ちますが、その作業自体は面倒で、クラスタ全体でのサブジェクトの権限を総合的に提示してくれるわけではありません。あるサブジェクトは全リソースに対してどんなアクションができるのかをより理解するには、rakkes（https://oreil.ly/Km5D3）のようなツールが便利です。rakkes は kubectl のプラグインとして使用でき、`kubectl access-matrix` コマンドとして実行できます。このコマンドは、サブジェクトが特定のリソースに対して実行できるアクションを表形式で出力してくれます。

アプリケーションに設定されたきめ細かい権限を可視化し、検証するのに役立つ別のツールとしては、KubiScan（https://oreil.ly/zL5a9）もあります。KubiScan を使うと、RBAC 設定にリスクの高い権限がないか、Kubernetes クラスタ内をスキャンできます。

それでは、最後のセクションでは Kubernetes RBAC を正しく使うための一般的ヒントについてお話しましょう。

26.3　議論

Kubernetes RBAC は、API リソースへのアクセスを制御する強力なツールです。しかし、どの定義オブジェクトを使用し、セキュリティの仕組みに合うようにそのオブジェクトをどう組み合わせるべきかを理解するのは骨が折れます。以下は、これらの判断を下すための助けになるガイドラインです。

- 特定の Namespace 内のリソースをセキュアにしたいなら、Role を使用し、ユーザあるいはサービスアカウントへの紐付けに RoleBinding を使いましょう。サービスアカウントは同じ Namespace 内にある必要はなく、他の Namespace にある Pod へのアクセス権限付

与に使用できます。

- 複数の Namespace で同じアクセスルールを使いまわしたいなら、RoleBinding と、共有アクセスルールを定義する ClusterRole を使いましょう。
- 事前定義済みの ClusterRole を拡張したいなら、拡張したい ClusterRole を参照する `aggregationRule` フィールドを持つ ClusterRole を新しく作成し、`rules` フィールドに権限を追加しましょう。
- ユーザあるいはサービスアカウントに対し、全 Namespace で特定の種類のリソースすべてへのアクセス権限を付与したいなら、ClusterRole と ClusterRoleBinding を使いましょう。
- CustomResourceDefinition のようなクラスタ全体に渡るリソースへのアクセスを管理したいなら、ClusterRole と ClusterRoleBinding を使いましょう。

ここまで、RBAC を使用することで、どのようにきめ細かい権限を定義し、それを管理できるようになるかを見てきました。RBAC は、権限を適用することで権限昇格できる余地を残さないようにし、リスクを減らします。一方で、広い権限を定義してしまうと、セキュリティ上の問題が大きくなってしまう可能性があります。では、いくつかの RBAC に関する一般的アドバイスを述べてこの章を終えることにしましょう。

ワイルドカードによる権限付与をしない

Kubernetes クラスタにおいてきめ細かなアクセス制御を実装する時は、最低権限の原則に従うことをおすすめします。意図しない操作を防ぐため、Role や ClusterRole の定義時にはワイルドカードによる権限付与はしないようにしましょう。稀なケースですが、ワイルドカードを使った方がいい場合もあります（API グループの全リソースをセキュアにする、など）。しっかりと理由付けのある場合は例外を許容できるようにしてある汎用的なワイルドカード禁止ポリシーを作っておくのがよいでしょう。

`cluster-admin` ClusterRole を使わない

強い権限を持ったサービスアカウントは、権限の変更ができたり、あちこちの Namespace で Secret の中を見れたりするといった、リソースを横断するアクションが実行できてしまいます。これは、セキュリティ上の重大な問題に繋がる可能性があります。したがって、Pod には `cluster-admin` の ClusterRole は付与してはいけません。絶対にです。

サービスアカウントのトークンを自動マウントしない

サービスアカウントのトークンはデフォルトで、コンテナのファイルシステムの /var/run/secrets/kubernetes.io/serviceaccount/token にマウントされます。この Pod が侵入されてしまうと、攻撃者は Pod に紐付けられたサービスアカウントの権限を使って API サーバと通信できてしまいます。しかし、多くのアプリケーションは、ビジネス上の操作にはこのトークンを必要としません。そのような場合には、ServiceAccount の `automountServiceAccountToken` フィールドを `false` に設定して、トークンがマウント

されないようにしましょう。

　Kubernetes RBAC は、Kubernetes API に対するアクセスを制御する、柔軟性が高く強力な仕組みです。したがって、アプリケーションがそれ自身のインストールや他の Kubernetes サーバとの通信するために API サーバと直接やり取りする必要がない場合でも、アプリケーションが行う操作をセキュアにするという点で、**Access Control** パターンは価値ががあります。

26.4　追加情報

- Access Control パターンのサンプルコード（https://oreil.ly/GyIlq）
- 権限昇格のパス（https://oreil.ly/HHT3G）
- Kubernetes API へのアクセスコントロール（https://oreil.ly/BtTB9）
- 監査（https://oreil.ly/XgzNL）
- アドミッションコントローラのリファレンス（https://oreil.ly/QSqW8）
- 動的なアドミッションコントロール（https://oreil.ly/7oCSg）
- Kubernetes: 認証戦略（https://oreil.ly/hSISq）
- RBAC のベストプラクティス（https://oreil.ly/h7XHg）
- ワークロードの作成（https://oreil.ly/uC307）
- Bound Service Account Tokens（サービスアカウントトークンの境界を明確にする、https://oreil.ly/bJVhD）
- BIG Change in K8s 1.24 About ServiceAccounts and Their Secrets（ServiceAccount とその Secret に関する K8s 1.24 における大きな変更、https://oreil.ly/T22fJ）
- 効率的な変更の検知（https://oreil.ly/RdlPi）
- サービスアカウントへの ImagePullSecret の追加（https://oreil.ly/jVXQN）
- RBAC Dev（https://rbac.dev）
- Rakkess（https://oreil.ly/fE1I_）
- How the Basics of Kubernetes Auth Scale for Organizations（Kubernetes の認証の基本を組織でスケールさせる、https://oreil.ly/nAFu2）
- Kubernetes CVE-2020-8559 Proof of Concept PoC Exploit（https://oreil.ly/BC6aO）
- OAuth Is Not Authentication（OAuth は認証ではない、https://oreil.ly/UVz7Y）

第VI部
高度なパターン

　このカテゴリのパターンは、他のカテゴリに当てはまらないより複雑なトピックを対象にしています。**Controller** や **Operator** といったいくつかは不朽のパターンであり、Kubernetes 自体もその上に作られています。しかし、それ以外のパターンの実装は今も進化し続けています。この動きに付いていくため、私たちはオンラインのサンプルコード（https://oreil.ly/p5EwH）を最新に保ち、この分野における最新の開発を反映させるようにする予定です。

　これ以降の章では、次のような高度なパターンを扱います。

- 「27 章　Controller（コントローラ）」で扱うコントローラは、Kubernetes 自体にとっても不可欠であり、カスタマイズしたコントローラによってプラットフォームをどのように拡張できるのかを見ていきます。
- 「28 章　Operator（オペレータ）」では、運用上の知見を自動化した仕組みによってカプセル化するために、カスタマイズしたドメイン特有のリソースをコントローラに統合する仕組みであるオペレータについて見ていきます。
- 「29 章　Elastic Scale（エラスティックスケール）」では、さまざまな次元でスケールすることで Kubernetes が動的な負荷をどのように扱えるのかを説明します。
- 「30 章　Image Builder（イメージビルダ）」では、アプリケーションイメージの作成をクラスタ上で行う方法を見ていきます。

27章
Controller（コントローラ）

　Controllerは、積極的にKubernetesのリソースの集合が望んだ状態であるかを監視し、その状態を保ちます。Kubernetesの心臓部そのものが、アプリケーションの現在の状態を定期的に監視し、宣言された希望の状態であるように調整（reconcile）を行うコントローラの集まりで構成されています。この章では、プラットフォームを必要に応じて拡張するためにこの**Controller**パターンを利用する方法を見ていきます。

27.1　問題

　Kubernetesが、すぐに使えるたくさんの機能を用意した、洗練され、かつ総合的なプラットフォームであることはすでに見てきました。一方で、Kubernetesは汎用的なオーケストレーションプラットフォームであり、あらゆるアプリケーションのユースケースをカバーしているわけではありません。しかし幸いなことに、特有のユースケースを実績あるKubernetesの構成要素上にエレガントに実装できる、拡張可能な部分が始めから用意されています。

　その際に疑問となるのが、Kubernetesを変更したり壊したりすることなくそれを拡張する方法と、特有のユースケースにおいてそういった機能をどのように使うのかということです。

　Kubernetesは意図して、リソースを中心とする宣言的なAPIの上に作られています。ここで言う**宣言的**（declarative）とは厳密にはどういう意味でしょうか。**命令的**（imperative）な手法とは逆に、宣言的な手法ではKubernetesに対しどのようにするかではなく、対象の状態がどのようになるべきかを説明します。例えば、Deploymentをスケールアップする時、新しいPodを作れとKubernetesに対して積極的に命令することはありません。その代わり、KubernetesのAPIを通じてDeploymentリソースの`replicas`プロパティを希望する値に変更します。

　それでは、新しいPodはどのように作られるのでしょうか。これを内部的に行うのがコントローラです。リソースステータスのあらゆる変更（Deploymentの`replicas`プロパティの値の変更など）に対し、Kubernetesはイベントを作成し、それをすべての関係あるリスナにブロードキャストします。これらのリスナは新しいリソースを変更したり、削除したり、作成したりしてそれに反応し、その結果Pod作成イベントなど他のイベントが作られます。これらのイベントは他のコントローラに受け取られることもあり、その場合また別のアクションが実行されます。

このプロセス全体は、**状態の調整**（state reconciliation）とも呼ばれ、対象の状態（希望するレプリカの数）が現在の状態（実際に実行中のインスタンス数）と異なる時、これを調整し、改めて対象が希望の状態になるようにするのがコントローラの役目になります。この観点で見るとKubernetesは本質的には、分散状態管理の仕組みであると言えます。あるコンポーネントのインスタンスに希望の状態を設定すると、Kubernetesはその状態が変化しないようにするのです。

それでは、Kubernetesのコードを変更せずにこの調整プロセスを使い、特有なユースケースに合わせてカスタマイズしたコントローラを使うにはどうしたらよいのでしょうか。

27.2 解決策

Kubernetesには、ReplicaSet、DaemonSet、StatefulSet、Deployment、Serviceといった標準Kubernetesリソースを管理するビルトインコントローラの集まりがあります。これらのコントローラは、（スタンドアローンプロセスかPodとして）コントロールプレーンノードにデプロイされるコントローラマネージャの不可欠な要素として動作します。コントローラはお互いのことには関知しません。コントローラは絶え間ない調整ループを実行し、リソースの実際と理想のステートを監視し、実際の状態が理想の状態に近づくようその都度動作します。

しかし、これらすぐに使えるコントローラに加え、Kubernetesのイベント駆動アーキテクチャを利用することでそれ以外のカスタムコントローラもネイティブに組み込むことができます。カスタムコントローラは、状態の変更イベントに反応するという既存のコントローラと同じ方法で、この振る舞いに対して別の機能を追加できます。コントローラの一般的特性は、受動的であり、何らかのアクションを実行するためにシステム内のイベントに反応することです。大まかには、調整プロセスは次の主なステップから構成されます。

観察（observe）
観察しているリソースが変化した時にKubernetesが発行するイベントを監視し、現在の状態を把握します。

分析（analyze）
希望する状態からの差分を特定します。

行動（act）
現在の状態を希望する状態に移行させるために操作を実行します。

例えば、ReplicaSetコントローラがReplicaSetリソースの変更を監視し、いくつのPodが実行している必要があるかを分析し、Pod定義をAPIサーバに送信することで行動を起こす、といったことです。それからはKubernetesのバックエンドがノード上で要求されたPodを起動する役割を担います。

管理するリソースの変更を検知するイベントリスナとして、コントローラが自分自身を登録する

仕組みを示したのが**図27-1**です。コントローラは現在の状態を観察し、（必要があれば）希望する状態に近づくようにAPIサーバを呼び出すことで状態を変更します。

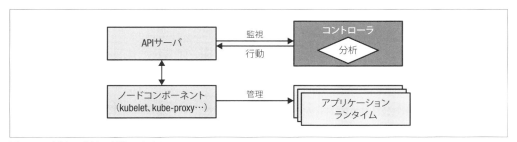

図27-1　観察・分析・行動のサイクル

コントローラは、Kubernetesのコントロールプレーンの不可欠な要素であり、それがカスタマイズした振る舞いでプラットフォームを拡張できるようにするものであることは、始めから明らかでした。さらに、プラットフォームを拡張する標準的な仕組みになり、複雑なアプリケーションのライフサイクル管理ができるようにもなってきました。その結果、より洗練された次世代のコントローラとして、**オペレータ**が生まれたのです。この進化と複雑さの観点から、能動的調整を行うコンポーネントは次の2つのグループに分けられます。

コントローラ（controller）
　　Kubernetesの標準的リソースに対して監視し操作を行う、シンプルな調整プロセスです。また、コントローラはプラットフォームの振る舞いを拡張子、新しいプラットフォーム機能を追加することもよくあります。

オペレータ（operator）
　　Operatorパターンの核心であるCustomResourceDefinition（CRD）とやり取りする、洗練された調整プロセスです。通常、オペレータは複雑なアプリケーションのドメインロジックをカプセル化し、アプリケーションの完全なライフサイクルを管理します。

前述したように、この分類を行うことで、新しい考え方を少しずつ導入するのに役立ちます。この章ではシンプルなコントローラに焦点を当て、28章ではCRDを紹介した上で**Operator**パターンに進む予定です。

複数のコントローラが同じリソースに同時に操作を行うことを避けるため、コントローラは10章で説明した**Singleton Service**パターンを使います。リソースオブジェクトを変更する際の同時実行問題を防止するため、Kubernetesはリソースレベルでの楽観的ロックを使うので、ほとんどのコントローラはレプリカを1つだけ持つ単なるDeploymentとしてデプロイされます。その結果、コントローラはバックグラウンドで永久的に動作するアプリケーション以上のものではありません。

Kubernetes 自体が Go で書かれており、Kubernetes にアクセスする完全なクライアントライブラリも Go で書かれているため、多くのコントローラも Go で書かれています。しかし、Kubernetes の API サーバにリクエストを送れるなら、コントローラを書くにはどんなプログラミング言語も使用できます。この後の**例27-1**では、純粋なシェルスクリプトで書かれたコントローラを見ていきます。

最も単純なのは、Kubernetes がリソースを管理する方法を拡張するタイプのコントローラです。このようなコントローラは、標準リソースに対して操作を行う Kubernetes の内部コントローラと同じく、Kubernetes の標準リソースに対して操作を行い、似たタスクを実行しますが、クラスタのユーザからはそれとは見えません。コントローラはリソースの定義を評価し、それに応じて何らかのアクションを実行します。コントローラはリソース定義のどんなフィールドに対しても監視と操作の実行ができますが、その目的から考えてメタデータと ConfigMap が最適な対象になります。コントローラのデータを保存すべき場所と、それを選ぶ際に注意するべき考慮点は以下のとおりです。

Label
リソースのメタデータとしての Label は、コントローラからの監視対象になります。Label はバックエンドデータベース内でインデックスされ、クエリを使って効率的に検索が可能になります。セレクタに近い機能が必要になる場合（例えば、Service や Deployment の Pod を一致させる時など）には Label を使用するべきです。Label の制限事項は、名前と値に制限付きのアルファベットと数字しか使えないことです。Label の文法と使用できる文字セットについては、Kubernetes のドキュメントを参照して下さい。

Annotation
Annotation は Label の代わりとみなしてよい存在です。Annotation は、Label の値に対する文法的な制限に沿わない値がある時には、Label の代わりに使わざるを得なくなります。Annotation はインデックスされないので、コントローラからの問い合わせでキーとして使われない、一意な特定のためではない情報に対して使用します。任意のメタデータに対しては Label ではなく Annotation を使うことで、Kubernetes の内部パフォーマンスに悪影響を起こさないという利点もあります。

ConfigMap
Label や Annotation にうまく収まらない追加情報をコントローラが必要とする場合があります。このような場合、対象となる状態の定義情報を保持するのに ConfigMap を使用できます。ConfigMap はコントローラによって監視され、ConfigMap からコントローラがデータを読み出します。しかし、対象となる状態の定義をカスタマイズするためには CRD の方がずっと適しており、素の ConfigMap を使うより推奨されています。ただ、CRD を登録するにはクラスタレベルの権限が必要です。その権限を持っていない場合には、ConfigMap も CRD の代替として最適な選択肢になります。CRD については「28 章　Operator（オ

ペレータ）」で説明します。

このパターンのサンプル実装として学習に使える、それなりにシンプルなコントローラの例をいくつか以下に挙げます。

jenkins-x/exposecontroller

このコントローラ（https://oreil.ly/URMaE）は、Service の定義を監視し、メタデータ内に expose という名前の Annotation を見つけたら、Service に対する外部からのアクセス用に自動的に Ingress オブジェクトを公開します。また、Service 自体が削除された場合には Ingress オブジェクトも削除します。このプロジェクトはすでにアーカイブされていますが、シンプルなコントローラの実装の好例として、理解に役立ちます。

stakater/Reloader

このコントローラ（https://oreil.ly/YUGPG）は、ConfigMap オブジェクトと Secret オブジェクトの変更を監視し、Deployment、DaemonSet、StatefulSet、あるいはその他のワークロードリソースなどの関連付けられたワークロードをローリングアップグレードします。このコントローラは、ConfigMap を監視したり自分の設定を動的に更新できないアプリケーションと組み合わせて使用します。これは、Pod が環境変数としてこの ConfigMap を使用するか、アプリケーションが再起動なしにすばやく信頼性高く設定を更新できない時に当てはまります。概念を実証するため、シェルスクリプトを使って同じようなコントローラを**例27-2** で実装します。

Flatcar Linux Update Operator

これは、ノードリソースオブジェクトに特定の Annotation を検知した時、Flatcar Container Linux で動く Kubernetes ノードを再起動するコントローラ（https://oreil.ly/f8_FY）です。

ここで、具体的な例を見てみましょう。シェルスクリプト 1 つから構成され、ConfigMap リソースの変更を Kubernetes API で監視するコントローラです。この ConfigMap に `k8spatterns.com/podDeleteSelector` という Annotation を付けると、この Label セレクタで選択されるすべての Pod は、ConfigMap が変更された時に削除されます。これらの Pod が上位のリソースである Deployment や ReplicaSet で制御されているなら、これらの Pod は再起動され、変更された設定が使用されるわけです。

例27-1 の ConfigMap の変更がコントローラで監視され、app という Label に webapp という値が入っているすべての Pod が再起動される例を見てみましょう。**例27-1** の ConfigMap は、アプリケーションがウェルカムメッセージを表示するのに使われます。

例27-1　Webアプリケーションが使用するConfigMap

```
apiVersion: v1
kind: ConfigMap
metadata:
  name: webapp-config
  annotations:
    k8spatterns.com/podDeleteSelector: "app=webapp"    ❶
data:
  message: "Welcome to Kubernetes Patterns !"
```

❶ **例27-2**のコントローラが、再起動すべきアプリケーションPodを見つけるためのセレクタのAnnotation。

このコントローラのシェルスクリプトは、**例27-1**のConfigMapを評価します。ソースコードはサンプルコードのGitリポジトリ（https://bit.ly/3VPwNd9）で確認できます。簡単に言うと、APIサーバからプッシュされるライフサイクルイベントを監視するため、コントローラは**ハンギングGET** HTTPリクエスト[†1]を行い、エンドレスなHTTPレスポンスストリームを開きます。これらのイベントは素のJSONオブジェクトのかたちになっており、変更されたConfigMapが指定したAnnotationを持っているか検知するため分析されます。イベントが届き次第コントローラは、Annotationの値として提供されたセレクタに一致するPodすべてを削除します。

例27-2に示したとおり、このコントローラの主要部分は調整ループになっており、ConfigMapのライフサイクルイベントを待ち受けています。

例27-2　コントローラのスクリプト（抜粋）

```
namespace=${WATCH_NAMESPACE:-default}    ❶

base=http://localhost:8001               ❷
ns=namespaces/$namespace

curl -N -s $base/api/v1/${ns}/configmaps?watch=true | \
while read -r event                      ❸
do
    # ...
done
```

❶ 監視するNamespace（提供されない場合は`default`）。
❷ 同じPodないで実行されるプロキシを通じてKubernetes APIにアクセス。
❸ ConfigMapのイベントを監視するループ。

環境変数`WATCH_NAMESPACE`では、コントローラがConfigMapの変更を監視すべきNamespace

[†1] 訳注：ハンギングGET（hanging GET）とは、クライアントがサーバにGETリクエストを送った後、サーバ側が送信すべきデータがない（この場合ライフサイクルイベントが発生していない）場合、すぐには応答を返さず、ライフサイクルイベントが発生したら応答を返した上で接続を閉じる仕組みをいいます。ロングポーリングやCometと言う場合もあります。

を設定します。この変数は、コントローラ自体のDeploymentの中で設定できます。この例では、デプロイしたコントローラのDeploymentの設定の一部として**例27-3**で設定したNamespaceを監視するため、「14章 Self Awareness（セルフアウェアネス）」で説明したDownward APIを使っています。

例27-3　現在のNamespaceが設定されるWATCH_NAMESPACE

```
env:
  - name: WATCH_NAMESPACE
    valueFrom:
      fieldRef:
        fieldPath: metadata.namespace
```

このNamespaceを使って、コントローラスクリプトはConfigMapを監視するKubernetes APIエンドポイントのURLを構築します。

例27-2の`watch=true`クエリパラメータに注意して下さい。このパラメータは、HTTP接続をクローズせず、イベントが発生し次第レスポンスチャネルを通じてそのイベントを送るようにAPIサーバに伝えるものです。このループでは、処理すべきアイテムとしてイベントが届くたびに、各イベントを読み込みます。

見てのとおり、コントローラはlocalhostを経由してKubernetes APIサーバとやり取りしています。このスクリプトをKubernetes APIコントロールプレーンノードに直接デプロイすることはありませんが、そうするとどのようにこのスクリプトはlocalhostを使うのでしょうか。ご想像のとおり、ここでは他のパターンを使います。localhostでポート8001を公開し、実際のKubernetesのServiceにプロキシするアンバサダコンテナと一緒に、このスクリプトをPodにデプロイするのです。**Ambassador**パターンについての詳細は18章を参照して下さい。アンバサダを含めた実際のPodの定義については後ほど確認します。

この方法でイベントを監視するのは、もちろんあまり堅牢な方法とは言えません。接続はいつでも切断される可能性があるので、ループを再起動する仕組みも必要でしょう。また、イベントを捕捉し損ねる可能性もあるので、本番レベルのコントローラにはイベントの監視を行うだけでなく、現在の状態をAPIサーバに問い合わせてそれを基準にする必要もあります。ただし、パターンを実演して見せるにはこれで十分です。

このループ内では、**例27-4**のロジックが実行されます。

例27-4　コントローラの調整ループ

```
curl -N -s $base/api/v1/${ns}/configmaps?watch=true | \
while read -r event
do
  type=$(echo "$event"            | jq -r '.type')                    ❶
```

```
    config_map=$(echo "$event"  | jq -r '.object.metadata.name')
    annotations=$(echo "$event" | jq -r '.object.metadata.annotations')

    if [ "$annotations" != "null" ]; then
      selector=$(echo $annotations | \                              ❷
        jq -r "\
          to_entries                                         |\
          .[]                                                |\
          select(.key == \"k8spatterns.com/podDeleteSelector\") |\
          .value                                             |\
           @uri                                               \
      ")
    fi

    if [ $type = "MODIFIED" ] && [ -n "$selector" ]; then         ❸
      pods=$(curl -s $base/api/v1/${ns}/pods?labelSelector=$selector |\
           jq -r .items[].metadata.name)

      for pod in $pods; do                                        ❹
        curl -s -X DELETE $base/api/v1/${ns}/pods/$pod
      done
    fi
  done
```

❶ イベントから ConfigMap の type と name を取り出します。
❷ キーが k8spatterns.com/podDeleteSelector の Annotation をすべて、ConfigMap から取り出します。jq の式についてはこの後のコラムを参照して下さい。
❸ イベントが ConfigMap の更新を表しており、指定した Annotation が付いていたら、Label セレクタに一致する全 Pod を取得します。
❹ セレクタに一致する Pod をすべて削除します。

このスクリプトはまず、ConfigMap で発生したアクションが何なのかを指定しているイベントタイプを抽出します。それから、jq を使って Annotation を取り出します。jq (https://oreil.ly/e57Xi) はコマンドラインから JSON ドキュメントをパースする素晴らしいツールであり、このスクリプトは自身が動作するコンテナ内で jq が使えることを前提条件にしています。

ConfigMap に Annotation が付いていたら、複雑な jq クエリを使って k8spatterns.com/podDeleteSelector という Annotation をチェックします。このクエリの目的は、次のステップで API クエリのオプションとして使えるように、Annotation の値を Pod セレクタに変換することです。具体的には、k8spatterns.com/podDeleteSelector: "app=webapp" という Annotation は、Pod セレクタとして使用する app%3Dwebapp という文字列に変換されます。この変換は jq によって行われます。変換の詳細について知りたい場合は、次のコラムを参照して下さい。

スクリプトが selector を取り出せたら、削除する Pod を選択するのにそれを使用できます。

まずはセレクタに一致する全Podを見つけ出し、それからAPIを呼び出して1つ1つ削除していきます。

このシェルスクリプトベースのコントローラは、イベントループが停止してしまう可能性があるなどの理由から、このままではもちろん本番レベルの品質とは言えません。しかし、決まり文句のようなコードを書かずに、私たちに基本的な考え方をうまく教えてくれます。

---

jqの技法

ConfigMapの`k8spatterns.com/podDeleteSelector`というAnnotationの値を取り出し、それをPodセレクタに変換する処理は、`jq`が行います。`jq`はJSONを扱う素晴らしいコマンドラインツールですが、その考え方は少々ややこしくなっています。ここでは、`jq`の式がどのように動作するのか詳しく見てみましょう。

```
selector=$(echo $annotations | \
  jq -r "\
    to_entries                                          |\
    .[]                                                 |\
    select(.key == \"k8spatterns.com/podDeleteSelector\") |\
    .value                                              |\
    @uri                                                \
")
```

- `$annotations`には、Annotationの名前をプロパティとする全AnnotationがJSONオブジェクトとして入れられています。
- `to_entries`を使って、`{ "a": "b"}`のようなJSONオブジェクトを、`{ "key": "a", "value": "b" }`のような配列に変換します。詳しくは`jq`のドキュメント（https://oreil.ly/c3c6b）を参照して下さい。
- `.[]`は、配列のエントリを個別に選択します。
- これらのエントリから、キーが一致するものだけを選択します。このフィルタに一致するのは0個または1個のエントリだけです。
- 最後に、値（`.value`）を取り出し、URLの一部として使用できるようにするため`@uri`を使って変換します。

この式は、次のJSON構造を`app%3Dwebapp`というセレクタに変換します。

```
{
  "k8spatterns.com/pattern": "Controller",
  "k8spatterns.com/podDeleteSelector": "app=webapp"
}
```

残る作業は、リソースオブジェクトとコンテナイメージの作成です。コントローラスクリプト自体は `config-watcher-controller` という ConfigMap に保存され、必要なら後から簡単に編集できます。

このコントローラ用に2つのコンテナを持つ Pod を作成するのに、Deployment を使います。

- Kubernetes API を localhost のポート 8001 で公開する、Kubernetes API アンバサダコンテナ。イメージ `k8spatterns/kubeapi-proxy` は、ローカルに kubectl がインストールしてあり、正常な CA とトークンがマウントされた状態で `kubectl proxy` が起動します。オリジナルバージョンである kubectl-proxy は、そのプロキシを『Kubernetes in Action』（Manning）で紹介した Marko Lukša が書いたものです。
- 作成した ConfigMap に入れられたスクリプトを実行するメインコンテナ。jq と curl がインストールされた Alpine のベースイメージを使います。

`k8spatterns/kubeapi-proxy` と `k8spatterns/curl-jq` の Dockerfile は、サンプルコードの Git リポジトリ（https://oreil.ly/a0zZR）にあります。

これで Pod のイメージが準備できたので、最後のステップは Deployment を使ってコントローラをデプロイすることです。Deployment の主要部分は**例27-5** のとおりです。定義の全体は、サンプルコードリポジトリ（https://bit.ly/45KYPeo）にあります。

例27-5　コントローラの Deployment

```
apiVersion: apps/v1
kind: Deployment
# ....
spec:
  template:
    # ...
    spec:
      serviceAccountName: config-watcher-controller    ❶
      containers:
      - name: kubeapi-proxy                            ❷
        image: k8spatterns/kubeapi-proxy
      - name: config-watcher                           ❸
        image: k8spatterns/curl-jq
        # ...
        command:                                       ❹
        - "sh"
        - "/watcher/config-watcher-controller.sh"
        volumeMounts:                                  ❺
        - mountPath: "/watcher"
          name: config-watcher-controller
      volumes:
      - name: config-watcher-controller                ❻
        configMap:
          name: config-watcher-controller
```

❶ イベントを監視し、Pod を再起動する正しい権限を持った ServiceAccount。
❷ localhost から Kubernetes API にプロキシするアンバサダコンテナ。
❸ すべてのツールが使用でき、コントローラスクリプトをマウントするメインコンテナ。
❹ コントローラスクリプトを呼び出す起動コマンド。
❺ スクリプトを持っている ConfigMap にマップされるボリューム。
❻ ConfigMap を元にしたボリュームを、メイン Pod にマウント。

見てのとおり、前に作った ConfigMap を `config-watcher-controller-script` にマウントし、メインコンテナの起動コマンドで直接それを使用しています。ここでは単純化するために、Liveness チェックや Readiness チェック、リソース制限の宣言は省略しています。また、ConfigMap の監視ができるサービスアカウント `config-watcher-controller` も必要です。セキュリティ関連の設定については、サンプルコードリポジトリを参照して下さい。

ではコントローラの動きを見てみましょう。ここでは、唯一の内容として環境変数の値を提供する、単純な Web サーバを使用しています。ベースイメージではこの内容を提供するのに nc（netcat）を使用しています。このイメージの Dockerfile もサンプルコードリポジトリにあります（https://bit.ly/4cBaX3P）。**例 27-6** のとおり、ConfigMap と Deployment を持つ HTTP サーバをデプロイします。

例 27-6　Deployment と ConfigMap を持ったサンプル Web アプリケーション

```yaml
apiVersion: v1
kind: ConfigMap                                        ❶
metadata:
  name: webapp-config
  annotations:
    k8spatterns.com/podDeleteSelector: "app=webapp"    ❷
data:
  message: "Welcome to Kubernetes Patterns !"          ❸
---
apiVersion: apps/v1
kind: Deployment                                       ❹
# ...
spec:
  # ...
  template:
    spec:
      containers:
      - name: app
        image: k8spatterns/mini-http-server            ❺
        ports:
        - containerPort: 8080
        env:
        - name: MESSAGE                                ❻
          valueFrom:
            configMapKeyRef:
              name: webapp-config
              key: message
```

❶ 提供するデータを保持する ConfigMap。
❷ Web アプリケーション Pod の再起動を呼び出す Annotation。
❸ Web アプリケーションの HTTP レスポンスで使われるメッセージ。
❹ Web アプリケーションの Deployment。
❺ netcat で HTTP を処理する単純化したイメージ。
❻ 監視対象の ConfigMap から取得され、HTTP レスポンスのボディとして使う環境変数。

　素のシェルスクリプトで実装した ConfigMap コントローラの例はこれでおしまいです。この本の中ではおそらく最も複雑な例でしたが、基本的なコントローラを書くのにもそれほど時間はかからないことがこれで分かりました。

　現実世界では、この手のコントローラを書くにはしっかりしたエラーハンドリング機能やその他の高度な機能を備えた本格的なプログラミング言語を使うことになるでしょう。

27.3　議論

　まとめるとコントローラとは、対象のオブジェクトの望ましい状態と実際の状態を監視する、能動的な調整プロセスです。その後コントローラは、現在の状態が望ましい状態に近くなるように変更しようとする命令を送ります。Kubernetes はこの仕組みを内部コントローラに使っており、カスタムコントローラから私たちも同じ仕組みを利用できます。カスタムコントローラを書くのに何が必要なのか、カスタムコントローラがどのように動き、どのように Kubernetes プラットフォームを拡張するのかについて実例を挙げて説明してきました。

　コントローラは、Kubernetes のアーキテクチャの、高度にモジュール化され、イベントドリブンな性質によって実現される機能です。このアーキテクチャによって、拡張点としてのコントローラが、自然に疎結合で非同期的な方法をとるようになります。この性質の大きな利点は、Kubernetes 自体と拡張機能の間に明確な技術的境界を持てることです。しかし、コントローラの非同期的な性質は、イベントのフローがいつも単純であるとは限らないためデバッグが難しくなることが多いということにも繋がります。そのため、ある状況を調査するために全部を止めるブレイクポイントをコントローラ内に作るのは簡単ではありません。

　28 章では、この章で取り上げた **Controller** パターンを元にして作られ、操作の設定をより柔軟に行う方法を提供してくれる **Operator** パターンを学びます。

27.4　追加情報

- Controller パターンのサンプルコード（https://oreil.ly/qQcZM）
- Writing Controllers（コントローラを書くには、https://oreil.ly/3yuBU）
- Writing a Kubernetes Controller（Kubernetes のコントローラを書く、https://oreil.ly/mY5Dc）

- A Deep Dive into Kubernetes Controllers（Kubernetesのコントローラの詳細、https://oreil.ly/Qa2X4）
- Expose Controller（https://oreil.ly/Mq3GN）
- Reloader: ConfigMap Controller（https://oreil.ly/bcTYK）
- Writing a Custom Controller: Extending the Functionality of Your Cluster（カスタムコントローラを書く: クラスタの機能の拡張、https://oreil.ly/yZdL3）
- Writing Kubernetes Custom Controllers（Kubernetesのカスタムコントローラを書く、https://oreil.ly/0zM5X）
- Contour Ingress Controller（https://oreil.ly/19xfy）
- （Labelとセレクタの）構文と文字セット（https://oreil.ly/FTxze）
- Kubectl-Proxy（https://oreil.ly/_g75A）

28章
Operator（オペレータ）

Operator（オペレータ）は、アプリケーションに関する運用上の知識を、アルゴリズム化され、自動化された仕組みにカプセル化するため、CRD（CustomResourceDefinition）を使うコントローラの一種です。**Operator**パターンを使うことで、前の章で説明した**Controller**パターンを、より柔軟性高く、より表現豊かに拡張することが可能になります。

28.1　問題

「27章　Controller（コントローラ）」で、シンプルかつ疎結合な方法でKubernetesプラットフォームを拡張する方法を学びました。しかしより高度なユースケースでは、ただのカスタムコントローラではKubernetesに元々備わったリソースしか監視および管理ができないので、その力は十分ではありません。さらに、別のドメインオブジェクトを必要とするような新しいコンセプトをKubernetesプラットフォームに追加したい場合もあるでしょう。例えば、監視ソリューションとしてPrometheusを選び、それをしっかりと定義された方法でKubernetesの監視の仕組みとして導入したい場合です。他のKubernetesリソースを定義するのと似たような方法で、監視設定やデプロイの詳細を記述したPrometheusのリソースがあったら素晴らしいと思いませんか。さらには、監視したいサービスに関するリソース（例えばLabelセレクタを使うなど）もあったらいいと思いませんか。

この状況こそが、CustomResourceDefinition（CRD）リソースがとても役立つユースケースの1つです。CRDを使うと、Kubernetesクラスタにカスタムリソースを追加し、それをネイティブなリソースであるかのように使うことで、Kubernetes APIを拡張できます。カスタムリソースをそれを操作するコントローラと共に使うことを、**Operator**パターンといいます。

オペレータの振る舞いを最もよく表現していると思われる、Jimmy Zelinskie氏の発言（https://oreil.ly/bFEU-）をここで引用しておきましょう。

> オペレータとは、Kubernetesとそれ以外という2つの領域を理解しているKubernetesのコントローラのことです。この2つの領域の知識を合わせることで、本来なら2つの領域の両方を理解している人間の作業者が行う必要があるタスクを、オペレータが自動化できます。

28.2　解決策

「27 章 Controller（コントローラ）」で見たように、コントローラを使うことでデフォルトの Kubernetes リソースの状態変化に対して効果的に対応が可能になります。これだけで **Operator** パターンの半分は理解しているわけですが、残りの半分、つまり CRD リソースを使って Kubernetes 上でカスタムリソースを表現する方法を見ていきましょう。

28.2.1　Custom Resource Definition

CRD を使うと、Kubernetes プラットフォーム上の特定ドメインの方式を管理できるよう、Kubernetes を拡張できます。カスタムリソースは、他のリソースと同じように Kubernetes API を使って管理され、最終的にはバックエンドストアの etcd に保存されます。

冒頭の例は、Prometheus を Kubernetes にシームレスに統合する Prometheus operator を元にしたカスタムリソースを使うことで、実際に実装が可能です。Prometheus CRD は**例28-1** のとおり定義されます。この例では、CRD で使用可能なほとんどのフィールドを説明しています。

例 28-1　CustomResourceDefinition

```
apiVersion: apiextensions.k8s.io/v1
kind: CustomResourceDefinition
metadata:
  name: prometheuses.monitoring.coreos.com    ❶
spec:
  group: monitoring.coreos.com                ❷
  names:
    kind: Prometheus                          ❸
    plural: prometheuses                      ❹
  scope: Namespaced                           ❺
  versions:                                   ❻
  - name: v1                                  ❼
    storage: true                             ❽
    served: true                              ❾
    schema:
      openAPIV3Schema: ....                   ❿
```

❶　CRD の名前。
❷　CRD が属する API グループ。
❸　このリソースのインスタンスを識別する `kind`。
❹　複数形を表す時に使われる命名規則。このオブジェクトのリストを表す時に使います。
❺　リソースがクラスタ全体を対象とするか、Namespace に閉じるかを決めるスコープ。
❻　この CRD で使用可能なバージョン。
❼　サポートされるバージョン名。
❽　バックエンドに定義を保存するのに使われるストレージバージョンは、1 つだけに限定されます。

❾ このバージョンを REST API 経由で提供するかどうか。
❿ バリデーションのための OpenAPI V3 スキーマ（ここでは省略）。

OpenAPI V3 スキーマを設定すると、Kubernetes がカスタムリソースを検証できるようになります。単純なユースケースでは、このスキーマは省略しても構いませんが、本番レベルの CRD を作る場合は、設定の間違いが早期に検出できるよう、スキーマは定義するべきです。

さらに Kubernetes では、スペック内の `subresources`[†1] というフィールドを使うことで、CRD に次の 2 つのサブリソースを追加できます。

scale

このプロパティを使うことで、CRD のレプリカカウントの管理方法を指定できます。このフィールドでは、カスタムリソースが持つレプリカの希望数を指定する JSON のパスを宣言します。このパスは稼働するレプリカの実際の数を指定するプロパティであり、カスタムリソースのインスタンスを見つけるための Label セレクタへのオプションのパスも指定できます。Label セレクタは通常はオプションですが、「29 章 Elastic Scale（エラスティックスケール）」で説明する HorizontalPodAutoscaler をカスタムリソースと組み合わせたい場合には必須になります。

status

このプロパティが設定されていると、リソースの `status` フィールドのみを更新できる、新しい API コールが使用可能になります。この API コールは個別に保存され、`spec` フィールドに設定された**宣言された**状態とは違う可能性があるリソースのステータスに、**実際の**ステータスをオペレータが反映させられるようにします。カスタムリソース全体が更新されると、Kubernetes の標準リソースと同じく `status` セクションは無視されます。

例 28-2 は、通常の Pod に使われるのと同じサブリソースのパスの例です。

例 28-2 CustomResourceDefinition のサブリソース定義

```
kind: CustomResourceDefinition
# ...
spec:
  subresources:
    status: {}
    scale:
      specReplicasPath: .spec.replicas           ❶
      statusReplicasPath: .status.replicas       ❷
      labelSelectorPath: .status.labelSelector   ❸
```

❶ 宣言されたレプリカ数への JSON パス。

---

†1 Kubernetes のサブリソースとは、あるリソースタイプに対して追加機能を提供する追加 API エンドポイントのことです。

❷ アクティブなレプリカ数への JSON パス。

❸ アクティブなレプリカ数を問い合わせるための Label セレクタへの JSON パス。

CRD を定義したら、**例28-3** のように簡単にリソースを作成できます。

例28-3　Prometheus のカスタムリソース

```yaml
apiVersion: monitoring.coreos.com/v1
kind: Prometheus
metadata:
  name: prometheus
spec:
  serviceMonitorSelector:
    matchLabels:
      team: frontend
  resources:
    requests:
      memory: 400Mi
```

`metadata` セクションには、他の Kubernetes リソースと同じフォーマットと検証ルールがあります。`spec` には CRD 特有の内容が入り、Kubernetes がその CRD に設定された検証ルールに対するチェックを行います。

カスタムリソースに対して働きかけるコンポーネントがないなら、カスタムリソース自体に使い道はありません。カスタムリソースに意味を持たせるには、そのリソースのライフサイクルを監視し、リソース内の宣言に応じて対応を行うコントローラが必要になります。

28.2.2　コントローラとオペレータの分類

独自のオペレータを作り始める前に、コントローラ、オペレータ、それから特に CRD の分類について見ておきましょう。オペレータは、そのアクションに応じて、大まかに次のとおり分類できます。

インストール CRD

　　Kubernetes プラットフォーム上にアプリケーションをインストールし、操作する意図で作られます。よくある例の1つとしては、Prometheus をインストールし、管理する Prometheus の CRD があります。

アプリケーション CRD

　　アプリケーション特有のドメインコンセプトを表現するために使われます。この種の CRD を使うことで、アプリケーション特有の振る舞いに Kubernetes を結び付け、アプリケーションを Kubernetes と強く統合することができます。例として、Prometheus オペレータが使用する ServiceMonitor CRD は、Prometheus サーバによってスクレイピングされる Kubernetes の Service を登録するのに使われます。Prometheus オペレータは、

Prometheus サーバの設定を適応させる役割を担います。

上の例で Prometheus オペレータがそうしているように、オペレータは違う種類の CRD にも対応できます。2 つの種類の CRD の境界は明確ではありません。

ここでのコントローラとオペレータの分類では、オペレータは CRD を使うコントローラの一種（is-a の関係にある[2]）です。しかし、その間にもいくつかの種類が存在するので、区別はややあいまいです。

その一例が、CRD の代わりに ConfigMap を使うコントローラです。これは、デフォルトの Kubernetes リソースが十分ではないけれど、CRD も最適とは言い難いという場合に合った方法です。この場合、ConfigMap の中身としてドメインロジックをカプセル化できるため、ちょうどいい妥協案になります。素の ConfigMap を使う場合の利点として、CRD を登録する際に必要になる cluster-admin 権限が必要ない点が挙げられます。クラスタの構成によっては、そのような CRD を登録すること自体が不可能です（例えば OpenShift Online のようなパブリッククラスタを使っている時）。

しかし、ドメイン特有の設定のための素の ConfigMap で CRD を置き換える際にも、27 章で挙げた**観察・分析・行動**の考え方は適用できます。この時の欠点は、CRD に対する `kubectl get` のような、基本的ツールが使用できないことです。API サーバレベルの設定の検証もなく、API バージョニングもサポートされていません。また、CRD ではステータスのモデルを自由に定義できる一方で、ConfigMap の `status` フィールドをどのようにするか決められることはあまりありません[3]。

CRD を使うと、その種類によっては「26 章　Access Control（アクセス制御）」で説明したように、個別にチューニングができるきめ細かい権限モデルを使えることも別の利点としてあります。同じ Namespace にある全 ConfigMap は同じ権限を共有してしまうので、この種の RBAC セキュリティは ConfigMap にドメイン設定をカプセル化しているときには利用できません。

実装の観点で言うと、素の Kubernetes オブジェクトに対してのみ使用できるコントローラを実装するかどうか、コントローラによって管理されるカスタムリソースがあるかどうかが問題です。素の Kubernetes オブジェクトに対してのみ使用できるコントローラなら、Kubernetes のクライアントライブラリにすでに存在しています。CRD を使う場合、すぐに使えるものは存在しないので、CRD を管理するのにスキーマなしで始めるか、CRD の定義に含まれる OpenAPI スキーマを元にするなどしてカスタムタイプを定義する必要があります。CRD のスキーマがあるかどうか

---

[2] ここで is-a (https://ja.wikipedia.org/wiki/Is-a) を持ち出したのは、オペレータとコントローラの間の継承の関係性を強調するためです。オペレータは、コントローラが持つすべての特徴に加え、独自の特徴を少し持つものになっています。

[3] とは言え、CRD を設計する際には status や他のフィールドに対する共通の API 規約 (https://oreil.ly/klv65) があることを覚えておくとよいでしょう。コミュニティでの共通規約に従うことで、他の人やツールが、新しい API オブジェクトを読みやすくなります。

は、使用するクライアントライブラリやフレームワークによってさまざまです。

図28-1 は、コントローラとオペレータの分類について、シンプルなリソース定義方法から複雑なものへ、カスタムリソースの使用に関するコントローラとオペレータの境界を合わせて図にしたものです。

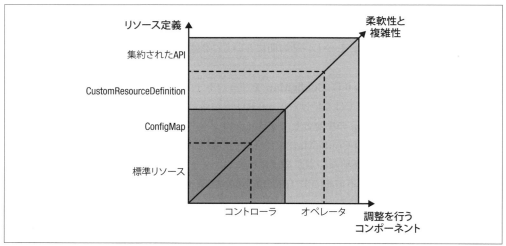

図28-1　コントローラとオペレータの範囲

オペレータには、Kubernetes の拡張を呼び出す更に高度な方法があります。解決すべき問題を表現するのに Kubernetes が管理する CRD では十分でない時には、集約を行うアグリゲーションレイヤを独自に作って、Kubernetes API を拡張できます。Kubernetes API に、カスタム実装した `APIService` というリソースを新しい URL として追加できるのです。

内部で Pod が動作している Service に対して `APIService` を使って接続するには、**例28-4** のようなリソースを使用します。

例28-4　APIService を使った API の集約

```
apiVersion: apiregistration.k8s.io/v1beta1
kind: APIService
metadata:
  name: v1alpha1.sample-api.k8spatterns.com
spec:
  group: sample-api.k8spattterns.io
  service:
    name: custom-api-server
  version: v1alpha1
```

Service と Pod の実装に加えて、Pod が動作する際の ServiceAccount を作成し、追加のセキュリティ設定をする必要もあります。

この設定が済んだら、APIサーバ https://<APIサーバのIP>/apis/sample-api.k8spatterns.com/v1alpha1/namespaces/<ns>/... に対するリクエストは、カスタマイズしたServiceの実装に対して送られるようになります。このAPIを通じて管理されるリソースを永続化するかどうかなどを含め、リクエストをどう処理するかはこのServiceの実装次第です。この方法は、CRDを使う場合と違ってKubernetes自体がカスタムリソースを完全に管理するかたちになります。

カスタムAPIサーバを使うと、自由度がぐっと高まりリソースのライフサイクルイベントを監視する以上のことが可能になります。一方で、多くのロジックを実装する必要があるので、通常のユースケースにおいては、素のCRDを扱うオペレータで十分なことが多いです。

APIサーバの機能について詳しく見ていくのはこの章の範囲を超えてしまいます。オフィシャルドキュメント（https://bit.ly/3RHEfpk）や sample-apiserver の完全な実装（https://oreil.ly/qPCX7）に、詳しい情報があります。また、APIサーバによる集約を助けてくれる apiserver-builder（https://oreil.ly/G_qud）も使用できます。

それでは次は、CRDを使ったオペレータを開発し、デプロイする方法を見ていきましょう。

28.2.3　オペレータの開発とデプロイ

オペレータの開発には、いくつかのツールキットやフレームワークが存在しています。オペレータの作成をサポートしてくれる主なプロジェクトが、次の3つです。

- KubernetesのSIG API Machineryによって開発されているKubebuilder
- CNCFプロジェクトであるOperator Framework
- Google Cloud PlatformのMetacontroller

自分でオペレータを開発してメンテナンスしていくための始めの1歩になるよう、それぞれについて手短に見ていきます。

28.2.3.1　Kubebuilder

SIG API Machinery[4]のプロジェクトである **Kubebuilder** は、CustomResourceDefinitionを使ってKubernetes APIを作るフレームワークとライブラリです。

Kubernetesでのプログラミングに関する一般的な観点を含む、素晴らしいドキュメント（https://oreil.ly/cmYBo）を提供しています。Kubebuilderが焦点を当てているのは、オーバーヘッドをある程度除くためのハイレベルな抽象化層をKubernetes APIに追加することで、Go言語ベースのオペレータを作れるようにすることです。新しいプロジェクト向けのスキャフォルディングや、1つのオペレータから複数のCRDを監視できるようにする仕組みも提供しています。他のプロジェクトはKubebuilderをライブラリとして使用しており、Go言語以外の言語や

---

[4] SIG（Special Interest Group）とは、Kubernetesコミュニティが機能範囲を体系化する方法です。現在活動中のSIGの一覧は、Kubernetesのコミュニティサイト（https://oreil.ly/q6qd9）で確認できます。

プラットフォームをサポートするためのプラグインアーキテクチャを採っています。Kubernetes APIに対するプログラミングを行う際には、Kubebuilderが最適な第一歩になります。

28.2.3.2 Operator framework

Operator frameworkは、オペレータの開発に関して幅広くサポートしており、いくつかのサブコンポーネントを提供しています。

- **Operator SDK**は、Kubernetesクラスタへのアクセスと、オペレータのプロジェクトを始める際のスキャフォルディングを提供しています。
- **Operator Lifecycle Manager**は、オペレータとCRDのリリースと更新を管理します。オペレータのオペレータの一種であると考えてもいいでしょう。
- **Operator Hub**は、コミュニティによって作られたオペレータを共有するための、公開されたオペレータのカタログです。

2019年に出版されたこの本の初版では、KubebuilderとOperator SDKには機能の大きな重複があり、両プロジェクトは最終的に合流するだろうと書きました。しかし実際には合流するのではなく、コミュニティは別の戦略を選びました。すべての重複部分はKubebuilderに移管され、Operator SDKは依存関係としてKubebuilderを使うことになりました。これは、コミュニティ駆動のオープンソースプロジェクトの自己修復効果のよい例です。"What Are the Differences Between Kubebuilder and Operator-SDK?"（KubebuilderとOperator-SDKの違いはどこ？、https://oreil.ly/0GM5e）という記事に、KubebuilderとOperator SDKの関係についての詳細が書かれています。**Operator SDK**はKubernetesのオペレータを開発し、メンテナンスするために必要なものすべてを提供します。Operator SDKはKubebuilder上に作られており、Go言語で書かれたオペレータのスキャフォルディングや管理にKubebuilderを利用します。Operator SDKはさらに、他の技術を使ってオペレータを作る際にもKubebuilderのプラグインシステムを利用します。2023年時点でOperator SDKは、Ansible Playbook、Helm Chart、QuarkusランタイムをつかったJavaベースのオペレータを使ったオペレータを作るためのプラグインを提供しています。プロジェクトのスキャフォルディングを使う際、SDKはOperator Lifecycle ManagerやOperator Hubと統合するための適切なフックも追加してくれます。

Operator Lifecycle Manager（OLM）は、オペレータを使用する際に価値のある働きをしてくれます。CRDを使う際の問題の1つに、リソースがクラスタ全体にしか登録できず、cluster-admin権限が必要になることがあります。通常のKubernetesユーザは、アクセス権限が与えられたNamespace内のみの全状況を管理するものなので、クラスタ管理者とのやり取りなしにオペレータを使うことができません。

このやり取りを合理化するため、CRDをインストールする権限のあるサービスアカウントを使ってバックグラウンドで実行されるクラスタサービスが、OLMです。ClusterServiceVersion

（CSV）と呼ばれる専用の CRD が OLM と一緒に登録され、これを使うことでオペレータに紐付けられた CRD の定義への参照と一緒に、オペレータの Deployment を設定できるようになります。このような CSV を作ると、OLM の一部は CRD を待ち受け、さらにそれに依存した CRD が登録されます。この時、OLM は CSV で定義されたオペレータをデプロイします。それから、権限のないユーザに代わって OLM の別の部分が CRD を登録します。この手法は、クラスタの通常ユーザがオペレータをインストールできるようにする洗練された方法です。

オペレータは、Operator Hub（https://oreil.ly/K2t68）で簡単に公開できます。Operator Hub は、オペレータの発見とインストールを簡単にしてくれます。名前、アイコン、説明その他のメタデータは、オペレータの CSV から取り出して、分かりやすい Web UI に表示されます。Operator Hub は、stable（安定版）や alpha（アルファ版）といった異なるストリームを割り当て、ユーザが成熟度に合わせた自動的な更新情報を受け取れる、**チャネル**（channel）という機能も提供しています。

28.2.3.3　Metacontroller

Metacontroller は、カスタムコントローラを書く際の共通部分をカプセル化する API を使って Kubernetes を拡張していることから、他の2つのオペレータ構築フレームワークとはかなり違っています。Metacontroller は、ハードコードされるのではなく Metacontroller 固有の CRD を通じて動的に定義される複数のコントローラを動かすことで、Kubernetes のコントローラマネージャと似た動作をします。別の言い方をすると、Metacontroller は、実際のコントローラのロジックを提供するサービスを呼び出す、代理のコントローラなのです。

Metacontroller の別の表現方法としては、宣言的な振る舞いがあります。CRD を使うことで Kubernetes API に新しい型を入れることができるようになりますが、Metacontroller を使うと、宣言的に標準リソースあるいはカスタムリソースの振る舞いを簡単に定義できるようになります。

Metacontroller を通じてコントローラを定義する時は、コントローラに特有のビジネスロジックのみを含めた関数を提供する必要があります。Metacontroller は Kubernetes API とすべてのやり取りを行い、調整ループを実行し、Webhook を通じて関数を呼び出します。Webhook は、CRD のイベントを記述する定義済みのペイロード付きで呼び出されます。関数が値を返すと、作成される（あるいは削除される）べき Kubernetes リソースの定義をコントローラの関数に変わって返します。

この代理の仕組みによって、HTTP と JSON を理解しさえすれば、Kubernetes API や Kubernetes のクライアントライブラリに依存せずどんな言語でも関数を書けるようになります。関数は Kubernetes 上にホストすることもできますし、Function-as-a-Service（FaaS）プロバイダでホストすることも、それ以外の場所に置くこともできます。

ここではこれ以上の詳細は説明できませんが、単純な自動化やオーケストレーションを使って Kubernetes を拡張したりカスタマイズするようなユースケースで、かつ追加の機能は不要なら、Metacontroller を検討するべきです。Go 以外の言語でビジネスロジックを実装したい場合は特にです。いくつかのコントローラ実装例（https://bit.ly/4bqgKrR）を見れば、Metacontroller の

みを使った StatefulSet、ブルーグリーンデプロイ、インデックス付き Job、Service per Pod などの実装方法が分かります。

28.2.4　例

具体的なオペレータの例を見てみましょう。「27 章　Controller（コントローラ）」の例を拡張し、ConfigWatcher という型の CRD を導入します。この CRD のインスタンスは、監視すべき ConfigMap への参照を持ち、この ConfigMap が変更されたら再起動する Pod を指定します。この方法だと、再起動を実行するための Annotation を追加するのに ConfigMap 自体を変更する必要がないので、Pod に対する ConfigMap の依存関係をなくせます。また、コントローラの例で採用したシンプルな Annotation ベースの方法を使うと、ConfigMap はアプリケーション 1 つだけに接続できます。CRD を使うことで、ConfigMap と Pod の組み合わせが自由に設定できるようになります。

この ConfigWatcher カスタムリソースを示したのが**例 28-5** です。

例 28-5　シンプルな ConfigWatcher リソース

```
apiVersion: k8spatterns.com/v1
kind: ConfigWatcher
metadata:
  name: webapp-config-watcher
spec:
  configMap: webapp-config    ❶
  podSelector:                ❷
    app: webapp
```

❶ 監視する ConfigMap への参照。
❷ 再起動すべき Pod を決める Label セレクタ。

この定義では、`configMap` というアトリビュートが、監視すべき ConfigMap の名前を参照しています。`podSelector` フィールドは、再起動すべき Pod を決める Label とその値の集合になっています。

例 28-6 で、CRD を使ってこのカスタムリソースの型を定義します。

例 28-6　ConfigWatcher CRD

```
apiVersion: apiextensions.k8s.io/v1
kind: CustomResourceDefinition
metadata:
  name: configwatchers.k8spatterns.com
spec:
  scope: Namespaced         ❶
  group: k8spatterns.com    ❷
  names:
    kind: ConfigWatcher     ❸
```

```
      singular: configwatcher      ❹
      plural: configwatchers
    versions:
    - name: v1                     ❺
      storage: true
      served: true
      schema:
        openAPIV3Schema:           ❻
          type: object
          properties:
            configMap:
              type: string
              description: "Name of the ConfigMap"
            podSelector:
              type: object
              description: "Label selector for Pods"
              additionalProperties:
                type: string
```

❶ Namespaceに接続。
❷ 専用のAPIグループを使用。
❸ このCRD専用のkind。
❹ kubectlなどのツールから使用される時のリソースのLabel。
❺ バージョン番号。
❻ このCRDのOpenAPI V3スキーマ。

オペレータがこの型のカスタムリソースを管理できるようにするには、オペレータのDeploymentに正しい権限を持ったServiceAccountを紐づける必要があります。このタスクでは、**例28-7**のとおり専用のRoleを作り、後でRoleBindingを使ってServiceAccountに紐付けます。ServiceAccount、Role、RoleBindingの考え方と使い方については、「26章 Access Control（アクセス制御）」で詳しく説明しました。ここでは、**例28-6**でのRoleの定義によって、ConfigWatcherリソースのインスタンスは、すべてのAPIオペレーションが実行できる権限を付与していると理解すれば十分です。

例28-7　カスタムリソースへのアクセスを許可するRole定義

```
  apiVersion: rbac.authorization.k8s.io/v1
  kind: Role
  metadata:
    name: config-watcher-crd
  rules:
  - apiGroups:
    - k8spatterns.com
    resources:
    - configwatchers
    - configwatchers/finalizers
    verbs: [ get, list, create, update, delete, deletecollection, watch ]
```

この CRD ができたら、**例28-5** のカスタムリソースを定義できるようになります。

これらのリソースが意味をなすには、リソースを評価し、ConfigMap が変更されたら Pod の再起動を開始するコントローラを実装する必要があります。

例27-2 のコントローラのスクリプトを拡張し、コントローラスクリプトのイベントループを利用することにしましょう。

ConfigMap が更新されたら、Annotation をチェックするのではなく、ConfigWatcher という種類の全リソースを取得し、変更された ConfigMap が `configMap` の値に含まれているかを確認します。**例28-8** は、その調整ループを示したものです。サンプルコードの Git リポジトリ（https://bit.ly/3VNRi9T）に、このサンプルコード全体とオペレータをインストールする詳細な手順があります。

例28-8　ConfigWatcher オペレータの調整ループ

```
curl -Ns $base/api/v1/${ns}/configmaps?watch=true | \       ❶
while read -r event
do
  type=$(echo "$event" | jq -r '.type')
  if [ $type = "MODIFIED" ]; then                           ❷

    watch_url="$base/apis/k8spatterns.com/v1/${ns}/configwatchers"
    config_map=$(echo "$event" | jq -r '.object.metadata.name')

    watcher_list=$(curl -s $watch_url | jq -r '.items[]')   ❸

    watchers=$(echo $watcher_list | \                       ❹
               jq -r "select(.spec.configMap == \"$config_map\") | .metadata.name")

    for watcher in $watchers; do                            ❺
      label_selector=$(extract_label_selector $watcher)
      delete_pods_with_selector "$label_selector"
    done
  fi
done
```

❶ 指定された Namespace での ConfigMap の変更を監視するため、監視ストリームを開始。
❷ `MODIFIED` イベントのみをチェック。
❸ インストールされた ConfigWatcher カスタムリソースすべての一覧を取得。
❹ そのリストから、この ConfigMap を指すすべての ConfigWatcher 要素を取得。
❺ ConfigWatcher が見つけた対象から、セレクタに一致する設定済み Pod を削除します。Label セレクタを使った処理のロジックと、Pod の削除のロジックは、見やすさを優先してここでは省略しています。実装の全体は、Git リポジトリのサンプルコードを確認して下さい。

コントローラの例と同じように、こちらのコントローラはサンプルコードの Git リポジトリで提供されているサンプル Web アプリケーションでテストできます。この Deployment での違いは、

アプリケーションの設定でアノテートされていない ConfigMap を使っていることです。

このオペレータの例はなかなかうまく動作しますが、シェルスクリプトベースのオペレータは単純すぎて、エッジケースやエラー発生時までカバーしていないのは明らかです。より興味深い本番レベルの例が世の中にはたくさんあります。

実際に使用できるオペレータを見つける標準的な場所としては、Operator Hub（https://oreil.ly/K2t68）があります。ここに掲載されたオペレータは、どれもこの章で紹介した考え方を元にしたものです。Prometheus オペレータが Prometheus をどのように管理するのかについてはすでに見たところです。それ以外の Go 言語ベースのオペレータとしては etcd キーバリューストアを管理する etcd オペレータがあり、データベースのバックアップやリストアなど運用タスクを自動化してくれます。

Java 言語で書かれたオペレータを探しているなら、**Strimzi Operator**（https://oreil.ly/S1olv）が、Kubernetes 上で Apache Kafka のような複雑なメッセージングシステムを管理するオペレータの素晴らしい例になります。Java ベースのオペレータのそれ以外の最初の一歩として適しているものには、Operator SDK の一部である **Java Operator Plugin** があります。2023 年時点ではまだ立ち上がったばかりの取り組みです。Java ベースのオペレータの作成を学ぶ最適な入り口として、正常に動作するオペレータを作るプロセスを説明したチュートリアル（https://oreil.ly/pEPen）が用意されています。

28.3　議論

ここまで Kubernetes プラットフォームを拡張する方法を学んできましたが、オペレータは銀の弾丸ではありません。オペレータを使う前に、あなたのユースケースが Kubernetes のパラダイムに合っているかを注意深く確認する必要があります。

多くの場合、標準リソースと組み合わせた素のコントローラで十分です。この方法には、CRD を登録するのに cluster-admin 権限が不要であるという利点がありますが、セキュリティや検証に関しては制限があります。

オペレータは、能動的なコントローラを使ってリソースを扱うという Kubernetes の宣言的な方法にうまく合ったカスタムドメインロジックを作るのに適しています。

具体的にまとめると、次の状況において、アプリケーションのドメインに CRD と組み合わせたオペレータを使うことを考えるとよいでしょう。

- `kubectl` のような既存の Kubernetes ツールと強力に統合したい場合。
- アプリケーションを新規に設計する未知の領域のプロジェクトに取り組んでいる場合。
- リソースパス、API グループ、API バージョニング、特に Namespace といった Kubernetes のコンセプトの利点を活かしたい場合。
- 監視、認証、ロールベース認証、メタデータのセレクタを使って API へアクセスする、使いやすいクライアントサポートが欲しい場合。

自分のユースケースはこの基準にあっているけれど、カスタムリソースの実装方法や永続化方法にもっと自由度が必要な場合は、カスタム API サーバを検討しましょう。ただし、Kubernetes の拡張点を何でもできる金のハンマーだと考えないようにするべきです。

自分のユースケースが宣言的でなく、管理したいデータが Kubernetes のリソースモデルに合っていないか、プラットフォームへの強い統合が必要でないなら、スタンドアローンの API を書き、それを標準的な Service や Ingress オブジェクトを使って公開するのがよいでしょう。

Kubernetes のドキュメント（https://bit.ly/3VFfTO6）には、コントローラ、オペレータ、API アグリゲーション、カスタム API 実装のどれを使うべきかの提案も書かれています。

28.4　追加情報

- Operator パターンのサンプルコード（https://oreil.ly/iN2B4）
- OpenAPI V3（https://oreil.ly/aIGNA）
- Kubebuilder（https://oreil.ly/GeHKy）
- Operator Framework（https://oreil.ly/5JWcN）
- Metacontroller（https://oreil.ly/etanj）
- クライアントライブラリ（https://oreil.ly/1iiab）
- CustomResourceDefinition で Kubernetes API を拡張する（https://oreil.ly/8ungP）
- カスタムリソース（https://oreil.ly/0xhlw）
- sample-controller（https://oreil.ly/kyIsL）
- What Are Red Hat OpenShift Operators?（Red Hat OpenShift Operators とは何か、https://oreil.ly/voY92）

29章
Elastic Scale（エラスティックスケール）

　Elastic Scale（エラスティックスケール）パターンは、複数の次元でスケールするアプリケーションを扱います。すなわち、Pod レプリカの数を変更することで行う水平スケーリング、Pod のリソース要求を変更することで行う垂直スケーリング、あるいはクラスタノードの数を変更することで行うクラスタ自体のスケーリングです。これらのどのアクションも手動で実行できますが、この章では Kubernetes が負荷に応じて自動でスケーリングできる方法を見ていきます。

29.1　問題

　Kubernetes は、多数のイミュータブルなコンテナから構成される分散アプリケーションのオーケストレーションと管理を、宣言的に表現された望ましい状態に保つことで自動化します。しかし、時と共に変化する多くのワークロードの性質上、望ましい状態とはどのような状態なのかを判断するのは簡単なことではありません。SLA（service level agreement、サービス水準合意）を満たすにはある時点においてコンテナにどのくらいのリソースが必要なのか、サービスにはいくつのレプリカが必要なのかを正確に見極めるのには、時間と労力が必要です。しかし幸いなことにKubernetes は、コンテナのリソース、サービスの望ましいレプリカの数、クラスタ内のノードの数を簡単に変更できるようにしてくれます。このような変更は手動で行うこともできますし、ある一定のルールに従って完全に自動化された形で行うこともできます。

　Kubernetes は決まった Pod やクラスタの設定を保持するだけでなく、外部からの負荷やキャパシティに関するイベントを監視し、現在の状態を分析し、望ましいパフォーマンスを発揮するよう自分自身をスケールさせられます。こういった観測の仕組みは、予測した情報ではなく実際の使用量のメトリクスを元にして、Kubernetes が脆弱性への耐性を得て、それを高める方法の1つです。このような振る舞いを実現するいくつかの方法と、さらによいエクスペリエンスを実現するために複数のスケーリング手法を組み合わせる方法を見ていきましょう。

29.2　解決策

　アプリケーションをスケールするには、主に水平方向と垂直方向の2つのアプローチがありま

す。Kubernetes の世界で言う**水平**（horizontal）とは、Pod のレプリカを追加することと同じです。**垂直**（vertical）とは、Pod に管理されている実行中のコンテナにリソースを追加することを意味します。文字にすると単純に見えますが、共有クラウドプラットフォームにおいて他のサービスやクラスタ自体に影響を与えることなく、オートスケールするアプリケーションの設定を行うのは、かなりのトライアンドエラーが必要です。これまでと同じように、Kubernetes はアプリケーションを最適なかたちで構成できるよう、さまざまな機能や手法を提供してくれているので、それらを簡潔に見ていくことにしましょう。

29.2.1　手動での水平 Pod スケーリング

手動でのスケールとは、その名が示すとおり、人間の運用者が Kubernetes に対してコマンドを実行することにもとづいて行われます。この方法は、オートスケーリングの仕組みが存在しないか、長期間にわたってゆっくりと変化する負荷に対して、少しずつアプリケーションの最適な設定を見つけてチューニングしていく場合に使われます。手動による方法の利点は、受動的に変更を行うだけでなく、予想にもとづいた変更も可能なことです。例えば、すでに負荷が高まっている状態に対してオートスケールによって対応するのではなく、周期的な変化やアプリケーションの負荷が予想できる場合、前もってスケールできます。手動でのスケールの実行には、2 つのスタイルがあります。

29.2.1.1　命令的スケーリング

ReplicaSet のようなコントローラは、Pod インスタンスが一定数、常に起動し、動作しているようにする責任を負っています。つまり、望ましいレプリカ数を変更すればよいので、Pod のスケールは明らかに簡単です。`random-generator` という名前の Deployment に関して、インスタンス数を 4 にするには、**例 29-1** のとおり 1 つのコマンドでできます。

例 29-1　コマンドラインで Deployment のレプリカ数をスケール

```
kubectl scale random-generator --replicas=4
```

このような変更の後、ReplicaSet はスケールアップするために Pod を作成するか、望ましい数よりも Pod が多ければ Pod を削除してスケールダウンします[†1]。

29.2.1.2　宣言的スケーリング

`scale` コマンドを使うのは明らかに単純で、緊急の際のすばやい対応としてはよいのですが、ク

[†1] 訳注：本来であれば、水平スケーリングで Pod の数を増減してスケールすることをスケールアウト・スケールイン、垂直スケーリングで Pod のリソースを増減してスケールすることをスケールアップ・スケールダウンとするべきですが、原書ではいずれに対しても scale up と scale down で統一してあることと、後で出て来る Kubernetes の水平スケーリングの仕組みである HPA の定義においても `scaleUp` と `scaleDown` が出て来ることから、ここではスケールアップ・スケールダウンで統一します。

ラスタ外に設定を保存してはくれません。通常、あらゆる Kubernetes アプリケーションはソース管理システムにリソースの定義を保存しており、レプリカの数もそこに含まれています。もともとの定義から ReplicaSet を再作成すると、レプリカの数は以前の数に戻ってしまいます。このような設定ドリフトが生まれないようにし、設定のバックポートを行う運用プロセスを導入するため、レプリカの望ましい数の変更は ReplicaSet かそれ以外の定義の中で宣言的に行い、**例 29-2** のように Kubernetes にその変更を適用するのがよいやり方です。

例 29-2　レプリカ数の設定を宣言的に行うために Deployment を使用

```
kubectl apply -f random-generator-deployment.yaml
```

ReplicaSet、Deployment、StatefulSet のような複数の Pod を管理するリソースのスケールが可能です。この時、永続化ストレージを持った StatefulSet をスケールする際の非対称的な動作に注意して下さい。「12 章 Stateful Service（ステートフルサービス）」で説明したように、StatefulSet に .spec.volumeClaimTemplates という要素があると、スケールする際に PVC を作成します。しかし、ストレージの中身を保持するため、スケールダウンする際も削除されません。

スケールは可能ですが別の命名規則を使う Kubernetes リソースが、「7 章 Batch Job（バッチジョブ）」で説明した Job リソースです。Job は、.spec.replicas ではなく .spec.parallelism フィールドを変更することで、ある時点で同じ Pod の複数のインスタンスを実行するようスケールできます。フィールド名こそ違いますが、1 つの論理的単位の中に複数の処理単位を作ることでキャパシティを増やす、という点で意味としては同じです。

リソースのフィールドを記述する際、JSON パスの記法を使います。例えば .spec.replicas は、リソースの spec セクションの replicas フィールドのことです。

命令的と宣言的、2 つの手動によるスケールのスタイルでは、アプリケーションの負荷に関して人間がそれを監視したり予期したりすること、どのくらいスケールするかを判断すること、その変更をクラスタに適用することを前提としています。どの方法も効果としては同じですが、頻繁に変化し、継続的にそれに適応させていく必要がある、動的なワークロードのパターンには向いていません。次は、スケールの判断を自動化する方法を見ていきましょう。

29.2.2　水平 Pod オートスケーリング

多くのワークロードは、時間によって変化する動的な性質があり、固定されたスケール設定を行うのは困難です。しかし、Kubernetes のようなクラウドネイティブな技術を使うことで、変化する負荷に適応するアプリケーションを作れるようになります。Kubernetes のオートスケールを使えば、スケール設定を固定するのではなく、異なる負荷を扱うのにちょうどいい容量がいつもあるように、さまざまなアプリケーションのキャパシティを定義できるようになります。

このような振る舞いを実現する最も分かりやすい方法が、Pod の数を水平方向にスケールする、HorizontalPodAutoscaler（HPA）です。HPA は Kubernetes に元々備えられている部分であり、インストール手順が追加で必要になるわけではありません。HPA には、デプロイされたワークロードを使う人が誰もいない時にリソースが全く使われないように、Pod の数をゼロにスケールダウンすることはできない、という重要な制限事項があります。しかし幸いなことに Kubernetes のアドオンは数をゼロにするスケール（scale-to-zero）をサポートしており、Kubernetes を真のサーバレスプラットフォームにしてくれます。Knative と KEDA が、このような Kubernetes 拡張の中でも最も有名なものです。「29.2.2.2 Knative」と「29.2.2.3 KEDA」でそれぞれこれらについても見ていきますが、まずは Kubernetes が提供し、すぐに使える水平オートスケールの機能を見ていきましょう。

29.2.2.1　Kubernetes の HorizontalPodAutoscaler

　HPA は、例を使うのが最適な説明方法です。`random-generator` の Deployment に対する HPA は、**例29-3** のコマンドで作成できます。HPA が効果を発揮するには、「2 章 Predictable Demand（予想可能な需要）」で説明したように、CPU のリソースを Deployment の `.spec.resources.requests` で宣言するのが重要です。もう 1 つの要件は、リソース使用量のデータをクラスタ全体で集約するメトリクスサーバを利用可能にしておくことです。

例29-3　コマンドラインで HPA の定義を作成

```
kubectl autoscale deployment random-generator --cpu-percent=50 --min=1 --max=5
```

　例29-3 のコマンドを使うと、**例29-4** の HPA 定義が作成されます。

例29-4　HPA の定義

```
apiVersion: autoscaling/v2
kind: HorizontalPodAutoscaler
metadata:
  name: random-generator
spec:
  minReplicas: 1                    ❶
  maxReplicas: 5                    ❷
  scaleTargetRef:                   ❸
    apiVersion: apps/v1
    kind: Deployment
    name: random-generator
  metrics:
  - resource:
      name: cpu
      target:
        averageUtilization: 50      ❹
        type: Utilization
    type: Resource
```

❶ 常に動作しているべき最低の Pod 数。
❷ HPA がスケールアップを行う最大の Pod 数。
❸ この HPA に紐付けられるべきオブジェクトへの参照。
❹ Pod のリクエストした CPU リソースに対するパーセンテージで表される、望ましい CPU 使用率。例えば、Pod の .spec.resources.requests.cpu が 200m なら、平均使用量が 100m CPU（つまり 50%）を超えた場合にスケールアップが発生します。

　この定義は、Pod の .spec.resources.requests で宣言された CPU リソースの制限に対して、Pod の平均 CPU 使用率が 50% 程度になるように、Pod インスタンスの数を 1 から 5 の間に保つよう HPA に指示するものです。Deployment、ReplicaSet、StatefulSet といった scale サブリソースをサポートするリソースならどれに対しても HPA を適用できますが、副作用についても考慮に入れる必要があります。Deployment は変更が発生すると新しい ReplicaSet を作成しますが、HPA の定義はコピーしません。Deployment に管理されている ReplicaSet に HPA を適用すると、新しく作成される ReplicaSet に HPA の設定はコピーされず、失われてしまいます。HPA は高レベルの抽象化層である Deployment に適用することで、ReplicaSet の新しいバージョンに対しても HPA が保持され、適用されるようにするのがよいやり方です。

　ここで、オートスケールを実現するのに HPA が人間のオペレータをどのように置き換えるのかを見てみましょう。大まかには、HPA コントローラは次のステップを継続的に実行します。

1. HPA の定義に従い、スケールするべき Pod についてのメトリクスを取得します。メトリクスは Pod から直接読み取るのではなく、集約されたメトリクス（あるいは設定次第ではカスタムメトリクスや外部のメトリクス）を提供する Kubernetes の Metrics API から取得します。Pod レベルのリソースメトリクスは、Metrics API から取得され、それ以外のメトリクスは Kubernetes の Custom Metrics API から取得します。
2. 現在のメトリクス値と、望ましいメトリクスの値を元に、必要なレプリカ数を計算します。単純化した式は次のとおりです。

$$望ましいレプリカ数 = \lceil 現在のレプリカ数 \times \frac{現在のメトリクス値}{望ましいメトリクス値} \rceil$$

例えば、指定した CPU リソース要求の値に対し、望ましい値が 50% で、現在の CPU 使用率メトリクス値が 90% の Pod が 1 つ[†2]ある場合、$\lceil 1 \times \frac{90}{50} \rceil$ なので、レプリカの数は 2 倍になります。実行中の Pod インスタンスが複数ある場合の扱い、複数のメトリクスタイプの扱い、コーナーケースや不規則に変動する値のサポートなど、実際の実装はもっと複雑です。複数のメトリクスが指定された場合、HPA は各メトリクスを個別に評価し、その中で最も大きい値を提案します。すべての計算が終わったら、観測値が望ましい値を下回るようにするために望ましいレプリカ数を

---

†2　実行中の Pod が複数ある場合、平均 CPU 使用率が**現在のメトリクス値**として使用されます。

表す整数値が1つ出力されます。

　オートスケールするリソースの `replicas` フィールドはこの計算された値で置き換えられ、その他のコントローラはこの値を元に更新された望ましい状態を実現し、それを保つための作業を行います。**図29-1**は、メトリクスの監視とそれを元に宣言されたレプリカ数の変更を、HPAがどのように行うかを表したものです。

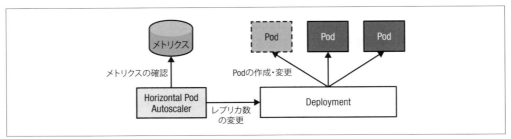

図29-1　水平Podオートスケールの仕組み

　オートスケールは、Kubernetesにおいて低レイヤの詳細なことが多く含まれる分野であり、しかもそれぞれがオートスケールの振る舞い全体に大きな影響を及ぼします。そのため、その詳細すべてを扱うのはこの本の範囲を超えてしまいますが、「29.4　追加情報」ではこの点に関する最新情報へのリンクを紹介しています。

　メトリクスには、大きく分けると次の種類があります。

標準メトリクス
　　これらのメトリクスは、Resourceに一致する `.spec.metrics.resource[].type` で宣言され、CPUやメモリなどのリソースの使用量として表されます。これらのメトリクスは汎用的で、どのクラスタのどのコンテナに関しても同じ名前で使用可能です。前の例のようにパーセンテージで表すこともできますし、絶対値で表すこともできます。どちらも場合でも、保証されたリソース量、つまりコンテナリソースの `limits` ではなく `requests` の値が基準になります。これらのメトリクスは通常、クラスタのアドオンとして起動可能なメトリクスサーバコンポーネントから提供され、簡単に使用できます。

カスタムメトリクス
　　`Object` あるいは `Pod` に一致する `.spec.metrics.resource[].type` で宣言されるこれらのメトリクスは、クラスタごとに異なる、より高度なクラスタ監視の仕組みが必要です。Podタイプのカスタムメトリクスは、その名前が示すようにPod特有のメトリクスを表します。一方でObjectタイプのメトリクスは、それ以外のオブジェクトを表します。カスタムメトリクスは `custom.metrics.k8s.io` というAPIパスで、集約されたAPIサーバに公開され、その値はPrometheus、Datadog、Microsoft Azure、Google Stackdriverなど

の別のメトリクスアダプタから提供されます。

外部メトリクス

　このカテゴリは、Kubernetes クラスタの一部でないリソースを記述するメトリクスのためにあります。例えば、クラウドベースのキューサービスからのメッセージを利用する Pod があるとしましょう。そのような場合、キューの深さに対応して Pod の数をスケールしたいはずです。このようなメトリクスは、カスタムメトリクスと似た外部メトリクスプラグインによって提供されます。Kubernetes API サーバへは、1 つの外部メトリクスエンドポイントだけが紐付けられます。さまざまな外部システムからのメトリクスを利用する場合、KEDA のような追加の集約レイヤが必要になります（「29.2.2.3 KEDA」を参照）。

オートスケールを正しく行うのは簡単ではなく、ある程度の実験とチューニングが必要になります。HPA を設定する際に考慮すべき主な項目のいくつかを挙げます。

メトリクスの選択

　オートスケールに関しておそらく最も重要な決断の 1 つが、どのメトリクスを使うかということです。HPA を役立てるには、メトリクスの値と Pod レプリカ数の間に直接的な相関関係がある必要があります。例えば、選んだメトリクスが秒あたりのクエリに相当するもの（秒ごとの HTTP リクエスト数など）なら、Pod の数を増やすと同じクエリがより多くの Pod で処理されることになるので、Pod あたりの平均クエリ数を減らすことに繋がります。メトリクスが CPU 使用率の場合も同じで、クエリの数と CPU 使用率には直接的な相関関係があります（クエリが増えれば CPU 使用率も増えるはず）。メモリの使用率など他のメトリクスでは、そうはなりません。メモリをメトリクスとする場合の問題は、サービスが一定量のメモリを消費したとしても、アプリケーションがクラスタ化され、他のインスタンスのメモリ使用量を相互に認識し、メモリの使用量を分散させたり開放したりする仕組みがなければ、Pod インスタンスの数を増やしても Pod のメモリ使用量の減少には繋がりません。メモリが開放されず、メトリクスにも効果が反映されないなら、HPA はメモリ使用量を減らそうと、レプリカ数の上限に達するまで次々に Pod を作成してしまいます。これはおそらく望んだ振る舞いではないでしょう。したがって、Pod の数に直接的な（より望ましくは線形的な）相関関係を持つメトリクスを選びましょう。

スラッシング[†3]の防止

　負荷が安定していない時、相反する判断を高速で実行してしまうことで、レプリカの数が不規則に変動するのを避けるため、HPA はさまざまな手法を使っています。例えばスケール

[†3] 訳注：スラッシング（thrashing）とは、仮想メモリを使用している時にページインとページアウトが頻発することでシステムのパフォーマンスが著しく落ちることを指すことが多いですが（Wikipedia 参照、https://ja.wikipedia.org/wiki/スラッシング）、ここではそれと似たように、HPA がメトリクスの変化にあまりにも敏感になりすぎることで、（実質的な意味がないのに）Pod の数が増えたり減ったりしてしまうことを言っています。フラッピング（flapping）とも言います。

アップの際、負荷の増大に対する対応を円滑にするため、HPA は Pod の初期化中は CPU 使用率を無視します。スケールダウンの際は、使用率が短時間だけ減ったことに対応してスケールダウンしてしまうのを防ぐため、設定変更可能な時間枠でのすべてのスケール推奨事項を考慮に入れ、推奨された中から最も大きい値を採用します。これによって、不規則にメトリクスが上下する場合でも、HPA を安定させられます。

反応の遅延

メトリクス値を元にスケールアクションを実行するのは、複数の Kubernetes コンポーネントが関係する複数ステップのプロセスです。まず、cAdvisor（コンテナアドバイザ）エージェントが、Kubelet に対して定期的にメトリクスを収集します。次にメトリクスサーバが定期的に Kubelet からメトリクスを収集します。HPA コントローラは断続的にループを回し、これら収集されたメトリクスを分析します。短時間での変化やスラッシングを避けるため（前の項で説明しました）、HPA のスケール判断の式は反応を遅延させます。これらの処理をすべて積み重ねると、スケールの原因とスケールの反応の間に一定の遅延を発生させます。さらに遅延を発生させるためにパラメータをチューニングすると HPA は反応が遅くなりますが、遅延を減らすとプラットフォームの負荷が増え、スラッシングも増えます。リソースとパフォーマンスのバランスを取るよう Kubernetes を設定するのは、継続的な学習プロセスです。

Kubernetes における HPA のオートスケールアルゴリズムのチューニングは、複雑になる場合があります。チューニングの手助けとして、Kubernetes は HPA のスペックで `.spec.behavior` フィールドを提供しています。このフィールドによって、Deployment でレプリカ数をスケールする際に、HPA の振る舞いをカスタマイズできるようになります。

スケールする方向（スケールアップまたはスケールダウン）によって、`.spec.behavior` フィールドでは次のパラメータを指定できます。

`policies`
　一定時間内でスケールできるレプリカの最大数を指定します。

`stabilizationWindowSeconds`
　HPA が次のスケール判断をしなくなる時を指定します。このフィールドを設定することで、HPA がレプリカ数を高速で増やしたり減らしたりするようなスラッシング効果を防止するのに役立ちます。

例29-5 は、HPA の振る舞いをどのように設定できるのかを示したものです。振る舞いのパラメータのすべては `kubectl autoscale` を使って CLI で設定できます。

例29-5　オートスケールアルゴリズムの設定

```
apiVersion: autoscaling/v2
kind: HorizontalPodAutoscaler
...
spec:
  ...
  behavior:
    scaleDown:                              ❶
      stabilizationWindowSeconds: 300       ❷
      policies:
      - type: Percent                       ❸
        value: 10
        periodSeconds: 60

    scaleUp:                                ❹
      policies:
      - type: Pods                          ❺
        value: 4
        periodSeconds: 15
```

❶ スケールダウンする際の振る舞い。
❷ スラッシングを防ぐため、スケールダウンの判断を5分間行いません。
❸ 1分間で、現在のレプリカ数の最大10%をスケールダウンします。
❹ スケールアップする際の振る舞い。
❺ 15秒間に最大4つのPodをスケールアップします。

　詳しい説明と使い方の例については、スケールの振る舞いの設定に関するKubernetesドキュメント（https://bit.ly/3zsWbh5）を参照して下さい。
　HPAは非常に協力で、オートスケールの基本的な必要事項を網羅していますが、全く使用されない際にアプリケーションの全Podを停止する（scale-to-zero）という、重要な機能を備えていません。メモリ、CPU、ネットワークの使用量で一切コストが発生しないようにするという点でこれは重要です。しかし、これはそんなに難しいことではありません。やりにくいのは、処理を行うべきHTTPリクエストやイベントなどのトリガを使って、クラスタを再始動させて、ゼロから1つめのPodまでスケールさせるところです。
　次の2つのセクションでは、全停止が可能なKubernetesベースのアドオンの内、最も有名なKnativeとKEDAの2つを紹介します。KnativeとKEDAはそれぞれ代替製品ではなく、補完し合うソリューションであることを理解するのが重要です。どちらのプロジェクトも違ったユースケースをカバーし、一緒に使うのが理想的です。これから見るように、KnativeはステートレスなHTTPアプリケーションに特化されており、HPAの機能を超えたオートスケールアルゴリズムを提供しています。一方でKEDAは、KafkaトピックのメッセージやIBM MQキューのようなさまざまなソースによって呼び出されるプルベースの手法を採っています。
　それではKnativeとKEDAを詳しく見ていきましょう。

29.2.2.2 Knative

Knativeは、2018年にGoogleが始めたCNCFプロジェクトで、IBM、VMware、Red Hatといったベンダによる産業界からの広いサポートを受けています。このKubernetesアドオンは次の3つの部分から構成されています。

Knative Serving

全Podの停止を含む、洗練されたオートスケールとトラフィック分割の機能を備えた、シンプルなアプリケーションデプロイモデルです。

Knative Eventing

CloudEvent[4]を生成するイベントソースを、そのイベントを利用するシンクに接続するEvent Meshを作成するのに必要な仕組みのすべてを提供しています。ここでのシンクは通常、Knative Servingのサービスになります。

Knative Functions

ソースコードからKnative Servingのサービスをスキャフォルディングし、構築するためにあります。さまざまなプログラミング言語をサポートし、AWS Lambdaに似たプログラミングモデルを提供しています。

このセクションでは、Knative Servingと、サービスを提供するのにHTTPを使用するアプリケーションのオートスケーラに焦点を当てます。この種のワークロードでは、実際の使用量に対してCPUとメモリは間接的なメトリクスにしかなりません。もっとよいメトリクスとして、Podあたりの**同時リクエスト**数、つまり並列に実行されるリクエストの数があります。

Knativeで使用できるこれ以外のHTTPベースのメトリクスとして、**秒あたりのリクエスト数**（request per second、rps）があります。しかし、このメトリクスは1リクエストあたりのコストについては何も言っていません。そのため、リクエストの頻度とリクエストの処理時間も含めた考え方である並列リクエスト数が、使うにあたってはよりよいメトリクスと言えます。スケールに使用するメトリクスは、アプリケーションごとに選ぶことも、グローバルなデフォルトを定めることもできます。

並列リクエスト数を元にオートスケールの判断をすることで、CPUやメモリ使用量を元にスケールするよりも、処理されるHTTPリクエストのレイテンシにより強い相関関係が得られます。

歴史的には、KnativeはKubernetesにおけるHPAへのカスタムメトリクスアダプタとして実装されていました。しかし、スケーリングアルゴリズムに対する影響をより柔軟にできるようにし、Kubernetesクラスタにおいてカスタムメトリクスアダプタが1つしか登録できないことをボ

---

[4] CloudEventは、クラウドにおけるイベントのフォーマットとメタデータを記述した、CNCFの標準規約です（https://cloudevents.io/）。

トルネックにしないようにするため、独自実装を開発しました。

　今も Knative はメモリや CPU の使用率を元にスケールするため HPA を使うことをサポートしていますが、現在の焦点は、Knative Pod Autoscaler（KPA）と呼ばれる独自のオートスケール実装を使うことに移っています。これを伴うことで Knative は、スケーリングアルゴリズムをさらに制御でき、アプリケーションの要求に合わせてよりよい最適化が行えるようになります。

図 29-2 は、KPA のアーキテクチャを表したものです。

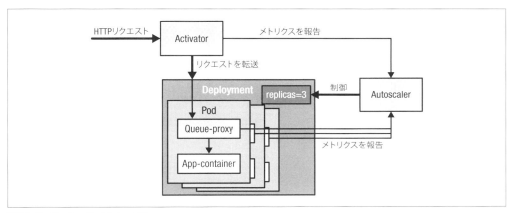

図 29-2　Knative Pod Autoscaler

サービスのオートスケールでは、3 つのコンポーネントが協調して動作します。

Activator
アプリケーションの前段にあって、アプリケーションの全 Pod が停止した際も含めて常に動作しているプロキシです。アプリケーションの全 Pod が停止している時は、最初のリクエストが来たら、そのリクエストはバッファされ、アプリケーションは最低でも 1 つの Pod を持つようスケールアップされます。このような**コールドスタート**（cold start）の際には、リクエストが消えてしまわないよう、すべての受信リクエストはバッファされるのを覚えておくのが重要です。

Queue proxy
Queue proxy は、Knative コントローラによってアプリケーションの Pod に組み込まれる、18 章で説明したアンバサダサイドカーです。同時リクエスト数などのオートスケールに関係するメトリクスを収集するため、リクエストのパスを傍受します。

Autoscaler
Activator や Queue proxy から得たデータを元に、スケールの判断を行う責任を持ったバックグラウンドサービスです。アプリケーションの ReplicaSet にレプリカ数を設定する

のが Autoscaler です。

　KPA のアルゴリズムは、あらゆるワークロードやトラフィックの形態に対するオートスケールの振る舞いを最適化するため、いろいろな方法で設定ができます。**表 29-1** は、Annotation を使って個別のサービスに対して KPA をチューニングする際に使用できる設定オプションの一部をまとめたものです。似たようなオプションは、ConfigMap に保存されるグローバルなデフォルト設定にも存在しています。すべてのオートスケール設定オプションを含む完全な一覧は、Knative のドキュメント（https://oreil.ly/m09BV）にあります。このドキュメントには、同時リクエスト数がしきい値を超えた時にアグレッシブにスケールすることでバーストするワークロードに対応する場合などを含む詳細な情報も掲載されています。

表 29-1　重要な Knative のスケーリングパラメータ（Annotation の接頭辞 `autoscaling.knative.dev/` は省略）

Annotation	説明	デフォルト値
`target`	各レプリカで処理可能な同時リクエスト数。ソフトリミットであり、バースト時は一時的に超える場合もある。超えてはならないハードリミットは `.spec.concurrencyLimi` で設定	100
`target-utilization-percentage`	同時リクエストがこの割合に達したら新しいレプリカを作成開始	70
`min-scale`	保持すべき最低レプリカ数。ゼロより大きい数が設定されると、アプリケーションの Pod はゼロにならない	0
`max-scale`	レプリカ数の上限。0 は無限にスケール	0
`activation-scale`	ゼロからスケールする場合にいくつのレプリカを作るか	1
`scale-down-delay`	スケールダウンするまでにスケールダウン条件が継続する必要のある時間。コールドスタートの時間を避けるため、Pod をゼロにする前にレプリカを保持しておくのに役立つ	0s
`window`	スケール判断の入力となるメトリクスを平均する時間枠	60s

　例 29-6 は、サンプルアプリケーションをデプロイする Knative サービスです。Kubernetes の Deployment とよく似ていますが、裏側ではアプリケーションを Web サービスとして公開するのに必要な Kubernetes リソースを Knative オペレータが作成しています。ReplicaSet、Kubernetes の Service、クラスタ外にアプリケーションを公開する Ingress などです。

例 29-6　Knative サービス

```
apiVersion: serving.knative.dev/v1      ❶
kind: Service
metadata:
  name: random
  annotations:
```

```
      autoscaling.knative.dev/target: "30"      ❷
      autoscaling.knative.dev/window: "120s"
spec:
  template:
    spec:
      containers:
      - image: k8spatterns/random              ❸
```

❶ Knative はリソース名に Service を使いますが、core API グループの Kubernetes Service とは違って serving.knative.dev API グループを付けます。

❷ オートスケールアルゴリズムをチューニングするオプション。使用可能なオプションは**表29-1**を参照。

❸ Knative Service に必須の唯一の引数である、コンテナイメージへの参照。

ここでは Knative にほんの少し触れただけです。Knative の Autoscaler を運用するにあたって手助けになることはたくさんあります。「3章 Declarative Deployment（宣言的デプロイ）」で説明したような複雑なロールアウトシナリオに使用するトラフィックの分割など、Knative Serving の多くの機能についてはオンラインドキュメント（https://knative.dev/）を参照して下さい。また、アプリケーションでイベント駆動アーキテクチャ（EDA）を採用しているなら、Knative Eventing と Knative Functions から得るものも多いでしょう。

29.2.2.3　KEDA

Kubernetes Event-Driven Autoscaling（KEDA）は、全 Pod の停止をサポートしつつ、Knative とは違ったスコープを持つ、また別の重要な Kubernetes ベースのオートスケールプラットフォームです。Knative は HTTP トラフィックベースのオートスケールをサポートしていますが、KEDA は他のシステムからの外部メトリクスを元にスケールする、プルベースの手法を採っています。Knative と KEDA は非常にうまく連携し、かつ機能の重複が非常に少ない[5]ので、これらのアドオンを両方使うのに何の問題もありません。

では、KEDA とはどんなものなのでしょうか。KEDA は、Microsoft や Red Hat が 2019 年に始めた CNCF プロジェクトであり、次のコンポーネントから構成されています。

KEDA Operator
　　スケーラ（scaler）と呼ばれる仕組みで外部システムにオートスケールトリガを紐付け、それをスケール対象（Deployment や StatefulSet など）と接続する ScaledObject カスタムリソースを調整します。また、KEDA が提供する外部のメトリクスサービスに合わせて HPA を設定する役割も担います。

---

[5] KEDA は当初 HTTP ベースのオートスケールはサポートしていませんでしたが、現在は KEDA HTTP Add-on（https://oreil.ly/DyvZK）があります（2023 年時点でまだ初期段階）。しかし、設定は複雑で、Knative ではすぐに使える機能として含まれている KPA の成熟度に達するにはそれなりの時間がかかるでしょう。

KEDAのメトリクスサービス
　KubernetesのAPI集約レイヤでAPIServiceリソースとして登録され、それをHPAが外部メトリクスサービスとして使用できるようにします。

　図29-3は、KEDA Operator、メトリクスサービス、KubernetesのHPAの関係を表したものです。

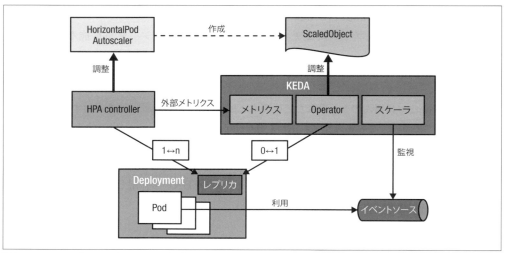

図29-3　KEDA オートスケールコンポーネント

　Knativeは、使用量ベースのオートスケールとしてHPAをすべて置き換えてしまう完全なソリューションでしたが、KEDAはハイブリットなソリューションです。KEDAのオートスケールアルゴリズムは、次の2つのシナリオを区別して扱います。

レプリカ数を 0 から 1 にスケールして起動（図29-3の $0 \leftrightarrow 1$）
　このアクションは、使用しているスケーラのメトリクスが一定値を超えたことを検知すると、KEDA Operator 自身によって実行されます。

実行中のスケールアップまたはスケールダウン（図29-3の $1 \leftrightarrow n$）
　ワークロードがすでにアクティブなら、HPAが役割を担い、KEDAが提供する外部メトリクスを使ってスケールします。

　KEDAの中心的な要素は、ScaledObjectというカスタムリソースです。これは、KEDAベースのオートスケールを設定するユーザが提供し、HorizontalPodAutoscaler リソースと似た役割を担うものです。KEDA Operator は、ScaledObject の新しいインスタンスを検知し次第、外部メトリクスプロバイダとして KEDA メトリクスサービスが使用する HorizontalPodAutoscaler

リソースと、スケールパラメータを作成します。

Apache Kafka トピックのメッセージ数を元に Deployment をスケールする方法を示したのが、**例 29-7** です。

例 29-7　ScaledObject の定義

```
apiVersion: keda.sh/v1alpha1
kind: ScaledObject
metadata:
  name: kafka-scaledobject
spec:
  scaleTargetRef:
    name: kafka-consumer                              ❶
  pollingInterval: 30                                 ❷
  triggers:
    - type: kafka                                     ❸
      metadata:
        bootstrapServers: bootstrap.kafka.svc:9092    ❹
        consumerGroup: my-group
        topic: my-topic
```

❶ オートスケールされるべき `kafka-consumer` という名前の Deployment への参照。別のスケール対象ワークロードも設定できますが、Deployment がデフォルトです。

❷ このアクションフェーズ（ゼロからのスケール）では、メトリクス値を 30 秒ごとにポーリングします。この例では、Kafka トピック内のメッセージ数がポーリング対象です。

❸ Apache Kafka スケーラを選択します。

❹ Apache Kafka スケーラの設定オプション。Kafka クラスタへの接続方法や、監視すべきトピックなど。

KEDA は、外部システムに接続してオートスケールの発生要因として使用できる、すぐに利用可能なスケーラを多数提供しています。サポートされているスケーラの完全な一覧は、KEDA のホームページ（https://oreil.ly/rkJKU）から取得できます。また、gRPC ベースの API を使って KEDA とやり取りする外部サービスを作れば、カスタムスケーラも簡単に統合できます。

KEDA は、アプリケーションが利用するメッセージキューのような外部システムが持っているワークアイテムの量に応じてスケールする必要がある際には、素晴らしいオートスケールソリューションになります。このパターンは、作業が未完了の時だけ実行され、アイドル中は一切リソースを消費しないという点で、ある程度は「7 章　Batch Job（バッチジョブ）」と似た特徴を持っています。どちらもワークアイテムの並列処理のためにスケールアップ可能でもあります。違いはと言えば、KEDA の ScaledObject は自動的にはスケールアップする一方、Kubernetes の Job では並列パラメータを手動で設定する必要があることです。KEDA では、外部ワークロードの有無を元にして、Kubernetes の Job を自動的に起動することもできます。ScaledJob カスタムリソースは、まさしくそのために作られたものであり、そのため、スケーラの起動しきい値を超えた際に

は、レプリカ数を 0 から 1 にスケールアップする代わりに、Job リソースを起動できるのです。なお、この Job の `parallelism` フィールドは固定されたままでも、Job リソースレベルではオートスケールが発生する（Job リソース自体がレプリカの役割を果たす）点に注意して下さい。

プッシュベースとプルベースの水平オートスケーラ

Kubernetes には主に、プッシュオートスケーラとプルオートスケーラの 2 つの水平オートスケーラがあります。

プッシュオートスケーラ（push autoscalers）は、オートスケーラにメトリクスを積極的にプッシュすることで、どのようにスケールするかの判断にこのメトリクスを使って処理を行います。この手法は、オートスケーラに密に統合されたシステムによってメトリクスが直接生成される場合によく使われます。例えば Knative において、**図 29-2** のように Activator が同時リクエスト数を Autoscaler にプッシュするような場合です。

プルオートスケーラ（pull autoscalers）は、アプリケーションまたは外部ソースからメトリクスを積極的に取得（pull）することで処理を行います。この手法は、メトリクスの送信元からオートスケーラに直接アクセスできないか、メトリクスが外部システムに保存されている場合によく使われます。例えば KEDA では、プルオートスケーラがキューのメッセージやイベントの数を元にデプロイをスケールさせます。KEDA がイベント数についてのメトリクスを取得するカスタム Kubernetes コントローラを使用し、それからそのメトリクスをスケールアップまたはスケールダウンするべきかどうかの判断に使用する様子を示したのが**図 29-3** です。

プッシュオートスケーラは、HTTP エンドポイントなどからデータを受け取るアプリケーションによく使われます。一方でプルオートスケーラは、メッセージキューから取得するなどワークロードを積極的に取得していくアプリケーションに向いています。

表 29-2 は HPA、Knative、KEDA のユニークな機能と違いをまとめた表です。

表 29-2 Kubernetes における水平オートスケーリング手法

	HPA	Knative	KEDA
スケールメトリクス	リソース使用量	HTTP リクエスト	メッセージキューのバックログなどの外部メトリクス
0 へのスケール	不可	可能	可能
種類	プル	プッシュ	プル
よくあるユースケース	安定したトラフィックの Web アプリケーション、バッチ処理	高速なスケールが必要なサーバレスアプリ、サーバレス関数	メッセージ駆動マイクロサービス

これで、HPA、Knative、KEDA という水平オートスケーリングのすべての方法について見て

29.2.3　垂直Podオートスケーリング

　水平スケーリングは、影響が小さいという点で、特にステートレスサービスにおいては垂直スケーリングよりも好まれます。しかし、ステートフルなサービスについてはこれは当てはまらず、垂直スケーリングが好まれるでしょう。垂直スケーリングが有益な他の場面としては、実際の負荷のパターンを元にサービスが必要とするリソースをチューニングしたい時が含まれます。時間経過で負荷が変化する時は、Podレプリカの数を正確に特定するのは難しいか、不可能ですらある理由についてはすでに議論してきました。垂直スケーリングにおいても、コンテナの正しい requests と limits を特定する際に同様の課題が存在します。Kubernetes Vertical Pod Autoscaler（VPA）は、本番環境のリソース使用量をフィードバックとして使い、リソースの調整と割り当てのプロセスを自動化することで、この問題を解決しようとするものです。

　「2章 Predictable Demand（予想可能な需要）」で、Pod内の各コンテナがCPUとメモリのrequestsを設定でき、その設定がPodがどこにスケジュールされるかに影響することを学びました。その意味で、Podのリソースの requests と limits はPodとスケジューラの間の契約であり、それによってPodに一定量のリソース割り当てが保証されたり、Podがスケジュールされないようになったりします。メモリの requests を低く設定しすぎると、ノードは非常に混み合い、メモリ不足のエラーやメモリ圧迫によるワークロードの強制停止に繋がる可能性があります。CPUの limits が小さすぎると、CPU枯渇やワークロードのパフォーマンス不足が発生する可能性があります。一方で、リソースの requests が高すぎると、不要なキャパシティを割り当ててしまい、リソースの無駄遣いに繋がります。リソースの requests はクラスタの使用率や水平スケールの効率性に影響を及ぼすので、できる限り正確に設定するべきです。ここでは、VPAがこの問題を解決するのにどのように役立つのかを見ていきましょう。

　VPAとメトリクスサーバがインストールされたクラスタでは、Podの垂直オートスケーリングを実際に動かしてみるため、**例29-8** のようにVPAを定義してみましょう。

例29-8　VPA

```
apiVersion: autoscaling.k8s.io/v1
kind: VerticalPodAutoscaler
metadata:
  name: random-generator-vpa
spec:
  targetRef:              ❶
    apiVersion: apps/v1
    kind: Deployment
    name: random-generator
  updatePolicy:
    updateMode: "Off"     ❷
```

❶ 管理すべき Pod を特定するセレクタを持っている上位リソースへの参照。
❷ VPA の設定の適用方法を決める更新ポリシー。

VPA の定義には、次の 2 つの部分があります。

ターゲットへの参照（target reference）
Deployment や StatefulSet のような Pod を制御する上位のリソースを指す、ターゲットへの参照です。扱うべき Pod を特定するため、VPA はこのリソースから Label セレクタを取得します。この参照がセレクタを含んでいないリソースを指している時には、VPA のステータスでエラーを報告します。

更新ポリシー（update policy）
更新ポリシーで、VPA の変更の適用方法を制御します。`Initial` モードを使うと、Pod の作成中にのみリソース要求を割り当てられ、それ以降には割り当てできません。デフォルトの `Auto` モードを使うと、Pod の作成時にリソースを割り当てられますが、それだけでなく Pod を削除したりスケジュールし直したりすることで、Pod が動いている間は Pod を更新できるようになります。`Off` モードを使うと、Pod への変更の自動適用は無効になりますが、リソース値の提案はできます。これは、実際に値を適用することなくコンテナの適切なサイズを見つけるための、一種のドライランの機能になっています。

VPA の定義には、推奨されたリソースを VPA がどのように計算するかに影響を及ぼすリソースポリシーも設定できます（例えば、コンテナごとに最低と最小リソース境界値を設定するなど）。
`.spec.updatePolicy.updateMode` にどの値が設定されているかによって、VPA は異なるシステムコンポーネントに影響します。Recommender、アドミッションプラグイン、Updater という VPA の 3 つのコンポーネントは、どれも疎結合で独立しており、それぞれ別の実装で置き換えられます。推奨値を生成できる能力を持ったモジュールが Recommender で、これは Google の Borg システムからの影響を受けています。Recommender の実装は、一定期間（デフォルトでは 8 日間）の負荷状態にあったコンテナの実際のリソース使用量を分析し、ヒストグラムを作成し、その期間での高いパーセンタイル値を選択します。このメトリクスに加え、リソースと、Pod の強制停止や `OutOfMemory` イベントなどメモリ関連の Pod イベントも考慮に入れます。

ここでの例では、`.spec.updatePolicy.updateMode` を `Off` にしていますが、それ以外にも選択可能な 2 つのオプションがあり、それぞれスケールされる Pod に対する影響度合いが違います。`updateMode` の各設定がどう異なる動きをするのか、影響が小さい方から大きい方へ並べて見てみましょう。

Off
VPA Recommender は Pod メトリクスとイベントを収集し、それから推奨値を提案します。VPA の推奨値は常に、VPA リソースの `status` セクションに保存されます。しかし、

Off モードの時はここまでです。分析と推奨値の提案は行いますが、Pod への適用はしません。このモードは変更を適用して影響を与えることなく、Pod リソースの消費量に関する情報を得る際に役に立ちます。適用するかどうかの判断は、必要に応じてユーザが行う必要があります。

Initial
　このモードでは、VPA はもう 1 歩先まで進みます。Recommender コンポーネントが行う処理に加え、新しく作成された Pod にのみ推奨値を適用する VPA アドミッションコントローラも始動させます。例えば何らかの理由で Pod に対して、手動によるスケールが行われたり、Deployment によって更新されたり、強制停止と再起動が行われたりした場合、Pod のリソース要求値は VPA アドミッションコントローラによって更新されます。
　このコントローラは、VPA リソースに紐付けられた新しい Pod の requests を上書きする **Mutating アドミッション Webhook** です。このモードでは実行中の Pod の再起動は行いませんが、新しく作成された Pod のリソース要求は変更するので、部分的な影響を及ぼします。これによって、Pod がどこにスケジュールされるかにも影響が及びます。リソース要求の推奨値を適用した後、Pod が当初の期待とは違うノードにスケジュールされてしまい、予想していない結果をもたらす可能性があるのです。最悪の場合、クラスタに十分なリソースがないと Pod はどのノードにもスケジュールされない場合もあります。

Recreate または Auto
　前述した推奨値の作成と新しく作成された Pod へのその値の適用に加え、このモードでは VPA は、Updater コンポーネントも始動します。Recreate 更新モードでは、VPA の推奨値を適用するためにデプロイされた全 Pod を強制停止して再起動します。一方 Auto 更新モードでは、将来の Kubernetes バージョンにおいて Pod を再起動することなくリソース制限のインプレースアップグレードをサポートできるようになる前提で存在しています。2023 年時点では、Auto は Recreate と同じ動作をするので、どちらの更新モードも影響が大きく、前述したような意図しないスケジューリングの問題を引き起こす可能性があります。

　Kubernetes は**図 29-4** に示したように、イミュータブルな Pod、つまり Pod の spec 定義がイミュータブルな Pod を管理するために設計されています。これによって水平スケーリングはシンプルになります。しかし、Pod の削除と再作成が必要になり、スケジューリングへの影響やサービス停止を発生させかねないという点で、垂直スケーリングには課題を残してしまいます。これは、Pod がスケールダウンし、すでに割り当てられたリソースを無停止で開放したい時にも当てはまります。
　VPA と HPA の併存も別の問題です。現在のところ VPA と HPA の各スケーラはお互いのことを関知していないので、予想外の振る舞いを引き起こす可能性があります。例えば、HPA が CPU やメモリと言ったリソースメトリクスを使用する一方で、VPA もそれらの値に影響を及ぼす場合、

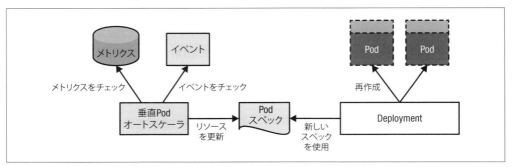

図29-4　垂直 Pod オートスケーリングの仕組み

水平スケーリングされる Pod が垂直スケーリングもされる、つまり二重にスケールされてしまう場合もあり得ます。

　ここではこれ以上の詳細には立ち入りません。この分野は今も進化を続けていますが、リソース消費の効率を劇的に改善する可能性を持った機能の 1 つなので、VPA には今後も注目していくべきでしょう。

29.2.4　クラスタオートスケーリング

　この本での各パターンは、運用上のタスクの 1 つとしてすでにセットアップされた Kubernetes クラスタを利用する開発者を対象として、Kubernetes の構成要素やリソースを使用しています。ここでのトピックはワークロードの弾力性とスケーリングなので、Kubernetes クラスタオートスケーラ（Cluster Autoscaler、CA）にも短く触れておきましょう。

　クラウドコンピューティングの考え方の 1 つが、リソース消費に対する従量課金です。クラウドサービスは、必要な時、必要なだけ使用できます。CA は Kubernetes が動いているクラウドプロバイダとやり取りをして、ピーク時間帯に追加ノードを要求したり、それ以外の時間帯にアイドルノードをシャットダウンしたりして、インフラコストを削減します。HPA と VPA は Pod レベルでのスケールを行い、クラスタ内のサービスキャパシティの弾力性を確保しますが、CA はクラスタキャパシティの弾力性を確保するものです。

> **Cluster API**
>
> 　メジャーなクラウドプロバイダはすべて、Kubernetes CA をサポートしています。しかしこれを実現するには、クラウドプロバイダがプラグインを作成し、それによってベンダロックインが発生すると共に CA サポートの一貫性が損なわれてしまいます。幸いなことに Cluster API Kubernetes プロジェクトが、クラスタの作成、設定、管理に関する API を提供しようとしています。AWS、IBM Cloud、Azure、Google Cloud、vShpere、OpenStack などメジャーなパブリックあるいはプライベートクラウドプロバイダのすべてがこの取り組みをサ

> ポートしています。これによって、オンプレミスな Kubernetes の仕組みにも CA が使えるようになります。Cluster API の仕組みの核心はバックグラウンドで動作するマシンコントローラにあり、Kubermatic マシンコントローラや Red Hat OpenShift の machine-api-operator などがすでに存在しています。Cluster API は将来的にあらゆるクラスタオートスケーリングのバックボーンになりうる存在なので、注目しておく価値があります。

　CA は有効にしておくべき Kubernetes のアドオンであり、ノードの最低数と最大数を設定しておきます[†6]。この仕組みは、ノードを必要に応じて割り当てたり退役させたりでき、Kubernetes CA をサポートしている AWS、IBM Cloud Kubernetes Service、Microsoft Azure、Google Cloud などのクラウドコンピューティングインフラで動作している時にのみ機能します。

　CA は主に、クラスタへの新ノードの追加とクラスタからのノードの削除という 2 つの処理を行います。それぞれがどのように動作するかを見てみましょう。

新ノードの追加（スケールアップ）

　負荷が変化する（昼間、週末、年末年始には高負荷で、それ以外は比較的低負荷など）アプリケーションの場合、これらの需要を満たすためにキャパシティを変化させる必要があります。ピークタイムをカバーする固定されたキャパシティをクラウドプロバイダから購入することもできますが、低負荷な時期もそのコストを払い続けると、クラウドコンピューティングの利点を損ねてしまいます。これこそが CA が本当に役に立つ時です。

　Pod が水平あるいは垂直にスケールする際は、手動であろうと HPA あるいは VPA によるものだろうと、レプリカは CPU とメモリの要求を満たす十分なキャパシティを持つノードに割り当てられる必要があります。Pod の要求をすべて満たせる十分なキャパシティを持つノードがクラスタ内に存在しないなら、Pod は **unschedulable**（スケジュール不可能）とマークされ、ノードが見つかるまで待ち状態になります。新しいノードを追加すると Pod の要求を満たすかどうかを確認するため、CA はこのような Pod を監視します。その答えがイエスなら、CA はクラスタのサイズを変更し、待ち状態の Pod の居場所を作ります。

　CA がクラスタを拡張するには、どのノードでも使えるわけではありません。クラスタが実行されている使用可能なノードグループから、ノードを選びます[†7]。CA は、あるノードグループ内の全マシンは同じキャパシティと同じ Label を持ち、そのマシンはローカルなマニフェストファイルか DaemonSet で指定された同じ Pod を実行しているという前提を置きます。この前提は、新しいノードがどのくらいの Pod 向け追加キャパシティをクラスタに追加してくれるかを CA が見積る際に必要になります。

[†6] 訳注：AWS によって開発が始められた Karpenter (https://karpenter.sh/) も、2023 年 12 月に Autoscaling SIG に加わりました (https://bit.ly/3L5Wilg)。オートスケールの方法としては Karpenter も選択肢の 1 つとして考えてもよいでしょう。

[†7] ノードグループとは、(NodeGroup というリソースがあるわけではないという意味で) Kubernetes に本来備わっている機能ではありませんが、CA や Cluster API が一定の特徴を備えたノード群を指す時に使用する抽象概念です。

待ち状態のPodの要求を複数のノードグループが満たす場合、**Expander**と呼ばれる別の戦略を使ってノードグループを選択するようCAを設定できます。Expanderは、コストが最低、リソースの無駄が最小、最多数のPodを受入可能、あるいはランダムに優先順位付けをすることで、追加ノードをノードグループに追加します。ノードの選択が成功したら最終的に、クラウドプロバイダによって数分以内に新しいマシンがセットアップされ、待ち状態のPodをホストできる新しいKubernetesノードとして、APIサーバに登録されます。

ノードの削除（スケールダウン）

サービスへの影響なしにPodやノードをスケールダウンするには、常により複雑かつたくさんのチェックが必要です。CAは、スケールアップの必要がなく、ノードが不要と認識された時にスケールダウンを実行します。次の条件を満たした時、ノードはスケールダウンできると認識されます。

- 半分以上のキャパシティが未使用。つまり、ノード上の全PodのCPUとメモリの要求量の合計が、ノードが割り当て可能なリソースキャパシティの50%以下の場合。
- ノード上の（マニフェストファイルで指定されてローカルで動作するPodでも、DaemonSetが作成したPodでもない）移動可能な全Podが、他のノードに配置可能な場合。これを示すため、CAはスケジューリングのシミュレーションを行い、削除されるはずの各Podの将来の場所を特定します。Podの最終的な配置場所はスケジューラによって決定され、シミュレーションと異なる場合もありますが、これによってPodに対して余分なキャパシティが確実にあるようにします。
- Annotationを使ってスケールダウンから除外されているノードであるなど、ノードの削除ができなくなるような理由がない場合。
- PodDisruptionBudgetが満たされなくなるPod、ローカルストレージを使用しているPod、強制停止を防止するAnnotation付きのPod、コントローラを使わずに作られたPod、システムPodなど、移動できないPodが存在しない場合。

別のノードで実行開始できないPodが削除されないよう、これらすべてのチェックが実行されます。この条件に一定時間（デフォルトは10分間）すべて当てはまる場合、ノードは削除可能と認識されます。スケジュール不可能とマークされてノードは削除され、すべてのPodは別のノードに移動されます。

クラスタノードをスケールアウトするためにCAがどのようにクラウドプロバイダとKubernetesとやり取りするのかの概要を示したのが、**図29-5**です。

すでに気づいているかもしれませんが、Podのスケールとノードのスケールは別々でありながら、補完的な動きでもあります。HPAやVPAは使用量のメトリクスやイベントを分析してPodをスケールさせます。クラスタキャパシティが不足していると、CAが始動し、キャパシティを増やします。バッチジョブ、繰り返しタスク、継続的インテグレーションテスト、あるいはその他の一時的なキャパシティの増加が必要なタスクによる、クラスタ負荷の不規則変化が発生した場合に

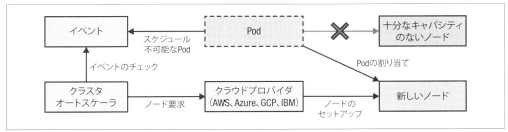

図29-5　クラスタのオートスケーリングの仕組み

も、CAは役に立ちます。CAがキャパシティを増やしたり減らしたりでき、クラウドインフラコストを大きく節約してくれます。

29.2.5　スケーリングレベル

　この章では、リソース要求の変化に合わせて、デプロイ済みのワークロードをスケールさせるさまざまな手法を見てきました。ここまでに挙げた手法のほとんどは人間の運用者も手動で実行できるものですが、それではクラウドネイティブなマインドセットに合っているとは言えません。大規模な分散システムの管理ができるようにするには、繰り返し操作の自動化が必須です。望ましいのは、スケールを自動化し、人間の運用者はKubernetesオペレータがまだ自動化できないタスクに集中できるようにすることです。

　ここで図29-6で、スケールの粒度が細かい方から荒い方に並べてすべてのスケーリング手法をおさらいしてみましょう。

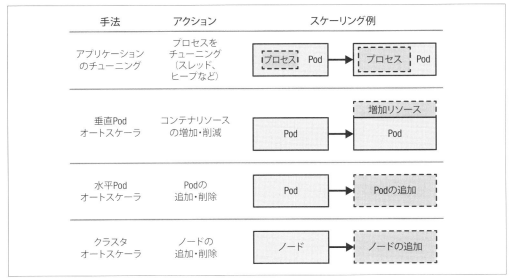

図29-6　アプリケーションのスケーリングレベル

29.2.5.1　アプリケーションのチューニング

最も粒度の細かいレベルには、Kubernetes に直接関係ある方法でないためこの章で取り上げていない、アプリケーションのチューニングの手法があります。しかし、割り当てられたリソースを最適に使用するために最初に行うのは、コンテナで実行されているアプリケーションのチューニングのはずです。これは、サービスがスケールするたびに行われるというわけではありませんが、本番環境に初めて投入される前に必ず実施すべきです。例えば Java のランタイムで言えば、コンテナに割り当てられる CPU を最大限共有利用するためのスレッドプールの最適なサイズ決めであり、ヒープ、ノンヒープ、スレッドスタックの各サイズのようなメモリ領域ごとのチューニングです。これらの値を調整するのは、コードの変更ではなく設定を変更して行うのが普通です。

コンテナネイティブなアプリケーションは、スタートスクリプトを使ってスレッド数の最適なデフォルト値を計算します。また、共有されているノード全体のキャパシティではなく、コンテナに割り当てられたリソースを元にして、メモリサイズも計算します。ここからさらに 1 歩踏み込んで、アプリケーションが自分自身のプロファイリングとそれに対する変化をすることで同時接続数の最大値を動的に計算できる、Netflix Adaptive Concurrency Limits ライブラリのようなライブラリを使うことも可能です。これは、手動でサービスをチューニングすることなくアプリケーション内でオートスケールをしてしまうようなものです。

アプリケーションのチューニングはコードの変更と同じようなリグレッションを起こす場合があり、ある程度のテストの後に適用される必要があります。例えば、アプリケーションのヒープサイズの変更は、`OutOfMemory` エラーでアプリケーションが停止されてしまう結果を招くことがあり、その場合水平スケーリングでは役に立ちません。また、コンテナに割り当てられたリソースをアプリケーションが正しく使用しないなら、Pod の水平スケーリング、垂直スケーリング、あるいはノードを増やしても効果は望めません。したがって、スケールを前提にしたこのレベルでチューニングは他のどのスケーリング手法にも影響があります。しかし、アプリケーションの最適な振る舞いのためには、アプリケーションのチューニングは最低 1 回は実施しておく必要があります。

29.2.5.2　垂直 Pod オートスケーリング

アプリケーションがコンテナリソースを効率よく使っているとすると、その次のステップはコンテナに正しいリソース要求と制限を設定することです。実際のリソース使用量を元に、VPA が最適値をどのように見つけ、適用するのかのプロセスは前にすでに見ました。ここでの大きな問題は、Kubernetes が Pod の強制停止と最初からの作り直しを必要とすることで、これによって短時間あるいは予想外のサービス停止が発生する可能性が残ってしまいます。リソースが足りていないコンテナにさらにリソースを割り当てると、その Pod はスケジュールできなくなったり、他のインスタンスの負荷をさらに上げてしまったりする可能性があります。コンテナのリソースを増やす際は、その増えたリソースを最適な形で使用するためにアプリケーションのチューニングが必要になる場合もあります。

29.2.5.3　水平Podオートスケーリング

　前の2つは、既存のPodをチューニングするが数は変更しないでパフォーマンスを改善させようとするという点で、どちらも垂直スケーリングの手法だと言えます。これからの2つは、Pod仕様には触れないがPodやノードの数を変更するという点で、どちらも水平スケーリングの手法です。この手法を使うと、リグレッションや停止を起こす可能性を下げ、より単純な自動化が可能になります。HPA、Knative、KEDAは水平スケーリングの最も人気のある形態です。HPAは当初、CPUとメモリのメトリクスのみのサポートを通じた最小限の機能を提供していました。しかし現在では、高度なスケーリングのユースケースのため、コストとより強い相関関係を持つメトリクスを元にしたスケールが可能なカスタムメトリクスや外部メトリクスも使用できます。

　アプリケーションの設定に対する最適値を特定するため前の2つの手法は実施済みで、かつコンテナのリソース消費量を決定済みなのであれば、HPAを有効にして、アプリケーションがリソースの必要量の変化に対応可能なようにできます。

29.2.5.4　クラスタオートスケーリング

　HPAやVPAで説明したスケーリング手法は、クラスタキャパシティの境界の中での弾力性を提供するものでした。つまり、Kubernetesクラスタ内でリソースを増やす余裕がある時のみ、これらの手法を使えたわけです。CAを使うと、クラスタキャパシティのレベルでの弾力性が得られます。CAは他のスケーリング手法に対する補完的なものですが、完全に分離された仕組みでもあります。追加キャパシティが必要な理由、未使用のキャパシティがある理由、ワークロードのプロファイルを変更したのが人間の運用者なのかオートスケーラなのかについて、CAは関知しません。CAは、要求されたキャパシティがそこにあるようクラスタを拡張するか、リソースを開放するためクラスタを小さくするだけです。

29.3　議論

　弾力性を得ることとさまざまなスケーリング手法を使うことは、Kubernetesにおいて活発に進化を続ける領域です。例えばVPAはまだ実験的機能です。また、サーバレスプログラミングモデルが人気を得ていることから、全Podを停止したところからすばやくスケールする仕組みの優先順位が上がっています。KnativeとKEDAは、それぞれ「29.2.2.2　Knative」と「29.2.2.3　KEDA」で説明したとおり、全Podの停止の仕組みの基礎を提供してまさにこの要求に応えようとするKubernetesのアドオンです。これらのプロジェクトは高速で進化しており、心躍るような新しいクラウドネイティブな構成要素を生み出しています。私たちもこの分野には注目しており、KnativeとKEDAにはみなさんも目を離さないでいることをおすすめします。

　Kubernetesは、分散システムにおける望ましい状態の仕様を作成し、保持する役割を担います。また、継続的な監視とセルフヒーリングを行い、現在の状態が望ましい状態と一致するようにすることで、その仕組みが信頼性高く、障害に対する回復力を持つようにすることもできます。今日

のアプリケーションにとっては、回復力と信頼性の高いシステムはそれで十分な存在である一方、Kubernetes はさらに 1 歩先を行っています。小さくても正しく設定された Kubernetes のシステムは、負荷が高くても壊れることはなく、逆に Pod やノードをスケールさせられます。そのため、外部要因で負荷がかかったとしても、システムは弱く壊れやすくなるのではなく、より大きく強くなるのであり、それが Kubernetes に脆弱性への耐性という能力を与えているのです。

29.4　追加情報

- Elastic Scale パターンのサンプルコード（https://oreil.ly/PTUws）
- Rightsize Your Pods with Vertical Pod Autoscaling（垂直 Pod オートスケーリングで Pod を最適化しよう、https://oreil.ly/x2DJI）
- Kubernetes Autoscaling 101（Kubernetes オートスケーリング入門、https://oreil.ly/_nRvf）
- 水平 Pod 自動スケーリング（https://oreil.ly/_hg2J）
- HPA のアルゴリズムの詳細（https://oreil.ly/n1C4o）
- Horizontal Pod Autoscaler ウォークスルー（https://oreil.ly/4BN1z）
- Knative（https://oreil.ly/8W7WM）
- Knative Autoscaling（https://oreil.ly/dt15f）
- Knative: Serving Your Serverless Services（Knative: サーバレスサービスを提供する、https://oreil.ly/-f2di）
- KEDA（https://keda.sh）
- Application Autoscaling Made Easy with Kubernetes Event-Driven Autoscaling (KEDA)（Kubernetes Event-Driven Autoscaling（KEDA）で簡単にできるアプリケーションのオートスケーリング、https://oreil.ly/0Q4g4）
- Kubernetes Metrics API and Clients（https://oreil.ly/lIDRK）
- 垂直 Pod 自動スケーリング（https://oreil.ly/GowW1）
- コンテナ リソースのリクエストと上限のスケール（https://oreil.ly/bhuVj）
- Vertical Pod Autoscaler Proposal（垂直 Pod オートスケーラの提案、https://oreil.ly/8LUZT）
- 垂直 Pod オートスケーラ GitHub リポジトリ（https://oreil.ly/Hk5Xc）
- Kubernetes VPA: Guide to Kubernetes Autoscaling（Kubernetes VPA: Kubernetes のオートスケールのガイド、https://oreil.ly/eKb8G）
- Cluster Autoscaler（https://oreil.ly/inobt）
- Performance Under Load: Adaptive Concurrency Limits at Netflix（負荷がかかっている状態でのパフォーマンス: Netflix における適応可能な同時接続数制限、https://oreil.ly/oq_FS）
- Cluster Autoscaler FAQ（https://oreil.ly/YmgkB）

- Cluster API（https://oreil.ly/pw4aC）
- Kubermatic Machine-Controller（https://oreil.ly/Ov.JrT）
- OpenShift Machine API Operator（https://oreil.ly/W2o6v）
- Adaptive Concurrency Limits Library（Java）（https://oreil.ly/RH7fI）
- Knative Tutorial（https://oreil.ly/f0TyP）

30章
Image Builder（イメージビルダ）

　Kubernetes は汎用的なオーケストレーションエンジンであり、アプリケーションを実行するだけでなく、コンテナイメージをビルドするのにも適しています。**Image Builder**（イメージビルダ）パターンでは、クラスタ内でコンテナイメージをビルドする意味は何なのか、今日においてKubernetes 内でイメージを作る手法にはどんなものがあるのかについて説明します。

30.1　問題

　ここまでに出てきたこの本でのパターンはどれも、Kubernetes 上でのアプリケーション運用に関するものでした。良きクラウドネイティブ市民であるために、アプリケーションをどのように開発し、どのように準備するかを学んできました。しかし、アプリケーション自体を**ビルドする**場合はどうでしょうか。昔ながらの方法としては、クラスタ外でコンテナイメージをビルドし、イメージをレジストリにプッシュし、Kubernetes の Deployment 記述からそれを参照するというものです。しかし、クラスタ内でビルドも行うことにはいくつかの利点があります。

　社内ポリシー上可能なのであれば、あらゆる物を載せるクラスタが1つあるというのが使い勝手がよいでしょう。1箇所でアプリケーションを構築して実行するのは、メンテナンスコストを明らかに下げてくれます。また、キャパシティプランニングが単純になり、プラットフォームのリソースオーバヘッドも減らせます。

　通常、Jenkins のような継続的インテグレーション（CI）システムは、イメージのビルドに使われます。CI システムを使ったビルドは、ビルドジョブに使う利用可能な計算資源を効率的に見つける必要がある点で、スケジューリングの問題として扱われます。Kubernetes の中心部分には非常に洗練されたスケジューラの仕組みがあり、このようなスケジューリングの問題に対しては完璧な組み合わせです。

　イメージの**ビルド**からコンテナの**実行**へと主眼を移して継続的デリバリ（CD）を行うようになると、クラスタ内でビルドも行う場合、ビルドと実行の両方のフェーズを同じインフラ上で行えるので、フェーズ間の移行が簡単になります。例えば、すべてのアプリケーションが使用しているベースイメージに新しいセキュリティ脆弱性が見つかったとしましょう。あなたのチームがこの問題を修正し次第、このベースイメージに依存しているすべてのアプリケーションイメージを

ビルドし直し、新しいイメージでアプリケーションを更新しなければなりません。**Image Builder**パターンを実装していれば、イメージのビルドとそのデプロイの両方をクラスタはもう知っているので、ベースイメージが変更されたらデプロイを自動的に再実行すればよいのです。「30.2.4 OpenShift Build」では、このような自動化の OpenShift での実装を見ていきます。

プラットフォーム上でイメージをビルドする利点を知ったところで、Kubernetes クラスタ上でイメージを作成する手法にはどんなものがあるのかを見ていきましょう。

30.2　解決策

2023 年時点で、クラスタ上でのコンテナイメージビルド手法は 1 つの動物園を構成するかのように多数存在しています。どれもイメージのビルドという同じゴールを目指していますが、各ツールには工夫があり、それぞれがユニークで、特定の状況に向いた手法になっています。

Kubernetes クラスタ内でコンテナイメージをビルドする、2023 年時点での最重要イメージビルド手法を図にしたのが**図30-1** です。

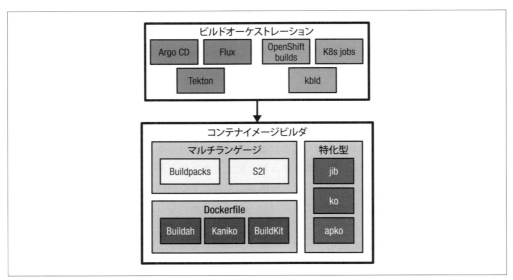

図30-1　Kubernetes 内でのコンテナイメージビルド手法

この章では、これらの多くについて短く概要を説明します。「30.4　追加情報」のリンクをたどれば、より詳しい情報を見つけられます。ここで説明する多くのツールは成熟しており、本番プロジェクトでも使われていますが、あなたがこの本を読む時点で全プロジェクトが存在しているかは保証できません。これらのツールを使い始める前に、プロジェクトがまだ活動しておりサポートが受けられるかを確認しましょう。

これらのツールは機能が一部重複していたり、それぞれが依存し合ったりしているため、カテゴ

リ分けするのは簡単ではありません。各ツールにはそれぞれのフォーカスがありますが、次の2つの大まかなカテゴリに分けられます。

コンテナイメージビルダ
　　これらのツールは、クラスタ内でコンテナイメージを作ります。ツールごとに重複がありつつ違っていますが、どれも特権アクセスがなくても動きます。また、クラスタ外でCLIプログラムとしてもこれらのツールを動かせます。これらのビルダの唯一の目的は、コンテナイメージを作ることであり、アプリケーションの再デプロイは行いません。

ビルドオーケストレーション
　　これらのツールは抽象化概念に対して操作を行い、その最後にイメージ作成のためにコンテナイメージビルダを呼び出します。イメージがビルドされた後にデプロイの設定を書き換えるといったビルドに関連したタスクもサポートしています。前述したCI/CDシステムは、オーケストレータのよくある例と言えます。

30.2.1　コンテナイメージビルダ

クラスタ内でイメージをビルドする際の不可欠な要件に、ノードホストに対する特権アクセスなしにイメージが作成できることが挙げられます。この要件を満たすさまざまなツールが存在しており、コンテナイメージの指定方法やビルド方法を元に大まかに分類できます。

ルートレスビルド

　Kubernetes内でビルドを行う際、クラスタはビルドプロセスに対して完全な制御権を持つことになります。そのため、考え得る脆弱性から守るためにクラスタには高いセキュリティ標準が必要です。ビルド中のセキュリティを高める方法の1つが、**ルートレスビルド**として知られる手法である、ルート権限なしでビルドを行うことです。Kubernetes上でルートレスビルドを実現する方法はたくさんあり、これらを使えば高い権限なしにビルドができるようになります。

　Dockerは、その比類ないユーザエクスペリエンスによってコンテナ技術を一般の人々に届けることに成功しました。Dockerは、バックグラウンドで実行されREST APIを通じてクライアントからの命令を受け取るデーモンによる、クライアント・サーバアーキテクチャをベースにしています。このデーモンは、主にネットワークとボリュームの管理上の理由からルート権限を必要とします。残念ながらこれは、信頼されていないプロセスがコンテナを抜け出し、攻撃者がホスト全体の制御権を奪う可能性がある点で、セキュリティリスクを強制することになっています。イメージのビルドはコンテナ内でDockerデーモンが任意のコマンドを実行することで実行されるので、このようなセキュリティ上の懸念は、コンテナを実行する時だけでなく、コンテナイメージをビルドする時にも当てはまります。

> この章で紹介するほとんどのクラスタ上でのビルド手法は、攻撃対象領域を減らすために特権モードなしでコンテナイメージをビルドできるようになっており、Kubernetes クラスタで許可されたもの以外を実行しないようにする（ロックダウンする）という点で非常に役に立ちます。

30.2.1.1　Dockerfile ベースのビルダ

これ以降のビルダは、ビルド手順の定義によく知られている Dockerfile のフォーマットを使うものです。どれも Dockerfile のレベルでは互換性があり、バックグラウンドデーモンとやり取りしないか、特権モードでない状態で動作するビルドプロセスと REST API 経由でリモートでやり取りするものです。

Buildah と Podman
 Buildah とその姉妹プロダクトである Podman は、Docker デーモンなしで OCI 互換イメージを作る強力なツールです。イメージレジストリにプッシュする前に、コンテナ内でイメージをローカルに作成します。Buildah はコンテナイメージの作成に焦点を当てており、Podman は Buildah API をラップすることでコンテナイメージを作れるようになっていますが、Buildah と Podman は機能的には重複している部分が多いです。違いについては、Buildah の README（https://oreil.ly/kSgHk）に明確に書かれています。

Kaniko
 Kaniko は、Google Cloud Build サービスのバックボーンの 1 つであり、Kubernetes 上でビルドコンテナとして動かすことを意図しています。ビルドコンテナ内では Kaniko は UID 0 で動作しますが、コンテナ自体を保持する Pod は特権モードではありません。この要件によって、OpenShift のようなコンテナ内でルートユーザでの実行を許可しないクラスタで Kaniko を使うことはできません。「30.2.3　ビルド Pod」で、Kaniko の実際の動作を見る予定です。

BuildKit
 Docker が、ビルドエンジンを BuildKit という別プロジェクトとして切り出し、Docker とは独立して使えるようにしたものです。BuildKit デーモンがバックグラウンドで動作してビルドジョブを待ち受けるというクライアント・サーバアーキテクチャを Docker から受け継いでいます。通常このデーモンは、ビルドを指導するコンテナ内で直接実行されますが、分散ルートレスビルドができるように Kubernetes クラスタ上で動かすことも可能です。BuildKit は、複数のフロントエンドからサポートされている LLB（low-level build）定義フォーマットを導入しています。LLB を使うことで複雑なビルドグラフを定義でき、任意の複雑なビルド定義が使用できます。BuildKit は、元の Dockerfile の仕様を超える機能も

サポートしています。Dockerfile に加え、LLB を通じてコンテナイメージの内容を定義するための他のフロントエンドも使用できます。

30.2.1.2　マルチランゲージビルダ

多くの開発者は、アプリケーションがコンテナイメージとしてパッケージされることにだけ注目し、どのような仕組みでそうなるのかにはあまり関心がありません。そのような時のために、多くのプログラミングプラットフォームをサポートするマルチランゲージビルダがあります。このツールは、Spring Boot アプリケーションや Python の汎用的なビルドなどの既存のプロジェクトを検知し、それに対応した各ツール独自のイメージビルドフローを選んでくれます。

buildpacks は、2012 年から存在しており、最初は Heroku が彼らのプラットフォームに開発者のコードを直接プッシュできるようにするために作ったものです。Cloud Foundry がその考え方を採用して buildpacks のフォークを作成し、それから PaaS（Platform as a Service）の代表的なツールであるとみなされるようになった有名な `cf push` が生まれました。2018 年には buildpacks の各種フォークが CNCF の元で統合し、**CNB（Cloud Native Buildpacks）**として知られるようになりました。各プログラミング言語向けの buildpacks に加え、CNB は、ソースコードから実行可能なコンテナイメージへ変えるためのライフサイクルも提示しています。

そのライフサイクルとは、大まかに次の 3 つのフェーズに分かれています[†1]。

- **detect** フェーズでは、CNB は設定された buildpacks のリストを一巡します。各 buildpacks は、対象のソースコードがそれに合っているかを判断します。例えば Java ベースの buildpacks は、Maven の pom.xml を検出したら名乗りを上げるといったようにです。
- detect フェーズをとおり抜けたすべての buildpacks は、最終的な出力であるコンパイル済みの生成物を作る部分である **build** フェーズに入ります。例えば、Node.js アプリケーション向け buildpacks は、必要な依存関係をすべて取得するために `npm install` を呼び出します。
- CNB ライフサイクルの最後のステップは、レジストリにプッシュされる最終的な OCI イメージに対する **export** フェーズです。

CNB は 2 つのペルソナを対象にしています。1 つめの対象が、Kubernetes あるいは他のコンテナベースのプラットフォームにコードをデプロイしたい**開発者**です。もう 1 つが、それぞれの buildpacks を作り、それを **builder** と呼ばれるかたちにグループ化する **buildpacks 作者**（buildpack authors）です。利用者は、構成済みの buildpacks や builder を選択することもできますし、独自のものを作って使うことも可能です。開発者は、自分のソースコードで CNB ライフサイクルを実行する時に、これらの buildpacks を参照するかたちで利用します。このライフサイクルを実行するにはいくつかのツールが存在しており、Cloud Native Buildpacks のサイト

[†1]　CNB はもっと多くのフェーズをサポートしています。ライフサイクル全体は buildpacks のサイト（https://bit.ly/3XPbcnE）で説明されています。

（https://bit.ly/4eAjh5z）で完全なリストを参照できます。

　Kubernetes クラスタ内で CNB を使うには、次のタスクが便利です。

- `pack` は、CNB ライフサイクルをローカルで設定して実行するための CLI コマンドです。Docker や Podman などの OCI コンテナランタイムエンジンにアクセスできる必要があり、使用する buildpacks のリストがある Builder イメージを実行します。
- 設定された Builder イメージから直接ライフサイクルを呼び出す、Tekton のビルドタスクや GitHub Actions のような CI ステップ。
- `kpack` は、Kubernetes クラスタ内で buildpacks を設定したり実行したりできるようにするオペレータを含んでいます。Builder や buildpacks といった CNB の主要な考え方はどれも、CustomResourceDefinition として作られています。kpack はまだ CNB プロジェクト自体の一部にはなっていませんが、2023 年時点では間もなく吸収されようとしています[†2]。

　多くのプラットフォームやプロジェクトが、CNB をビルドプラットフォームとして採用しています。例えば Knative Foundation は、Function のコードを Knative サービスとしてデプロイする前にコンテナイメージに変換するために、CNB を内部的に使用しています。

　OpenShift Source-to-Image（S2I） は、ビルダイメージを使った別の独自路線のビルド手法です。S2I を使うと、アプリケーションのソースコードから実行可能なコンテナイメージにひとっ飛びできます。S2I については「30.2.4　OpenShift Build」で詳細に見ていきます。

30.2.1.3　特化型ビルダ

　特定の状況に対応した方法として、イメージを作成する独自の方法を持った特化型ビルダがあります。この種のツールのスコープは狭いですが、そのクセの強い方法ゆえに、柔軟性を高め、ビルド時間を短縮してくれる、高度に最適化されたビルドフローが実現できます。これらのビルダプラットフォームは、どれもルートレスビルドを行います。また、どれも Dockerfile の **RUN** 命令のような任意のコマンドを実行せずにコンテナイメージを作成します。アプリケーションの生成物でローカルにイメージのレイヤを作成し、それをコンテナイメージレジストリに直接プッシュします。

Jib
　　Jib はピュア Java のライブラリであり、Maven や Gradle といった Java のビルドツールをうまく統合するビルドエクステンションです。イメージのリビルド時間を最適化するため、Java のビルド生成物、依存関係、その他の静的リソースから、直接それぞれのイメージレイヤを作成します。他のビルダと同じように、出力されたイメージはコンテナイメージレジストリに直接プッシュします。

[†2] 訳注：kpack は 2023 年 7 月に正式に CNB の一部として取り込まれました（https://bit.ly/4brej8G）。

ko
> Go 言語のソースからイメージを作成するには、ko は素晴らしいツールです。リモートの Git リポジトリから直接イメージを作成し、ビルドとレジストリへのプッシュが終わったら、そのイメージを指す Pod スペックを更新します。

Apko
> Apko は、Dockerfile スクリプトではなく Alpine の Apk パッケージを構成要素として使うユニークなビルダです。この戦略を採用したことによって、似たようなイメージを複数作成する際に、簡単に構成要素を再利用できます。

このリストは、たくさんある特化型ビルド手法の一部を選んだに過ぎません。どれも何をビルドできるのかに関してのスコープは非常に狭くなっています。このような独自の手法の利点は、操作を行うドメインに関する詳細な情報があり、そこに対する強い仮定ができるため、ビルド時間とイメージサイズを最適化できることです。

ここまででコンテナイメージをビルドする方法のいくつかを見たので、抽象化のレベルを 1 つ上げて、実際のビルドをより広い文脈に当てはめる方法を見ていきましょう。

30.2.2　ビルドオーケストレータ

ビルドオーケストレータは、Tekton、Argo CD、Flux のような CI および CD のプラットフォームです。これらのプラットフォームは、ビルド、テスト、リリース、デプロイ、セキュリティスキャン、その他多くの自動化管理ライフサイクル全体をカバーします。これらのプラットフォームをまとめて取り上げた素晴らしい本がすでにあるので、ここでは詳細には立ち入りません。

汎用 CI/CD プラットフォームに加えて、コンテナイメージの作成にはより特化されたオーケストレータも使用できます。

OpenShift Build
> Kubernetes クラスタにおいてイメージをビルドする、最も歴史があり成熟した方法の 1 つが **OpenShift Build** サブシステムです。これを使用することでイメージを複数の方法でビルドできます。OpenShift 流のイメージのビルドについては、「30.2.4　OpenShift Build」で詳しく見ることにします。

kbld
> kbld は、Kubernetes 上でビルド、設定、デプロイを行うツールセットである Carvel の一部です。kbld は「30.2.1　コンテナイメージビルダ」で説明したビルダ技術のうちの 1 つを使ってコンテナをビルドし、ビルドしたそのイメージへの参照をリソースの記述に入れる役割を担っています。YAML ファイルを更新する手法は、ko の手法と非常によく似ています。すなわち、`image` フィールドを探し、ビルドしたイメージに対応する値を設定します。

Kubernetes Job

標準の Kubernetes Job を使っても、「30.2.1 コンテナイメージビルダ」のどれかのイメージビルダでビルドを開始できます。Job の詳細は「7 章 Batch Job（バッチジョブ）」で説明しました。この場合の Job は、実行部分を定義するのにビルド Pod のスペックをラップするかたちになります。ビルド Pod はリモートソースリポジトリからソースコードを取り出し、適切なイメージを作るためにクラスタ内で動くビルダのどれかを使用します。このような Pod の実際の動作は「30.2.3 ビルド Pod」で見ていきます。

Knative Build はどうなってしまったのか

　この本の初版（2019 年）では、クラスタ内でコンテナイメージを作る 1 つの可能性が Knative Build であると記述しました。時が経ち、コミュニティにとってプロジェクトを束ねる仕組みとして Knative は小さすぎることが分かり、Knative Build は Knative から分離され、コンテナイメージをビルドするだけでなく更に広いスコープを持った Tekton という新しいプロジェクトになりました。Tekton は、Kubernetes に完全に統合され、CI パイプラインの記述の基礎部分として 28 章で説明した CustomResourceDefinition を使用する、フル装備の CI ソリューションです。

　Knative Build は歴史の一部となってしまいましたが、それは、オープンソースコミュニティの進化の仕方と、予想もしない方法で変化していくことに関する素晴らしい学びでもありました。これと同じことが人気のある他のプロジェクトでも起きるかもしれないことを心に留めておきましょう。

30.2.3　ビルド Pod

　典型的なクラスタ内ビルドの基本的仕組みを構築するため、小さく始めて、完全なビルドとデプロイのサイクルを実行する Kubernetes の Pod を作ってみましょう。このビルドステップを図にしたのが**図30-2** です。

　次のタスクが、どのビルドオーケストラにも典型的なもので、コンテナイメージの作成に関するすべての観点を網羅しています。

- 指定されたリモート Git リポジトリからソースコードをチェックアウト。
- コンパイル言語では、コンテナ内でローカルビルドを実施。
- 「30.2.1 コンテナイメージビルダ」で説明した手法の 1 つを使ってコンテナをビルド。
- イメージをリモートイメージレジストリにプッシュ。
- オプションとして、Deployment を新しいイメージへの参照で更新。それによって「3 章 Declarative Deployment（宣言的デプロイ）」で説明した戦略に従ってアプリケーションの

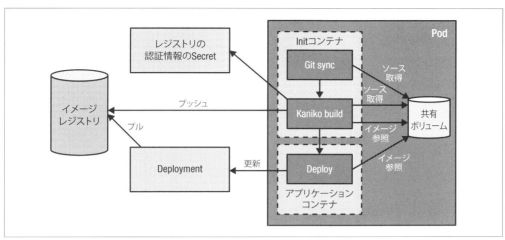

図30-2　ビルドPodを使ったクラスタ内コンテナイメージビルド

再デプロイを始動。

　この例でのビルドPodは、ビルドステップが1つずつ実行されるよう、「15章　Init Container（Initコンテナ）」で説明したInitコンテナを使用しています。現場においてこれらのタスクを直列に指定して実行するには、TektonのようなCIシステムを使うことになるでしょう。

　例30-1は、完全なビルドPodの定義を示したものです。

例30-1　Kanikoを使ったビルドPod

```
apiVersion: v1
kind: Pod
metadata:
  name: build
spec:
  initContainers:
  - name: git-sync            ❶
    image: registry.k8s.io/git-sync/git-sync
    args: [
      "--one-time",
      "--depth", "1",
      "--root", "/workspace",
      "--repo", "https://github.com/k8spatterns/random-generator.git",
      "--dest", "main",
      "--branch", "main"]
    volumeMounts:              ❷
    - name: source
      mountPath: /workspace
  - name: build                ❸
    image: gcr.io/kaniko-project/executor
    args:
```

```yaml
      - "--context=dir:///workspace/main/"
      - "--destination=index.docker.io/k8spatterns/random-generator-kaniko"
      - "--image-name-with-digest-file=/workspace/image-name"
    securityContext:
      privileged: false          ❹
    volumeMounts:
    - name: kaniko-secret        ❺
      mountPath: /kaniko/.docker
    - name: source               ❻
      mountPath: /workspace
  containers:
  - name: image-update           ❼
    image: k8spatterns/image-updater
    args:
    - "/opt/image-name"
    - "random"
    volumeMounts:
    - name: source
      mountPath: /opt
  volumes:
  - name: kaniko-secret          ❽
    secret:
      secretName: registry-creds
      items:
      - key: .dockerconfigjson
        path: config.json
  - name: source                 ❾
    emptyDir: {}
  serviceAccountName: build-pod  ❿
  restartPolicy: Never           ⓫
```

❶ リモート Git リポジトリからソースコードを取得する Init コンテナ。

❷ ソースコードを保存するボリューム。

❸ ビルドコンテナとして Kaniko を使用、共有ワークスペース（`/workspace`）内に作成したイメージを保存。

❹ ビルドは非特権モードで実行。

❺ Kaniko から使用できるよう一般的なパスにマウントされた、Docker Hub レジストリにプッシュする際のシークレット。

❻ ソースコード取得のため、共有ワークスペースをマウント。

❼ Kaniko のビルドからのイメージ参照を使って、`random` という Deployment を更新するコンテナ。

❽ Docker Hub 認証情報が保存された Secret ボリューム。

❾ ノードのローカルファイルシステム上の emptyDir の共有ボリュームの定義。

❿ Deployment リソースを更新可能な ServiceAccount。

⓫ この Pod は再起動しない。

この例はなかなか複雑なので、3つの部分に分けて説明しましょう。

まず、コンテナイメージをビルドする前に、アプリケーションのコードを取得する必要があります。多くの場合ソースコードはリモートの Git リポジトリから取得しますが、他の方法も存在しています。開発用途であればローカルマシンからソースコードを取得することで、リモートソースリポジトリにアクセスする必要も、コミットを発生させてコミットヒストリをぐちゃぐちゃにしてしまうこともありません。しかしビルドはクラスタ内で行われるので、そのソースコードはビルドコンテナ内のどこかにアップロードされる必要があります。それ以外にも、ソースコードをコンテナイメージにパッケージし、それをコンテナイメージレジストリ経由で配布する方法もあります。

例30-1 では、Init コンテナを使用してソース Git リポジトリからソースコードを取得し、それを emptyDir タイプの共有 Pod ボリューム source に保存することで、ビルドプロセスコンテナが後からそれを取得できるようにしています。

2番目のステップとして、アプリケーションコードを取得したら、実際のビルドが行われます。ここでの例では、通常の Dockerfile を利用し、すべて非特権モードで実行できる Kaniko (https://oreil.ly/SQeYa) を使用しています。ソースコードが完全に取得されてからビルドが開始されるよう、ここでも Init コンテナを使っています。コンテナイメージはローカルのディスク上で作成され、作成されたイメージはリモート Docker レジストリに送られるよう Kaniko を設定しています。

レジストリにプッシュするための認証情報は、Kubernetes Secret から取得します。Secret の詳細については「20 章 Configuration Resource（設定リソース）」で説明しました。

幸い、Docker レジストリへ認証を行う場合は、その認証情報を入れた Secret をよく知られているフォーマットで作成する仕組みを kubectl が直接サポートしています。

```
kubectl create secret docker-registry registry-creds \
    --docker-username=k8spatterns \
    --docker-password=********* \
    --docker-server=https://index.docker.io/
```

例30-1 では、この Secret はビルドコンテナの指定したパスにマウントされ、作成済みのイメージを Kaniko がプッシュする際に取得できるようにしています。「25 章 Secure Configuration（セキュア設定）」では、Secret が偽造されないようセキュアに保存する方法を説明しました。

最後のステップが、既存の Deployment を新しいイメージで更新することです。このタスクは、Pod の実際のアプリケーションコンテナ内で実行されます[†3]。参照されるイメージはサンプルコードリポジトリにあるもので、そこには新しいイメージ名で Deployment を更新する、kubectl のバイナリが含まれているだけです。その内部は**例30-2**のようになっています。

[†3] 何もしないアプリケーションコンテナを起動して Init コンテナとして使用することも可能ですが、いずれにしてもすべての Init コンテナの実行が完了した後にアプリケーションコンテナが起動するので、どのコンテナでこれを実行するかはあまり大きな問題ではありません。どの場合でも、指定された 3 つのコンテナは順番に実行されます。

例 30-2　Deployment 内のイメージのフィールドを更新

```
IMAGE=$(cat $1)                    ❶
PATCH=<<EOT                        ❷
[{
  "op":    "replace",
  "path":  "/spec/template/spec/containers/0/image",
  "value": "$IMAGE"
}]
EOT
kubectl patch deployment $2 \      ❸
    --type="json" \
    --patch=$PATCH
```

❶ 前のビルドステップで/opt/image-name に保存されたイメージ名を取得。

❷ Pod のスペックを新しいイメージへの参照で更新するための JSON パス。

❸ 2 つめの引数として指定された（前の例では random）Deployment を更新し、変更の展開を開始。

　ServiceAccount build-pod が Pod に割り当てられているので、Pod はこの Deployment に対して書き込みが可能です。ServiceAccount に対する権限の割り当てについては、「26 章　Access Control（アクセス制御）」で説明しました。Deployment が新しいイメージへの参照で更新されたら、「3 章　Declarative Deployment（宣言的デプロイ）」で説明したように変更が展開されます。

　サンプルコードのリポジトリ（https://oreil.ly/jVF6h）に、完全に動作するコードがあります。ビルド Pod は、クラスタ内でのビルドと再デプロイを統合する最も単純な方法です。前述したように、ここで使った方法は仕組みを知るためだけのものです。

　現場では、Tekton のような CI/CD ソリューションを使うか、この後取り上げる OpenShift Build のような包括的なビルドオーケストレーションプラットフォームを使うべきです。

30.2.4　OpenShift Build

　Red Hat OpenShift は、Kubernetes のエンタープライズディストリビューションです。Kubernetes がサポートしていることをすべてサポートしているのに加え、統合されたコンテナイメージレジストリ、シングルサインオンのサポート、新しいユーザインタフェースなど、いくつかのエンタープライズ向け機能が追加されています。また、Kubernetes にネイティブなイメージビルド機能も追加されています。OKD（https://www.okd.io/）は、OpenShift の機能をすべて含んだアップストリームのオープンソースコミュニティ版です。

　OpenShift Build は、Kubernetes が管理して直接イメージをビルドするクラスタに統合された方法として最初の選択肢になります。イメージのビルドに関して複数の戦略をサポートしています。

Source-to-Image（S2I）

アプリケーションのソースコードを受け取って、言語固有の S2I ビルダイメージの助けを受けながら、実行可能な生成物を作成します。その後、イメージをイメージレジストリにプッシュします。

Docker ビルド

Dockerfile とコンテキスト情報のディレクトリを使い、Docker デーモンと同じようにイメージを作成します。

Pipeline ビルド

ユーザが Jenkins のパイプラインを設定できるようにすることで、内部的な Jenkins のビルドジョブを対応付けます[†4]。

カスタムビルド

イメージの作成方法を完全に制御できます。カスタムビルドでは、イメージの作成をビルドコンテナ内で自分で行い、イメージをレジストリにプッシュする必要があります。

ビルドを行う際は、入力ソースとして複数の選択肢があります。

Git

どこからソースを取得するかを示したリモート URL でリポジトリを指定します。

Dockerfile

ビルド設定リソースの一部として直接 Dockerfile を保存します。

イメージ

現在のビルドで展開すべき、別のコンテナイメージです。このソースタイプを使うと**例30-4**で出て来る**チェーンビルド**が可能になります。

Secret

ビルドで使用する機密情報を提供するリソースです。

バイナリ

すべての入力を外部から提供するソースです。これは、ビルド開始時に提供されている必要があります。

どの入力ソースを使用するべきかの選択は、ビルド戦略に依存します。**バイナリ**と **Git** は、相互排他的な入力元タイプです。それ以外のソースは併用あるいは単体で使用します。動作の仕組みに

[†4] 訳注：Pipeline ビルド戦略は、2024 年現在では Tekton をベースにした OpenShift Pipelines（https://red.ht/45Vys5C）で置き換えられています。

については**例30-3**で後ほど見ていきます。

すべてのビルド情報は、BuildConfigと呼ばれるリソースオブジェクトで、集中的に定義されます。このリソースは、クラスタに直接適用するか、OpenShiftにおける`kubectl`に当たるCLIツールである`oc`を使うかして作成できます。`oc`は、ビルドの定義や実行に関するビルド特有のコマンドをサポートしています。

BuildConfigについて見ていく前に、OpenShift特有の2つのコンセプトについて理解しておく必要があります。

1つめのコンセプトであるImageStreamは、1つ以上のコンテナイメージを参照するOpenShiftのリソースです。それぞれ違ったタグが付けられた複数のイメージを含むという点でDockerリポジトリとも少し似ています。OpenShiftは、タグが付けられた実際のイメージをImageStreamTagリソースにマッピングすることで、ImageStream（リポジトリ）がImageStreamTag（の先のタグ付けされたイメージ）への参照のリストを持つようにします。ここでこのような抽象化概念をもう1つ追加する理由は何でしょうか。それは、ImageStreamTagに対応するレジストリでイメージが更新された際に、OpenShiftがイベントを送れるようにするためです。イメージは、ビルド中に作成されたり、イメージがOpenShiftの内部レジストリにプッシュされた際に作成されます。この時、ビルドやデプロイのコントローラがこのイベントを待ち受けて、ビルドやデプロイを開始できるようになるわけです。

> ImageStreamをDeploymentに関連付けるため、OpenShiftはKubernetesのDeploymentリソースではなく、コンテナイメージへの参照だけを直接入れられるDeploymentConfigリソースを使います。しかし、OpenShift特有のAnnotationを追加することで、OpenShift上で素のDeploymentリソースをImageStreamと組み合わせて使用することも可能です（https://oreil.ly/Tu9GA）。

2つめのコンセプトが、イベントに対するリスナの一種である**トリガ**です。トリガの1つが、ImageStreamTagの変更によって発行されるイベントに対して反応する、`imageChange`です。このトリガが取り得る反応としては、別のイメージの再ビルドを実行したり、そのイメージを使ってPodの再デプロイを実行するなどの例があります。トリガ自体の詳細や、`imageChange`以外に使用できるトリガの種類については、OpenShiftのドキュメント（https://oreil.ly/J4qTQ）を参照して下さい。

30.2.4.1　Source-to-Image（S2I）ビルド

S2Iビルダイメージとは何かについて簡単に見ていきましょう。ここでは深く詳細には立ち入りませんが、S2Iビルダイメージは、S2Iスクリプト群を含む標準的なコンテナイメージです。Cloud Native buildpacksによく似ていますが、次の2つの必須コマンドが利用可能な、よりシンプルなライフサイクルになっています。

assemble
> ビルドが開始する時に呼び出されるスクリプト。設定された入力のうちの1つから提供されるソース情報を受け取り、必要があればコンパイルし、その成果物を然るべき場所にコピーします。

run
> このイメージのエントリポイントとして使用されます。OpenShift は、イメージをデプロイする際にこのスクリプトを呼び出します。生成された成果物を使って、アプリケーションサービスを提供します。

また、使用方法のメッセージを出力したり、生成された成果物をいわゆる**増分ビルド**のために保存しておき、後に続くビルドの実行時に assemble スクリプトで使用できるようにしたり、コードのチェックを行ったりするスクリプトを書くことも可能です。

図30-3 で、S2I ビルドの詳細を見てみましょう。S2I ビルドには、ビルダイメージとソース入力の2つの要素があります。トリガとなるイベントを受け取るか、手動で開始するかのどちらかの方法でビルドが開始された時点で、どちらも S2I ビルドシステムから一緒に提供されます。ビルドイメージがソースコードをコンパイルして終了した場合、その成果物はイメージにコミットされ、設定された ImageStreamTag にプッシュされます。イメージにはコンパイルされて準備完了状態の成果物が含まれており、イメージの run スクリプトがエントリポイントとして設定されます。

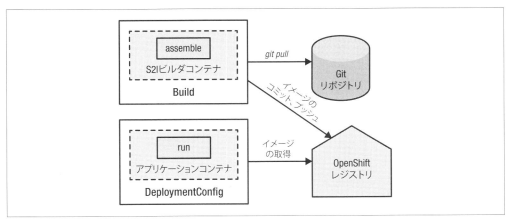

図30-3 Git ソースを入力とした S2I ビルド

例30-3 は、Java の S2I イメージを使った単純な Java S2I ビルドの例です。このビルドはソースとビルダイメージを受け取り、ImageStreamTag にプッシュする出力イメージを生成します。手動で `oc start-build` から開始するか、ビルドイメージに変更が加えられた時に自動で開始します。

例30-3　Java ビルダイメージを使った S2I ビルド

```
apiVersion: build.openshift.io/v1
kind: BuildConfig
metadata:
  name: random-generator-build
spec:
  source:            ❶
    git:
      uri: https://github.com/k8spatterns/random-generator
  strategy:          ❷
    sourceStrategy:
      from:
        kind: DockerImage
        name: fabric8/s2i-java
  output:            ❸
    to:
      kind: ImageStreamTag
      name: random-generator-build:latest
  triggers:          ❹
  - type: GitHub
    github:
      secretReference: my-secret
```

❶ 取得すべきソースコードへの参照。この場合、GitHub から取得。

❷ `sourceStrategy` を S2I モードに切り替え、ビルダイメージを直接 Docker Hub から取得。

❸ 生成されたイメージで更新する ImageStreamTag。`assemble` スクリプトが実行した後にコミットされるビルダコンテナ。

❹ リポジトリのソースコードが変更されたら自動的に再ビルド。

S2I は、アプリケーションイメージを作る堅牢な仕組みであり、素の Docker ビルドと比べると、ビルドのプロセスが信頼されたビルダイメージの完全な制御下で行われる点でよりセキュアでもあります。しかし、この方法にもいくつかの欠点があります。

複雑なアプリケーションでは、S2I は遅くなる可能性があり、特にビルド時に多数の依存関係をロードする必要がある時は遅くなります。最適化をしないと、S2I はビルドするたびにすべての依存関係を最初からロードしてしまいます。Maven で Java アプリケーションをビルドする際には、ローカルビルドする時はキャッシュがありません。膨大な数の依存関係を何度も繰り返しダウンロードしてしまうのを避けるため、キャッシュと同じ役割をしてくれるクラスタ内専用の Maven リポジトリをセットアップすることをおすすめします。それから、ビルダイメージがリモートリポジトリから成果物をダウンロードする代わりに、この共通リポジトリにアクセスするように設定します。

ビルド時間を短縮するもう 1 つの方法は、前の S2I ビルドで作成あるいはダウンロードした成果物を再利用できるようにしてくれる仕組みである、**増分ビルド**（incremental build）を S2I で使用することです。ただし、前に生成されたイメージから今回のビルドコンテナに大量のデータがコ

ピーされるので、依存関係パッケージを含んだクラスタ内専用のプロキシを使うよりは、パフォーマンス上の利点は通常あまり大きくありません。

S2I の別の欠点として、生成されたイメージがビルド環境すべてを含んでしまう点があります[†5]。これにより、アプリケーションイメージのサイズが大きくなってしまうだけでなく、ビルド用ツールが脆弱性を持っている可能性もあることから、攻撃対象領域も広げてしまいます。

Maven のような実行には不要なビルド用ツールを排除するため、OpenShift は**チェーンビルド**（chained build）という、S2I ビルドの結果のみを使用してスリムなランタイムイメージを作成する方法を提供しています。これについては「30.2.4.3　チェーンビルド」で説明します。

30.2.4.2　Docker ビルド

OpenShift は、クラスタ内での直接の Docker ビルドもサポートしています。Docker ビルドは、Docker デーモンのソケットを直接ビルドコンテナ内でマウントし、それを `docker build` から使用します。Docker ビルドのソースは、Dockerfile と、コンテキスト情報を持ったディレクトリです。また、任意のイメージを参照するイメージソースを使用し、そこからファイルを Docker ビルドコンテキストディレクトリにコピーすることも可能です。この手法は、トリガと共に使うことで、次のセクションで説明するチェーンビルドにも利用できます。

また、ビルドとランタイムの部分を分けるため、標準的なマルチステージ Dockerfile も利用可能です。サンプルコードのリポジトリ（https://oreil.ly/mn4vg）には、次のセクションで説明するチェーンビルドと同じイメージを生成する、マルチステージ Docker ビルドの完全な動作例があります。

30.2.4.3　チェーンビルド

チェーンビルドの仕組みは、**図30-4** に示したとおりです。チェーンビルドには、実行可能なバイナリなどランタイム成果物を作成する最初の S2I ビルドが含まれます。この成果物はその後、通常は Docker ビルドである次のビルドによって生成されたイメージから取得されます。

例30-4 は、**例30-3** で生成された JAR ファイルを使用する、2 つめのビルド設定です。最終的には `random-generator-runtime` という ImageStream にプッシュされるこのイメージは、アプリケーションを実行するため DeploymentConfig で使用されます。

 例30-4 で使用しているトリガは、S2I ビルドの結果を監視します。このトリガは、S2I ビルドを実行するたびにランタイムイメージの再ビルドを開始し、両方の ImageStream が常に同期するようにします。

[†5] これは、最終的な成果物を保持するのにスタック内で別のランタイムイメージを使用する Cloud Native buildpacks とは違う点です。

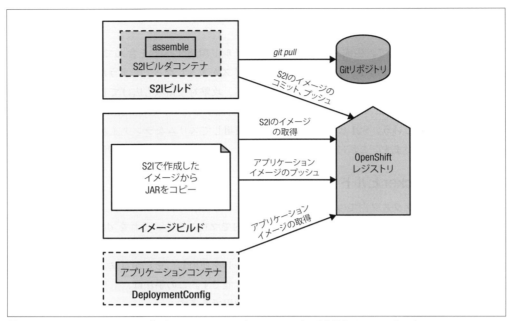

図30-4 コンパイルに S2I、アプリケーションイメージに Docker ビルドを使うチェーンビルド

例30-4 アプリケーションイメージを作成する Docker ビルド

```
apiVersion: build.openshift.io/v1
kind: BuildConfig
metadata:
  name: runtime
spec:
  source:
    images:
    - from:                    ❶
        kind: ImageStreamTag
        name: random-generator-build:latest
      paths:
      - sourcePath: /deployments/.
        destinationDir: "."
    dockerfile: |-             ❷
      FROM openjdk:17
      COPY *.jar /
      CMD java -jar /*.jar
  strategy:                    ❸
    type: Docker
  output:                      ❹
    to:
      kind: ImageStreamTag
      name: random-generator:latest
  triggers:                    ❺
  - imageChange:
```

```
      automatic: true
      from:
        kind: ImageStreamTag
        name: random-generator-build:latest
    type: ImageChange
```

❶ S2I ビルド実行の結果を含み、コンパイル済みの JAR アーカイブを含んだイメージがあるディレクトリを指定した ImageStream を参照するイメージソース。
❷ S2I ビルドで生成された ImageStream から JAR アーカイブをコピーする DockerBuild の Dockerfile ソース。
❸ Docker ビルドを選択する `strategy`。
❹ JAR アーカイブをコンパイルする S2I が成功後、S2I の ImageStream が変更されたら自動的に再ビルド。
❺ イメージの更新を監視するリスナを登録し、ImageStream に新しいイメージが追加されたら再デプロイを実行。

インストール手順を含む完全な例は、サンプルコードのリポジトリ（https://oreil.ly/mn4vg）にあります。

最も優れた方法である S2I モードと組み合わせた OpenShift Build は、ここまで説明してきたように、OpenShift クラスタ内でコンテナイメージを安全にビルドするための、最も歴史が長く、最も成熟した方法の 1 つです。

30.3　議論

クラスタ内でコンテナイメージをビルドする 2 つの方法を見てきました。素のビルド Pod は、ソースコードの取得、ソースコードからの実行可能な成果物の作成、アプリケーションの成果物を含むコンテナイメージの作成、そのイメージのイメージレジストリへのプッシュ、レジストリから新しいイメージが取得されるよう Deployment の完全な更新という、どのビルドシステムも実行する必要がある最も欠かせないタスクを説明するよい例です。この例は、既存のビルドオーケストレータがより効率的にカバーできるはずの手動ステップが多数含まれており、直接本番環境で使うことは意図していません。

OpenShift ビルドシステムは、同じクラスタ内でアプリケーションのビルドと実行を行うことの主な利点をうまく表しています。OpenShift の ImageStream トリガを使うことで、複数のビルドを連結し、ビルドがアプリケーションのコンテナイメージを更新したら、アプリケーションを再デプロイできます。ビルドとデプロイの上手な統合は、継続的デリバリの究極の目標へ向かう第一歩です。OpenShift Builds の S2I は、実績があり定着している技術ですが、Kubernetes の OpenShift ディストリビューションでしか使用できません。

2023 年時点でのクラスタ内でのビルドを行うツールの状況は花盛りで、一部で重複し合いつつ

も興奮させるような多くの手法が含まれています。その結果、ある程度の組み合わせを考えるべきかもしれません。しかし、時と共に新しいツールが出て来るはずなので、**イメージビルダ**パターンのさらに多くの実装が現れて来ることになるでしょう。

30.4 追加情報

- Image Builder パターンのサンプルコード（https://oreil.ly/39C_l）
- イメージビルダ
  - Buildah（https://oreil.ly/AY7ml）
  - Kaniko（https://oreil.ly/SQeYa）
  - What Is BuildKit?（BuildKit とは何か、https://oreil.ly/N28Dn）
  - Building Multi-Architecture Images with Buildpacks（Buildpacks でマルチアーキテクチャなイメージを作る、https://oreil.ly/sBth1）
  - Jib（https://oreil.ly/jy9KH）
  - Pack（https://oreil.ly/iILs7）
  - Kpack（https://oreil.ly/LpGvB）
  - Ko（https://oreil.ly/9hARS）
  - Apko: A Better Way to Build Containers?（https://oreil.ly/5227Q）
- ビルドオーケストレータ
  - OpenShift Builds（https://oreil.ly/dIii_）
  - Kbld（https://oreil.ly/Uako8）
- Multistage Build（https://oreil.ly/8-zKu）
- Chaining S2I Builds（https://oreil.ly/3MPXZ）
- Build Triggers Overview（https://oreil.ly/jcFx7）
- Source-to-Image Specification（https://oreil.ly/0B2cc）
- Incremental S2I Builds（https://oreil.ly/YbUen）
- Building Container Images in Kubernetes: It's Been a Journey!（Kubernetes でのコンテナイメージのビルド: それは楽しい旅だった、https://oreil.ly/0ijOJ）
- Build Multi-Architecture Container Images Using Kubernetes（Kubernetes を使用したマルチアーキテクチャコンテナイメージの作成、https://oreil.ly/0Neln）
- Best Practices for Running Buildah in a Container（コンテナ内で buildah を動かすベストプラクティス、https://oreil.ly/8E76m）

あとがき

　Kubernetes は、コンテナ化された分散アプリケーションを大規模にデプロイし、管理する優れたプラットフォームです。しかし、そのクラスタ上のアプリケーションは、データベース、ドキュメントストア、メッセージキュー、その他クラウドサービスなどクラスタ外のリソースに依存しています。Kubernetes は、1 つのクラスタ内のアプリケーションを管理できるだけではありません。さまざまなクラウドサービスのオペレータを通じて、クラスタ外のリソースもオーケストレーションできます。この仕組みによって、Kubernetes API はクラスタ内のコンテナだけでなくクラスタ外のリソースに関しても、それらリソースの望ましい状態に関して唯一の真実を語るもの（single source of truth）になり得るのです。アプリケーションの運用に関して Kubernetes のパターンややり方をすでに知っているなら、その知識を活用して外部リソースも管理したり利用したりできます。

　Kubernetes クラスタの物理的な境界は、望ましいアプリケーションの境界と常に一致しているとは限りません。組織においては、スケール、データの局所性、分離などといったさまざまな理由から、データセンタ、クラウド、Kubernetes クラスタをまたいでアプリケーションをデプロイする必要に迫られることがよくあります。また、同じアプリケーションやアプリケーションの集まりが複数のクラスタにデプロイされる必要がある場合もよくあり、マルチクラスタデプロイやオーケストレーションが必要になります。Kubernetes は、さまざまなサードパーティサービスに組み込まれることが多く、複数のクラスタを横断してアプリケーションを運用するために利用されます。これらのサービスでは Kubernetes API をコントロールプレーンとして、関係するクラスタをデータプレーンとして利用することで、Kubernetes が複数クラスタをまたいで拡張できるようにしています。

　今日の Kubernetes は、単なるコンテナオーケストレータ以上の存在に進化してきました。Kubernetes はクラスタ内、クラスタ外、マルチクラスタにまたがる各リソースを管理でき、それ自体を多様なリソースを管理する用途が広く拡張性の高い運用モデルにしています。Kubernetes の宣言的な YAML API と非同期の調整プロセスは、リソースオーケストレーションの代名詞になってきています。CRD とオペレータはドメイン知識と分散システムを統合する共通の拡張機構になっています。多くのモダンなアプリケーションが Kubernetes API を提供するプラットフォームや Kubernetes の抽象化概念やパターンに強く影響を受けたランタイムで動作するようになる

ことを私たちは信じています。あなたがそういったアプリケーションを作っているソフトウェア開発者なら、ビジネス上の機能を実装するためのモダンなプログラミング言語に加え、クラウドネイティブ技術も熟知しておくべきです。Kubernetes の各パターンは、ランタイムプラットフォームにアプリケーションを統合するための必須の共通知識になるでしょう。Kubernetes のパターンを知っておくことで、どんな環境においてもアプリケーションを作り、動かしていけるようになるはずです。

この本で取り上げたこと

この本では、次のグループに分けて、Kubernetes での最も典型的なパターンを取り上げました。

- **基本パターン**では、コンテナ化されたアプリケーションが良きクラウドネイティブ市民であるために従わなくてはならない原則を説明しました。アプリケーションの性質や直面する制約に関係なく、これらのガイドラインには従うべきです。これらの原則にこだわることで、アプリケーションが Kubernetes 上での自動化に適したものになります。
- **振る舞いパターン**では、Pod と管理プラットフォーム間でのコミュニケーションの仕組みとやり取りを説明しました。ワークロードの種類によっては、Pod はバッチジョブの完了まで、あるいは定期的にスケジュールされる形で実行されます。また、デーモンサービスやシングルトンのかたちでステートレスにもステートフルにも実行できます。適切な管理を行う構成要素を選択することで、望ましい動作の保証が行われるように Pod を実行できるようになります。
- **構造パターン**では、異なるユースケースが満たされるよう Pod 内でコンテナをうまく構成し制御することに焦点を当てました。良きクラウドネイティブコンテナを作るのは第 1 歩ではありますがそれだけでは十分ではありません。コンテナを再利用したり、望ましい結果を得るためにコンテナを組み合わせて Pod にしたりすることがその次に来るステップです。
- **設定パターン**では、クラウド上でさまざまな設定のニーズに応えるためにアプリケーションをカスタマイズしたり適応させたりすることを説明しました。各アプリケーションはそれぞれ設定される必要があり、万能な解決策はありません。一般的なものから専門化されたものまで各パターンを取り上げました。
- **セキュリティパターン**では、Kubernetes と組み合わせながらアプリケーションに制約をかける方法を説明しました。コンテナ化されたアプリケーションにはセキュリティ的な性質があり、アプリケーションとノード、他の Pod、Kubernetes API サーバの間のやり取りや、セキュアな設定について取り上げました。
- **高度なパターン**では、他のカテゴリに当てはまらないより複雑なトピックを研究しました。**コントローラ**のようないくつかのパターンは、Kubernetes 自身がすでにその仕組みを持っているという点で成熟していると言えますが、進化を続け、この本を読むときまでに変わっているかもしれないものもあります。とは言え、これらのパターンはクラウドネイティブな

開発者が知っておくべき基本的な考え方をカバーしています。

終わりに

　どんないいことにも終りがあるように、この本にも終わりが来てしまいました。あなたがこの本を楽しんでくれて、かつそれが Kubernetes に関する考え方を変えることになればと思っています。Kubernetes とそこから生まれた考え方は、オブジェクト指向プログラミングの考え方と同じように基本的なものになると、私たちは本当に信じています。この本は、Gang of Four のデザインパターンのコンテナオーケストレーション版を作るという私たちの試みです。あなたの Kubernetes の旅が、ここで終わるのではなく始まることを願っています。私たちにとってずっとそうだったように。

　楽しい kubectl ライフを。

訳者あとがき

　Kubernetesでシステムを構築する際のパターンをまとめた本としては、『分散システムデザインパターン』（オライリー）に次いで2冊目の翻訳です。『分散システムデザインパターン』の出版は2019年（原著は2018年）なので、そこから5年の年月が経ちました。その間、Kubernetesはますます多くの場面で使われるようになり、Kubernetes自体に対する変更が多数あったことは言うまでもなく、エコシステムもさらに大きくなっており、コンテナオーケストレータの標準として不動の地位を築いたと言ってもいいのではないでしょうか。日本でもKubernetesに関する書籍がたくさん出版される中、Kubernetesでシステムを構築する際に念頭に置くべき考え方としてのパターンや、アーキテクチャを考える際によく使われるデザインパターンをまとめたこの本はユニークな切り口になっており、その意味で価値があると考えて翻訳しました。

　「はじめに」でも書かれているように、デザインパターンは単に何らかの問題に対する再現可能な解決策であるだけでなく、それに名前をつけるという点にも大きな意味があります。名前を付けることでその概念を共有しやすくなり、チーム内、専門家同士、あるいはコミュニティ内でのコミュニケーションが円滑に進めやすくなります。その結果、そのデザインパターンが広く採用されて業界標準のベストプラクティスになっていくという流れです。それぞれのデザインパターンは、これまで先人たちが試行錯誤してたどり着いた理想形であり、その意味でデザインパターンとは汗と涙のかたまりを整理して名前をつけたものとも言えます。これを学ばない手はありません。

　本書を仕上げるにあたっては、今回も技術レビュアーの方々に多大なるご協力をいただきました。株式会社Preferred Networksの須田一輝（@superbrothers）さんとCloudNatixの五十嵐綾（@Ladicle）さんには、原書出版から翻訳までの間のさまざまな変更や新機能、翻訳の正確性についてていねいかつたくさんのコメントを頂きました。また、以前の職場の同僚でもある株式会社サイバーエージェントの長谷川誠さん（@makocchi）さんにも、技術的な指摘はもとより、読みやすさや一貫性についてのご指摘もいただきました。訳者としては最新情報の反映には最大限配慮してはいるものの、最前線でお仕事されていらっしゃるレビュアーの方々の知識には毎回圧倒されます。最新情報に関する訳注の多くは、レビュアーの方々のご協力なくしては存在しなかったことをここに明記しておきます。この場を借りてレビュアーの方々には大きな感謝の意を表したいと思います。なお当然ながら、文章全体に対する責任は訳者にあります。

　またいつもながら翻訳の遅い自分と伴走していただきました高恵子さんを始め、オライリー・

ジャパンの方々にも感謝します。そして「お父さん、カチャカチャポン（キーボードを打つ音）してるの」と言って見守ってくれた子どもたちと妻にも、ありがとう。

2024 年 9 月

松浦隼人

索引

A

ABAC（属性ベースアクセス制御） ……………… 246
Access Control パターン ……………………… 243
ActiveMQ ………………………………………… 96
Adapter パターン ……………………………… 161
　　Network Segmentation パターン ……… 221
　　Sidecar パターン ………………………… 155
allow-all（全許可）ポリシー ………………… 216
Ambassador パターン ………………………… 165
　　Controller パターン ……………… 275, 278
　　Network Segmentation パターン ……… 221
　　Sidecar パターン ………………………… 155
Annotation ……………………………………9, 272
Apache ActiveMQ ……………………………… 96
Apache Camel …………………………………… 98
Apache Kafka …………………………… 295, 311
Apache ZooKeeper …………………………… 97
Apko …………………………………………… 331
Argo Rollouts ………………………………… 36
At-Least-X（最低でも X） ………………… 120
At-Most-One（最大でも 1 つ） ……96, 100, 120
Authorization policy ………………………… 221
Automated Placement パターン ……… 57, 105
　　Periodic Job パターン …………………… 85

B

Batch Job パターン …………………………… 75
　　Elastic Scale パターン ………………… 299
　　Periodic Job パターン …………………… 83
　　Service Discovery パターン …………… 123
Bearer Token …………………………… 245, 249
Best-Effort QoS レベル ……………………… 20
Buildah ………………………………………… 328
BuildKit ……………………………………… 328
buildpacks …………………………………… 329
Burstable QoS レベル ………………………… 20

C

Camel …………………………………………… 98
CD（継続的デリバリ） ……………………… 325
CI（継続的インテグレーション）システム …… 325
Cilium ………………………………………… 220
Cloud Foundry ……………………………… 329
Cloud Native Buildpacks（CNB） ………… 329
Cloud Native Computing Foundation
　（CNCF） ……………………………… vii, 36
Cluster API …………………………………… 316
cluster-admin ………………………………… 258

コントローラ ································ 295
　　　コントローラとオペレータの分類 ········· 287
clusterIP ·· 125
ClusterRole ····································· 258
ClusterRoleBinding ··························· 261
ClusterServiceVersion（CSV）··············· 290
CNAME レコード ······························· 130
CNB（Cloud Native Buildpacks）········· 329
CNCF（Cloud Native Computing
　　Foundation）··························· vii, 36
CNI（コンテナネットワークインタフェイス）
　　 ··· 213
Commandlet パターン ························· 53
ConfigMap ······································ 272
　　　EnvVar Configuration パターンとの比較
　　　 ·· 177
　　　Secret との類似性 ························· 177
　　　依存関係 ······································ 17
　　　作成 ·· 179
　　　使い方 ····································· 178
Configuration Resource パターン ········· 177
　　　Configuration Template パターン ······· 193
　　　EnvVar Configuration パターン ··· 173, 176
　　　Secure Configuration パターン ········· 227
Configuration Template パターン ········· 193
　　　EnvVar Configuration パターン ········ 176
Consul ·· 97
Container Storage Interface（CSI）········· 236
Controller パターン ··························· 269
　　　Stateful Service パターン ················ 121
CPU
　　　CPU やメモリの需要 ······················· 23
　　　requests と limits ·························· 20
cpu リソースタイプ ····························· 19
cron ·· 83
CronJob ·· 206
　　　Job の抽象化 ································ 81

　　　定期処理 ······································· 4
　　　マルチノードでクラスタ化された構成要素
　　　 ·· 91
　　　リソース ···································· 84
　　　利点 ·· 84
crontab ·····································84, 91
CSI（Container Storage Interface）········· 236
CustomResourceDefinition（CRD）········· 283
　　　アプリケーション CRD ··················· 286
　　　インストール CRD ······················· 286
　　　オペレータの開発とデプロイ ············· 289
　　　サブリソース ······························ 285
　　　ドメインコンセプトの管理 ··············· 284

D

Daemon Service パターン ··············87, 132
　　　Batch Job パターン ························ 75
DaemonSet
　　　Pod 停止の回避 ···························· 68
　　　ReplicaSet との比較 ······················· 88
　　　Service Discovery パターン ············· 123
　　　考え方 ······································ 87
　　　クラスタオートスケーリング ············· 317
　　　定義 ·· 88
　　　バックグラウンド処理 ······················· 4
Dapr ·· 158
　　　分散ロック ································· 98
DDD（ドメイン駆動設計） ······················· 2
Declarative Deployment パターン ··········· 27
　　　Stateless Service パターン ·············· 104
deny-all（全拒否）ポリシー ·················· 216
Deployment
　　　環境変数 ··································· 172
　　　リソース ···································· 27
Descheduler ···································· 67
DNS ルックアップ

サービスディスカバリ 127
Dockerfile ベースのビルダ 328
Docker ボリューム 186
Downward API 140, 174, 275
DRY（Don't Repeat Yourself） 198

E

eBPF 220
Egress ネットワークトラフィック 217
Elastic Scale パターン 297
　　　Operator パターン 285
　　　Singleton Service パターン 93
emptyDir ボリュームタイプ 16
EnvVar Configuration パターン 171
　　　Configuration Resource パターン 177
　　　Immutable Configuration パターン 185
ephemeral-storage リソースタイプ 19
etcd 97, 182
　　　オペレータ 295
exposecontroller 273
External Secrets Operator 231

F

Flagger 35
Flatcar Linux Update Operator 273
FQDN（完全修飾ドメイン名） 127

G

Gloo Mesh 221
Go Template 195
Gomplate 193
Guaranteed QoS レベル 20

H

HashiCorp Vault Sidecar Agent Injector
　　　... 240
headless な Service 134
Health Probe パターン 39
　　　Declarative Deployment パターン 28, 30
　　　Managed Lifecycle パターン 49, 51
　　　Periodic Job パターン 85
　　　Service Discovery パターン 128
　　　Singleton Service パターン 94
　　　Stateful Service パターン 118
hostPort 16
hugepage リソースタイプ 19

I

Image Builder パターン 325
Image pull secret 252
Immutable Configuration パターン 185
　　　Configuration Resource パターン 181
　　　EnvVar Configuration パターン 176
Ingress 134
　　　ネットワークトラフィック 217
Init Container パターン 7, 147
　　　Configuration Template パターン 194
　　　Immutable Configuration パターン
　　　... 188, 191
　　　Managed Lifecycle パターン 53
　　　Managed lifecycle パターン 50
　　　Secure Configuration パターン 239
Initializer 151
Init コンテナ 4, 50, 53, 333, 335
Init コンテナパターン 147
Inspektor Gadget 220
Istio 152, 213, 221

J

Java Operator Plugin ······························ 295
JBeret ·· 81
jenkins-x/exposecontroller ······················ 273
Jib ··· 330
Job ··· 76, 332
 .spec.completions ································ 77
 .spec.parallelism ································· 77
 ReplicaSet との比較 ······················· 76
 一時的なイベントによる実行（Periodic Job）
  ··· 83
 インデックス付き Job ······················ 78
 完了数が固定された Job ················ 78
 仕事の分割 ·· 80
 種類 ·· 77
 定義 ·· 76
 ベア Pod との比較 ···························· 76
 並列度 ··· 299, 312
 利点と欠点 ·· 81
 ワークキュー Job ······························ 78
jq ·· 276, 277
JSON Web Tokens（JWT）························ 249
JVM デーモンスレッド ······························ 39
JWT（JSON Web Tokens）························ 249

K

Kafka ·· 295, 311
Kaniko ·· 328
kbld ··· 331
KEDA（Kubernetes Event-Driven
 Autoscaling）······························ 110, 309
KMS（キー管理システム）················ 233
Knative ·· 306
 CNB プラットフォーム ················ 330
 Knative Build ····································· 332
 Knative Eventing ······························ 306
 Knative Functions ················ 306, 330
 Knative Serving ···················· 138, 306
 新しい構成要素 ······························· 138
 オートスケール ······························· 110
 高度な Deployment ···························· 36
 水平 Pod オートスケーリング ······· 312
 トラフィックの分割 ·············· 36, 309
 ブルーグリーンデプロイ ·············· 32
ko ·· 331
Kubebuilder ··· 289
kubectl
 ConfigMap の作成 ···························· 179
 Deployment の更新 ··························· 28
 PodDisruptionBudget ······················· 99
 Pod の削除 ··· 120
 Pod のデバッグ ······························· 150
 proxy ·· 278
 RBAC ··· 259
 RBAC ルールのデバッグ ············ 262
 Secret の作成 ························· 179, 335
 Sidecar パターン ···························· 157
 Singleton Service パターン ········· 93
 YAML 定義の更新 ···························· 190
 手動によるサービスディスカバリ ······· 129
 水平 Pod オートスケーリング ········ 300
 スケーリング ·································· 304
 内部的なサービスディスカバリ ········· 125
 ノードへの Taint の追加 ·············· 65
Kubelet
 Lease オブジェクト ··························· 97
 Liveness Probe ·································· 40
 Pod の優先度 ······································ 21
 Process Containment パターン ······· 203
 Static Pod の仕組み ························ 90
 設定 ·· 24
 プロセスヘルスチェック ·············· 40

索引 | 355

メトリクスの収集 ････････････････････････････ 304
Kubernetes
　Descheduler ････････････････････････････ 67
　アクセスモード ･･･････････････････････ 108
　開発者向けコンセプト ･･････････････････ 11
　学習リソース ･････････････････････････ 12
　基本的要素 ･･･････････････････････････････ 3
　クラウドネイティブアプリケーションへの道
　　･･ 1
　セキュリティ設定 ････････････････････ 202
　歴史と起源 ･････････････････････････････ vii
Kyverno ･････････････････････････････････ 152

L

Label ････････････････････････････････････ 8, 272
Label セレクタ ･･･････････････････････ 8, 285
　垂直 Pod オートスケーリング ･･･････ 314
　内部的なサービスディスカバリ ･･････ 128
　ネットワークセグメンテーション ････ 215
　ローリングデプロイ ････････････････････ 29
Lease オブジェクト ･･････････････････････ 97
LimitRange ･････････････････････････････ 23
Linkerd ････････････････････････････････ 221
Liveness Probe ･････････････････････････ 40
LoadBalancer ･････････････････････････ 133

M

Managed Lifecycle パターン ･･････････ 49
　Declarative Deployment パターン ･･ 28
maxSurge ･･････････････････････････････ 30
maxUnavailable ･････････････････････ 30, 99
memory リソースタイプ ････････････････ 19
Metacontroller ･･････････････････ 152, 291
minAvailable ･･････････････････････････ 99
minReadySeconds ･････････････････････ 30

MongoDB ･････････････････････････････ 112
Mountable secret ････････････････････ 252
Mutating webhook ･･････････････････ 240
MySQL ････････････････････････････････ 112

N

Naked Pod（裸の Pod）･･････････････････ 75
Namespace ････････････････････････････ 10
Network Policy ･････････････････････ 213
Network Segmentation パターン ･･････ 211
　Adapter パターン ････････････････････ 221
　Ambassador パターン ･･･････････････ 221
　Sidecar パターン ････････････････････ 221
nodeName ････････････････････････････ 69
NodePort ････････････････････････････ 130
nodeSelector ･････････････････････････ 69
NoExecute ････････････････････････････ 66
NoSchedule ･･･････････････････････････ 65

O

OIDC（OpenID Connect）････････････ 245
OLM（Operator Lifecycle Manager）･･ 290
OOP（オブジェクト指向プログラミング）･･ 3
OpenAPI V3 スキーマ ･･････････････････ 285
OpenID Connect（OIDC）･･････････････ 245
OpenShift
　Deployment 設定 ･･･････････････････ 190
　OpenShift Build ････････････････ 331, 336
　Docker ビルド ･･･････････････････ 337, 341
　ImageStream ･･･････････････････････ 338
　Pipeline ビルド ･･････････････････････ 337
　S2I（Source-to-Image）･･････････････ 337
　S2I 増分ビルド ･･････････････････ 339, 340
　S2I ビルド ･･･････････････････････････ 338
　カスタムビルド ･････････････････････ 337

356 | 索引

　　チェーンビルド ………………………… 341
　　OpenShift Route ……………………… 136
OpenTracing ……………………………… 46
Operator framework …………………… 290
Operator Lifecycle Manager（OLM）……… 290
Operator SDK ……………………… 290, 295
Operator パターン ……………………… 283
　　Controller パターン ………………… 271
　　Elastic Scale パターン ……………… 319
　　Image Builder パターン …………… 332
　　Stateful Service パターン ………… 121

P

PaaS（Platform-as-a-Service）…………… vii
partition を使った更新 ………………… 119
Periodic Job パターン …………………… 83
　　Service Discovery パターン ……… 123
PersistentVolume（PV）………………… 107
PersistentVolumeClaim（PVC）………… 107
Platform-as-a-Service（PaaS）…………… vii
Pod
　　kubectl による削除 ………………… 120
　　Pod の組み込み ……………………… 239
　　Pod の配置への影響 ………………… 57
　　QoS（Quality of Service）レベル …… 19
　　Readiness gate ……………………… 43
　　Static Pod …………………………… 90
　　Topology Spread Constraint ……… 64
　　アフィニティとアンチアフィニティ …… 62, 70
　　意図的な削除の防止 ………………… 99
　　エンドポイントの追跡、登録、発見 …… 123
　　外部依存先へのアクセスの分離 …… 165
　　管理されていない Pod ………………… 75
　　基礎知識 ……………………………… 5
　　故意の削除の防止 …………………… 99
　　更新とロールバック ………………… 27

　　作成 …………………………………… 269
　　作成と管理 ……………… 75, 87, 89, 93
　　システムクリティカルな Pod ………… 89
　　スケジューリング …………………… 60
　　長期にわたって動作 ………………… 76
　　デバッグ ……………………………… 150
　　裸の Pod（Naked Pod）……………… 75
　　負荷による自動スケーリング ……… 318
　　ベア Pod ………………………… 75, 76
　　メタデータ …………………………… 139
　　優先度 ………………………………… 21
PodDisruptionBudget …………………… 98
Podman ………………………………… 328
PodPreset ……………………………… 151
Pod セキュリティアドミッション（PSA）…… 206
Pod セキュリティ標準（PSS）…………… 206
Pod セレクタ …………………………… 213
POSIX …………………………………… 56
postStart フック ………………………… 51
Predicate と優先度ポリシー …………… 59
Predictable Demand パターン ……… 15, 27
　　Automated Placement パターン …… 59, 68
　　Elastic Scale パターン ………… 300, 313
PreferNoSchedule ……………………… 66
preStop フック ………………………… 52
Process Containment パターン ……… 201
Prometheus ……………………… 46, 162
　　オペレータ ……………………… 284, 286
PSA（Pod セキュリティアドミッション）…… 206
PSS（Pod セキュリティ標準）…………… 206

Q

QoS
　　Best-Effort …………………………… 20
　　Burstable …………………………… 20
　　Guaranteed ………………………… 20

Quartz ·· 83

R

RBAC（ロールベースアクセス制御）
·································· 182, 227, 246, 253
Readiness Probe ····························· 42
Recreate 戦略 ································· 31
Redis ·································· 97, 112
Reloader ····································· 273
ReplicaSet
 DaemonSet との比較 ····················· 88
 Elastic Scale パターン ··················· 301
 Label の使用 ································· 8
 Namespace ································ 10
 Pod の作成と管理 ············· 75, 87, 105
 Service Discovery パターン ··········· 123
 Stateful Service パターン ············· 115
 アプリケーション外のロック ········ 94, 100
 カナリアリリース ·························· 33
 環境変数 ································· 172
 コントローラ ······························ 270
 スケーリング ······················ 298, 307
 利点 ································· 81, 95
 ローリングデプロイ ······················· 29
ReplicationController ······················ 87
ResourceQuota ······························ 22
restartPolicy ··························· 76, 89
Role ··· 255
Role-Based Access Control（RBAC）
··· 246, 253
RoleBinding ································· 256

S

scale-to-zero（全 Pod の停止）············ 305
ScheduledThreadPoolExecutor ············ 83

SDN（ソフトウェア定義ネットワーク）········ 224
Sealed Secret ······························ 229
Secret
 ConfigMap との類似性 ················· 177
 External Secrets Operator ··········· 231
 Sealed Secret ··························· 229
 sops ······································ 233
 依存関係 ·································· 17
 エンコード ······························· 178
 作成 ····································· 179
 集中型のシークレット管理 ············· 236
 セキュリティ ·············· xxv, 182, 227, 236
Secret OPerationS（sops）················ 233
Secure Configuration パターン ··········· 227
 Configuration Resource パターン ······· 227
 Init Container パターン ················ 239
 Sealed Secret パターン ················ 229
 Sidecar パターン ························ 239
Self Awareness パターン ··················· 139
 Adapter パターン ······················· 164
 Controller パターン ···················· 275
SELinux ······································ 204
Service Discovery パターン ··············· 123
 Singleton Service パターン ············· 95
 Stateless Service パターン ··········· 106
Service、基礎知識 ···························· 7
Sidecar
 透過的サイドカー ······················· 158
 明示的サイドカー ······················· 158
Sidecar パターン ···················· 4, 6, 155
 Adapter パターン ······················· 161
 Ambassador パターン ·················· 165
 Init Container パターン ················ 151
 Network Segmentation パターン ······· 221
 Secure Configuration パターン ········ 239
SIGKILL ······································· 50
SIGTERM ······································ 50

Singleton Service パターン 93
    Controller パターン 271
    Dapr による分散ロック 98
    Predictable Demand パターン 22
    Stateful Service パターン 120
SMS（シークレット管理システム）......... 228, 233
SOA（サービス指向アーキテクチャ）............ 124
sops（Secret OPerationS）......................... 233
Spring Batch 81, 83
Spring Boot 179
    Profile 176
Spring Framework 5, 94
SSD 60
stakater/Reloader 273
Startup Probe 44
Stateful Service パターン 111
    Elastic Scale パターン 299
    Service Discovery パターン 134
    Singleton Service パターン 95, 96
Stateless Service パターン 103
    Automated Placement パターン 105
    Declarative Deployment パターン 104
    Service Discovery パターン 106
Static Pod 90
Strimzi Operator 295

T

Taint 65, 69, 89
Tiller 193
Toleration 65, 69, 89
Topology Spread Constraint 64, 70
topologyKey 63
Twelve-Factor App 3, 12, 103, 111, 171

W

Webhook Token Authorization 245
WildFly 45, 186, 193

Z

ZooKeeper 97, 112

あ行

アクセス制御パターン 243
アクティブ・アクティブトポロジ 94
アクティブ・パッシブトポロジ 94, 96
アスペクト指向プログラミング 158
アダプタパターン 161
アドミッション Webhook 151
アドミッションコントローラ 151
アプリケーション外のロック 94
アプリケーションチューニング 320
アプリケーション内のロック 96
アプリケーションの自己認識 139
アプリケーションレイヤでのサービスディスカバリ
  134
暗号化
    AES-256-GCM 229
    RSA-OAEP 229
    クラスタ外での暗号化 228
アンバサダパターン 165
依存関係 16, 165
イベント駆動、アプリケーション間通信 83
イベント駆動アーキテクチャ 270
イミュータビリティ 176
イミュータブル設定パターン 185
イメージビルダパターン 325
インデックス付き Job 78
エラスティックスケールパターン 297

エンドポイントの発見 ………………………… 123
エントリポイントの書き換え ……………… 54, 55
オーバコミットレベル ………………………… 23
オニオンアーキテクチャ ………………………… 3
オブジェクト指向プログラミング（OOP）……… 3
オペレータの振る舞い ……………………… 283
オペレータパターン ………………………… 283

か行

カスタムスケジューラ ……………………… 60, 71
カナリアリリース ……………………………… 33
環境変数
  ConfigMap、Secret との比較 …………… 177
  サービスディスカバリ …………………… 126
環境変数による設定パターン ……………… 171
完全修飾ドメイン名（FQDN）……………… 127
管理されたライフサイクルパターン ……… 49
管理されていない Pod ………………………… 75
完了数が固定された Job ……………………… 78
キー管理システム（KMS）………………… 233
キャパシティプランニング ……………… 16, 25
クォーラムベースのアプリケーション …… 99
クライアント認証 …………………………… 245
クラウドネイティブ …………………………… 3
クラウドネイティブアプリケーション ……… 1
クリーンアーキテクチャ ……………………… 3
グループ ……………………………………… 252
継続的インテグレーション（CI）システム …… 325
継続的デリバリ（CD）……………………… 325
ケーパビリティ ……………………………… 203
権限昇格の防止 ……………………………… 258
検索と登録 …………………………………… 124
更新
  Declarative Deployment パターン ……… 27
  partition を使った …………………… 119
固定デプロイ ………………………………… 31

コンテナ ………………………………………… 3
  可観測性の手段 ……………………………… 46
  基礎知識 ……………………………………… 5
  協調による拡張 …………………………… 155
  ケーパビリティの制限 …………………… 203
  実行時の依存関係 ………………………… 16
  主要な役割からの初期化の分離 ………… 147
  セキュリティポリシーの強制 …………… 206
  ファイルシステムの変更防止 …………… 205
  ボリューム ………………………………… 187
  リソース需要 ……………………………… 59
コンテナイメージビルダ …………………… 327
コンテナオーケストレーションプラットフォーム
 …………………………………………………… vii
コンテナネットワークインタフェイス（CNI）
 ………………………………………………… 213
コントローラ ………………………………… 283
コントローラパターン ……………………… 269

さ行

サービスアカウント …………………… 247, 248
サービス指向アーキテクチャ ……………… 124
サービスディスカバリ ………………………… 7
  DNS ルックアップ ……………………… 127
  環境変数 …………………………………… 126
サービスディスカバリパターン …………… 123
サービスメッシュ ……………… 32, 36, 213, 221
最小権限の原則 ……………………………… 201
サイドカーパターン ………………………… 155
サブジェクト ………………………………… 247
サンプルコード
  入手と使用 ………………………………… xiii
シークレット管理システム（SMS）…… 228, 233
シェルスクリプト、コントローラ ………… 277
自己認識パターン …………………………… 139
システムメンテナンス ……………………… 83

実行時の依存関係 16
自動的な配置パターン 57
シフトレフト 208, 212
従属変数 174
手動によるサービスディスカバリ 129
障害
 検知 39
 振り返り分析（ポストモーテム）........ 46
状態の調整 270
初期化
 手法 151
 主要な役割からの分離 147
シングルトンサービスパターン 93
スケーリング
 KEDA（Kubernetes Event-Driven
  Autoscaling）........................... 309
 クラスタオートスケーリング 316
 手動での水平スケーリング 298
 垂直 Pod オートスケーリング 313
 水平 Pod オートスケーリング 299
 全 Pod の停止（scale-to-zero）........... 305
 宣言的スケーリング 298
 命令的スケーリング 298
スケジューラ
 Automated Placement パターン 57
 Daemon Service パターン 89
 Declarative Deployment パターン 27
 Label の使用 8
 Periodic Job パターン 83
 Pod の順序 21
 Service Discovery パターン 123
 バッチ Job 77
 役割 6, 16
 要求の大きさ 23
 リソースのリクエスト量 18
 利点 325
ステートフルサービスパターン 111

ステートレスサービスパターン 103
静的トークンファイル 245
セキュア設定パターン 227
セキュリティポリシーの強制 206
設定情報
 DRY（Don't Repeat Yourself）........ 197
 アプリケーション要求の宣言 17
 最適な扱い方 177
 実行時の処理 194
 重複の削減 193
 設定の外部化 171
 定義と使用の分離 183
 デフォルト値 173
設定テンプレートパターン 193
設定より規約 173
設定リソースパターン 177
セルフアウェアネスパターン 139
宣言的デプロイパターン 27
属性ベースアクセス制御（ABAC）......... 246
ソフトウェア定義ネットワーク（SDN）... 224

た行

調整プロセス 270
調整ループ 270
定期ジョブパターン 83
ディスカバリ
 Kubernetes でのサービスディスカバリ
  137
 手動 129
データストアの分離 166
デーモン
 Dockerfile ベースのビルダ 327
 supervisor デーモン 55
 考え方 87
 システムデーモンのリソース 58
 全ノードで動作 91

デーモンサービスパターン ················· 87
デザインパターン ···························· viii
テナント ······································· 212
デフォルトスケジューラの変更 ········59, 71
デフォルト値 ································· 173
デプロイ
　　高度な Deployment ················· 35
　　固定デプロイ ·························· 31
　　事前フックと事後フック ·········· 35
　　ブルーグリーンデプロイ ·········· 32
　　ローリングデプロイ ················· 29
登録と検索 ···································· 124
ドメイン駆動設計（DDD）················· 2

な行

内部的なサービスディスカバリ ········ 125
認可 ·· 246
認証 ·· 245
認証プロキシ ································ 245
認証ポリシー ································ 221
ネットワークセグメンテーションパターン ····· 211
ネットワークポリシー ···················· 213
ノード
　　nodeSelector ·····················60, 69
　　使用可能かどうか ··················· 97
　　使用可能なノードリソース ······ 58
　　スケールアップ ····················· 316
　　スケールダウン ····················· 318
　　ノードアフィニティ ················· 62
　　リソースプロファイル ·············· 18
ノードアフィニティ ························· 69

は行

配置ポリシー ·································· 60
裸の Pod（Naked Pod）············75, 99
バッチジョブパターン ······················ 75
ハンギング GET ···························· 274
ビルド Pod ··································· 332
不均一なコンポーネントの管理 ······· 161
フック、デプロイの事前と事後 ········· 35
ブルーグリーンデプロイ ··················· 32
プロジェクトごとのリソース ············ 23
プロセス封じ込めパターン ············· 201
プロセスヘルスチェック ··················· 40
分散ロック（Dapr）························ 98
ペア Pod ····························75, 76, 99
並列デプロイ ································ 119
ヘキサゴナルアーキテクチャ ············· 3
ポストモーテム ······························· 46

ま行

マイクロサービスアーキテクチャ ········ 1, 3
マルチテナント ····························· 212
命令的ローリングアップデート ········· 28
メタデータ注入 ····························· 139
メモリ、requests と limits ················ 20
問題
　　ConfigMap と Secret の利用 ··· 177
　　Kubernetes 内でのイメージの作成 ··· 325
　　Pod の配置への影響 ················ 57
　　アクティブインスタンスの制御 ··· 93
　　アプリケーションに対する統一的なアクセス手
　　　段の提供 ··························· 161
　　アプリケーションの稼働状況 ···· 39
　　アプリケーションの攻撃対象領域の制限
　　　······································· 201
　　アプリケーション要求の宣言 ···· 15
　　一時的なイベントによって実行されるジョブ
　　　··· 83
　　イミュータブルかつバージョン管理された設定
　　　データ ······························ 185

エンドポイントの追跡、登録、発見 ……… 123
大きな設定ファイルの扱い ………………… 193
カスタマイズしたコントローラの作成 …… 269
コンテナグループの更新とロールバック …… 27
コンテナの拡張 ……………………………… 155
コントローラに柔軟性と記述性を与える
　…………………………………………… 283
サービスへのアクセス ……………………… 165
自己認識とメタデータ注入 ………………… 139
自動スケーリング …………………………… 297
主要な役割からの初期化の分離 …………… 147
ステートフルなアプリケーションに対する影響
　…………………………………………… 111
設定の外部化 ………………………………… 171
短期的な Pod ………………………………… 75
同一で短期間のみ動くレプリカで構成されるア
　プリケーション …………………………… 103
認証情報をセキュアに保存する …………… 227
認証と認可 …………………………………… 243
ネットワークのセキュリティ改善 ………… 211
ノード特有の Pod …………………………… 87
ライフサイクルイベントへの対応 ………… 49

や行

ユーザ ………………………………………… 247

予想可能な需要パターン …………………… 15

ら行

ライフサイクルイベント
　　対応 …………………………………… 49
　　ライフサイクルの制御 ………………… 53
ランタイム権限 ……………………………… 202
リースベースのロック ……………………… 98
リソースプロファイル …………………18, 24
リソースを中心とした宣言的な API ……… 269
ルートレスビルド …………………………… 327
レガシーアプリケーション ………………… 207
ローリングデプロイ ………………………… 29
ロールバック ………………………………… 27
ロールベースアクセス制御（RBAC）……… 253
ロギング ………………………………… 46, 163
ロック
　　アプリケーション外のロック ……… 94
　　アプリケーション内のロック ……… 96
　　リースベースのロック ……………… 98

わ行

ワークキュー Job …………………………… 78

● **著者紹介**

Bilgin Ibryam（@bibryam）（ビルギン・イブリヤム）

Diagrid 社のプロダクトマネージャであり、Dapr プロジェクトをエンタープライズ市場に持ち込むという会社のプロダクト戦略を推進している。その前は、Red Hat においてコンサルタント兼アーキテクトであり、高度にスケーラブルで回復力の高いソリューションを構築できるようチームをメンタリングし、率いていた。Bilgin は、オープンソースエバンジェリストであり、Apache Software Foundation のメンバーであり、定期的な投稿を行っているブロガーであり、スピーカーであり、『Camel Design Patterns』（Leanpub）の著者でもある。ミッションは、分散システムの構築が開発者にとって悩みのタネでなくなるようにすることである。仕事についてもっと知るには、X（Twitter）アカウントの @bibryam（https://x.com/bibryam）を参照。

Dr. Roland Huß（@ro14nd@hachyderm.io）（ローランド・フス）

この業界で 25 年以上の経験を持つ熟練のソフトウェアエンジニア。現在は Red Hat で働いていて、OpenShift Serverless のアーキテクトであり、以前は Knative TOC のメンバーだった。Roland は情熱的な Java と Go 言語のコーダであり、技術カンファレンスでは引っ張りだこのスピーカーでもある。オープンソースの支持者として彼は活動的なコントリビュータであり、余暇には唐辛子の栽培を楽しんでいる。

● **訳者紹介**

松浦 隼人（まつうら はやと）

日本語と外国語（英語）の情報量の違いを少しでも小さくしたいという思いから、いろいろなかたちで翻訳に携わっている。人力翻訳コミュニティ Yakst（https://yakst.com/ja）の管理人兼翻訳者。Web 企業にて各種サービスのデータベースを中心に構築・運用を行った後、Ruby on Rails 製パッケージソフトウェアのテクニカルサポートを経て、オーティファイ株式会社に入社、現在に至る。訳書『SQL パフォーマンス詳解』（https://sql-performance-explained.jp/）、『入門 監視』『分散システムデザインパターン』『詳解 Terraform 第 3 版』（オライリー）など。X（Twitter）アカウントは @dblmkt（https://x.com/dblmkt）。

カバーの説明

カバーの動物は、アカハシハジロ（red-crested whistling duck、学名 Netta rufina）。種名の rufina とは、ラテン語で「赤毛の」を意味する。red-crested pochard としても知られており、pochard とは潜水ガモ（driving duck、水に潜って採餌するカモ）のことを指す。アカハシハジロはヨーロッパや中央アジアの湿地帯に生息しており、生息地は北アフリカや南アジアの湿地帯にも広がっている。

アカハシハジロは、完全に成長すると体長 45cm から 60cm、体重 0.9kg から 1.4kg、翼長 90cm 近くなる。メスはさまざまな色合いの茶色の羽と明るい色の顔を持ち、オスよりも地味な色合いである。オスは、赤いくちばし、錆色に近いオレンジ色の頭、黒い尾と胸を持ち、側面は白である。

アカハシハジロは、主に木の根、種、水草を食べる。沼地や湖の側の植生の中に巣を作り、春から夏にかけて卵を産む。通常は、8〜12羽の雛鳥を育てる。アカハシハジロはつがいを作る際に大きな鳴き声を出す。オスからの呼びかけは「ゼーゼー」というような鳴き声で、メスの鳴き声はより短く「ブラッ、ブラッ、ブラッ」というような鳴き声である。

アカハシハジロの保全状況は、低危険種である。オライリーの本のカバーの動物の多くは絶滅の危機に瀕しており、世界にとっては貴重な生き物である。

Kubernetes パターン 第 2 版
クラウドネイティブアプリケーションのための再利用可能パターン

2024 年 9 月 24 日　初版第 1 刷発行

著　　者	Bilgin Ibryam（ビルギン・イブリヤム）、Roland Huß（ローランド・フス）	
訳　　者	松浦 隼人（まつうら はやと）	
発 行 人	ティム・オライリー	
制　　作	アリエッタ株式会社	
印刷・製本	三美印刷株式会社	
発 行 所	株式会社オライリー・ジャパン	
	〒 160-0002　東京都新宿区四谷坂町 12 番 22 号	
	Tel　（03）3356-5227	
	Fax　（03）3356-5263	
	電子メール　japan@oreilly.co.jp	
発 売 元	株式会社オーム社	
	〒 101-8460　東京都千代田区神田錦町 3-1	
	Tel　（03）3233-0641（代表）	
	Fax　（03）3233-3440	

Printed in Japan（ISBN978-4-8144-0088-1）
乱本、落丁の際はお取り替えいたします。

本書は著作権上の保護を受けています。本書の一部あるいは全部について、株式会社オライリー・ジャパンから文書による許諾を得ずに、いかなる方法においても無断で複写、複製することは禁じられています。